U0189725

[全新修订版]

中小学生阅读文库

昆虫记

[法]法布尔◎著　富强◎译

 北京联合出版公司
Beijing United Publishing Co.,Ltd.

目 录

第 一 章　蟪螂 /1

第 二 章　登上旺杜峰 /8

第 三 章　荒石园 /17

第 四 章　舍腰蜂 /23

第 五 章　蜜蜂、猫和红蚂蚁的寻家之旅 /37

第 六 章　黑腹狼蛛 /43

第 七 章　樵叶蜂 /55

第 八 章　两种奇异巢穴 /58

第 九 章　天牛吃路 /62

第 十 章　新陈代谢的工作者 /64

第十一章　西班牙蟪螂 /76

第十二章　蝉 /83

第十三章　螳螂 /90

第十四章　椎头螳螂 /102

第十五章　伟大的父亲：西西斯 /108

第十六章　我的学校 /114

第十七章　潘帕斯草原食粪虫 /123

第十八章　昆虫的着色 /131

第十九章　白面螽斯 /137

第二十章　绿螽斯 /141

第二十一章　蟋蟀 /146

第二十二章　松毛虫 /162

第二十三章　被管虫 /172

第二十四章　白蝎"自杀" /183

第二十五章　化石书中的象虫 /188

第二十六章　池塘中的世界 /193

第二十七章　石蚕 /201

第二十八章　孔雀蛾 /203

第二十九章　林荫小道 /205

第 三 十 章　斑纹蜂 /208

第三十一章　黄蜂 /216

第三十二章　赤条蜂 /228

第三十三章　捕蝇蜂 /234

第三十四章　寄生虫 /240

第三十五章　蜂螨 /244

第三十六章　条纹蜘蛛 /255

第三十七章　蟹蛛 /259

第三十八章　迷宫蛛 /263

第三十九章　蛛网的建筑 /268

第 四 十 章　蛛网上的电报线 /272

第四十一章　蛛网中的几何学 /275

第四十二章　克罗多蜘蛛 /278

第四十三章　胭脂虫 /281

第四十四章　萤火虫 /284

第四十五章　菜青虫 /294

第四十六章　金步甲 /298

第四十七章　回忆童年 /304

第四十八章　找枯露菌的甲虫 /310

后　记 /313

第一章　蜣螂

　　蜣螂第一次进入人们的生活至今，已有六七千年的时间。在古代埃及，农民在春天灌溉农田的时候经常见到这种昆虫。它们黑黑的、肥肥的，忙着向后推着一个圆球形的东西。这个奇怪的圆球让古代埃及农民感到很惊讶，同今天这里的农民一样。

　　这个圆球被古埃及人想象成了地球的模型，并且蜣螂的动作也与天上星球的运转相合。因此，他们认定这种甲虫一定掌握了很多天文知识，便给它取名叫"神圣的甲虫"。当时他们还认为蜣螂滚的圆球中装满了自己的卵，小蜣螂也是从那里面出来的。但是他们错了，大多时候里面并没有卵，不过是一个食物储藏室而已。

　　你要是认为这是什么可口食品的话，那就大错特错了。因为蜣螂的工作，是把各种污物从地表上收集起来。这个食物球便是用它收集到的垃圾搓卷起来的。

　　蜣螂扁平的头前边长着六只尖细的牙齿，它们呈半圆形分布，就像是一种弯形钉耙。无论是刨除自己不需要的东西，还是收集自己挑拣好的食物，蜣螂都要靠这些牙齿。它的前腿也是非常有用的工具，这些弓形的前腿不但非常坚固，而且还在外端长了五颗锯齿，蜣螂就是用它来搬动一些障碍物的。

　　下面我们来介绍一下蜣螂制作圆球的步骤。它先是左右转动带锯齿的臂，扫出一块小小的空场，把自己收集来的东西堆放起来。然后，再用四只后爪去推。蜣螂的腿又长又细，尤其是最后的那一对，形状略弯曲，前端还有尖尖的爪子。蜣螂把这些材料用后腿压在身下，不断地搓动、旋转，直到它变成圆球形。用不了多久，它们就能把一个圆球从一颗小粒滚得像胡桃那么大，不久又像苹果那样大。我曾亲眼见过有的蜣螂能把圆球滚得像拳头那么大，它们真是一些贪吃的小家伙。

这些食物的圆球做好以后，还要搬到合适的地方去。于是，蜣螂的旅行便开始了。它用后腿将球抓紧，用前腿行走。它是倒着向后走的，头朝下，臀部撅起，姿势实在是有些不雅。它轮流向左右推动那个圆球。大家都以为它会拣一条平坦的路走，毕竟它重负在身。但事实却不是这样，它给自己选择的道路不是险峻的斜坡，就是不可能上去的地方。这个家伙固执得很，偏要选这样的路来走。对它来说，这个球非常重，再加上它是倒着行走的。所以，整个过程很艰苦，它需要小心翼翼地将这些球推上高坡。如若有一点疏忽，这个坡就算是白爬了，因为它会被球带着一起滚落下去。有的地方还会三番五次地滚落，可能是被一根草绳绊倒，也可能是在一块滑石上失足。总之，一丁点儿的障碍处理不好，就可能前功尽弃。有的时候，蜣螂得经过一二十次的跌落才能爬上一个坡。也有时，它会在绝望的时候变换路线，去寻找平坦的路。

在人们的眼中，蜣螂很善于合作。当一个蜣螂做成了一个球，便会离开在场的其他同类，独自把劳动成果向后推去。这个时候，一个还没开始工作的邻居就会跑过来帮着球的主人一起用力推。对于这种帮助，球的主人肯定是欢迎的。但是，它真的是热心的伙伴吗？不，他是一个"强盗"。要知道不下苦工夫和没有忍耐力是做不成圆球的，而去偷或者抢一个那就容易多了。所以有的"盗贼"就会用很狡猾的手段，甚至是暴力，去侵占别人的劳动成果。

有时候，从天而降的"盗贼"会将球主人击倒在地，然后蹲在球上。前腿放在靠近胸口的位置，摆出一副准备打斗的姿势。要是这个球的主人不甘心自己的劳动成果被霸占，上前来理论的话，这个"强盗"就会从后面给它一拳。球的主人爬起来后就去推自己的球，想赶快摆脱纠缠。这时候，两只蜣螂之间不可避免地就会发生一场角斗。它们会腿与腿相绞，关节与关节相缠，互相撕扯、互相冲撞，摩擦的甲壳会发出金属摩擦的声音。激烈的打斗结束后，胜利的一方会爬到球顶上，而失败的一方则默默离开。若是"强盗"获胜了，主人只得重新从小弹丸做起。有时候会出现第三只蜣螂参与抢劫，这种情况我亲眼见过许多次。

也有的时候，"盗贼"会拿出大量的时间和精力来行骗。它假装热心肠，帮助球的主人搬运食物。在经过深车轮印、长满百里香的沙地和其他险峻地形的时候，这个贼很少用力，它大部分时间都坐在球顶上欣赏风景。到了目的地之后，主人便开始挖坑。挖坑的时候需要用边缘锐利的头和有齿的腿向下开掘，沙土被抛向后方。就在这时，贼会紧紧地抱住球，假装自己死了。随着坑越刨越深，在里面工作的蜣螂已经看不到外面的情景，即使偶尔出来看一下，看到球旁睡着的蜣螂一动不动，它也不会起疑心。如果主人离开的时间一长，这个贼就会抓住机会，迅速将球推走，就像小偷怕被捉住一样。如果这种偷盗行为被发现，球的主人会追上来，这个贼就马上变换角色，表现出一脸无辜的样子，让主人觉得它只是在制止这个球向坡下滚去。于是，它们像什么也没发生一样，一起将球搬回去。

如果贼把球顺利地偷走了，主人只能自认倒霉。它会擦擦面颊，深吸几口气，振翅飞走，回去从头开始。这种百折不挠的作风让我既羡慕又嫉妒。

后来，它的食品终于安全储存好了。它们的储藏室是一些土穴，一般掘在沙土或者软土上。这些储藏室如拳头般大小，有通往地面的通道，宽度也刚好可以让圆球通过。等到把食物推进储藏室之后，蜣螂就会坐在里面，找一些废物把进出口堵起来。圆球塞满了整个屋子，从地面到天花板全是美味佳肴，设宴的人通常只有一个，至多两个，坐在墙壁边一条狭窄的小道上进餐。蜣螂在接下来的一个礼拜或两个礼拜中不停地宴饮，昼夜不停。

我在前面提过，古代埃及人认为神圣甲虫的卵，藏在它们的圆球中。事实并非如此，有一天，我偶然发现了蜣螂放卵的真实情形。

我跟一个牧羊的小孩很熟，他经常在空闲的时候过来帮我。有一次，他来找我，我还记得那是一个六月的礼拜日。他手里拿着一个奇怪的东西，样子像是一只梨，只不过稍微小了一些，颜色是那种腐朽后的褐色。这只"梨"摸上去很硬，外形也很好看，像是精挑细选出来的宝贝。男孩说里面肯定有一个卵，因为他在掘地的时候不小心弄碎了另外一个一模一样的"梨"，并在其中发现了一个白色的卵，大小就像一粒麦子一样。

我决定去考察一下。第二天，天刚刚亮，我就和小牧童一起出发了。

蜣螂的地穴很好找，因为它的土穴洞口总有一堆新鲜的泥土。不一会儿，我们就找到了一个。小牧童用小铲使劲地向地下挖掘，我为了不错过什么，便伏在一旁的地上观察。一个洞穴被掘开了，我在潮湿的泥土里发现了一个"梨"。在这个精致的"梨"上甚至还有一只母蜣螂在工作。这是我第一次见到这种奇异的工作，当时非常兴奋，甚至比从古埃及遗物中发掘出翡翠雕刻的神圣甲虫还要兴奋。

继续搜寻之后，我们又发现了第二个土穴。这次也发现了一只母蜣螂，它紧紧地抱着一个"梨"。一定是它刚刚完成工作，还没来得及离开。毋庸置疑，蜣螂的卵就在它怀中的这个"梨"中。这样的"梨"，我在一个夏天里至少发现了一百个。

蜣螂把人们扔在野外的垃圾收集起来，制作成了这些球形的"梨"。原材料的选择是比较严格的，因为这个"梨"还要当蜣螂幼仔的食物。当它们从卵中出来的时候，是没有觅食能力的。所以，蜣螂妈妈为了不使它们挨饿，会把它们安放在一个适宜的食物里。这样，它们一出生，就衣食无忧了。

蜣螂把卵放在"梨"比较狭窄的那一端。无论是植物的种子，还是动物的卵，都是需要空气的。这也说明为什么鸡蛋壳上会分布着许多小孔。如果蜣螂不是把卵放在"梨"比较狭窄的那一端，而是放在比较厚的那一端的话，这些卵就会被闷死。因为这些"梨"质地坚硬，外面还有一层硬壳，根本不透气。蜣螂妈妈一般会把幼虫居住的空间布置得精致、透气，甚至在"梨"的中央也有一些空气，因为等幼虫消耗完周边的食物之后，它会到"梨"中央去进食，这时它已经变得很强壮。

蜣螂把"梨"做得一头大一头小，还在外面包上坚硬的外壳，都是很有道理的。它们的地穴温度极高，甚至有时会达到沸点。在这种环境中，三四个星期的时间就会让食物变得干燥，不能吃了。假设蜣螂幼虫出生后面对的食物像石头一样坚硬的话，这些幼虫就只能被饿死了。这样的牺牲者不是没有，我曾经在八月的时候找到了许多。要避免让幼仔生活在一个烤箱中，母蜣螂就会把"梨"的外层用它那强壮的前臂压成一层硬壳。整个过程十分辛苦，这个硬壳可以用来隔绝外面的高温，是一个像栗子外壳一样的保护层。若是主妇们想在酷热的夏天里面保持面包的新鲜，就会把它们放到一个紧闭的锅里。同样，昆虫也会这样做，它们为了保存幼仔的食物，为了家族和后代的希望，也会打造出这样一口"锅"。

我经过对蜣螂在巢中工作的观察，知道了它是如何去做"梨"的。它把需要的材料运到地下后，就足不出户，专心致志地工作。一般情况下，蜣螂会先搓起一个球，然后把这个球推到自己的土穴。在推进的过程中，这个球会沾上了一些泥土和细沙，表面开始稍稍变硬。有的时候，蜣螂会在收集材料的地表附近选择修建土穴的地点。这样，工作就变得简单了，材料捆扎好之后可以直接扔进洞里，省去了运输。有一天，我见一只蜣螂在洞穴中藏了一些原材料，这些原材料还没有成型。当我第二天再去它的工作场地上看的时候，那些没成型的材料已经被加工成了一个"梨"。这个"梨"的外形已经具备了，看上去很精致。蜣螂在一旁忙碌着，像个艺术家一样。

这个"梨"贴着地面的部分，已经敷上了一些细沙，其余部分磨得像玻璃一样光滑。这表明蜣螂只是把"梨"塑造成型而已，还没有细细地滚过。制作这个"梨"的过程，同以前在阳光下制造圆球一样，都是用它那有力的大足轻轻地搓压。

我把泥土装入大口玻璃瓶中，为母蜣螂做成了一个人工的地穴，还在玻璃瓶上留下了一个小孔，用来观察它们的动作。这样一来，我就可以在自己的工作室中研究它们了，它们的一举一动都尽收眼底。

蜣螂先是做一个完整的球，然后再在球上面绕一道圆环，并不断用力压这道圆环，直至圆环被压成一条深沟，像瓶颈一样。圆球的一端被这条深沟勒出一个凸起，蜣螂在这个凸起的中央用力往下压，做成一个凹穴，像是火山口一样。这个凹穴越来越深，边缘也就越来越薄，最后变成了口袋模样。蜣螂把凹穴内部打磨光滑之后在里面产卵。最后，用一些纤维塞住口袋的口，也就是"梨"的尾端。

为什么蜣螂在封口的时候看上去如此随意呢？蜣螂把其余的地方都用大腿拍得结结实实，唯独封口处不会去动，因为卵在口袋中距离封口很近，如果塞子塞得太深，里面的卵就会受到伤害。所以，蜣螂把纤维很随意地塞在封口上，而不是使劲塞进去。

蜣螂的卵会在产下7～10天之后孵化成幼虫。它们毫不犹豫地咀嚼四周的墙，这些小家伙聪明得很，它们进食的时候总是朝着厚的地方前进。这样就不会把"梨"弄破，以免自己从中掉出来。用不了多久，它们就会长得很肥胖，样子也变得难看。背上会隆起，皮肤也变得透明，若是拿起来朝着光亮的地方看，那些内部器官可以看得一清二楚。假如古埃及人看到这些肥胖的蛴螬，它们肯定不会想到，这些臃肿的家伙将来会变成庄严、美观的神圣甲虫。

第一次蜕皮后，尽管已经能从这些幼虫身上辨别出蜣螂的形状，但是它们还没有完全长成蜣螂。这个小动物非常美丽，别的昆虫无法与之相比。那像蜜一样的黄色，加上半透明的感觉，让它浑身散发着一种琥珀的魅力。在下一次蜕皮之前，这种状态能保持将近四个星期。

此后，它的颜色会变成红白色。随着蜕皮，颜色逐渐变黑，直到最后变成像檀木一样的黑色；表皮硬度也逐渐增强，直到披上角质的甲胄。到这时，它才彻底地变成了一只蜣螂。

这时，它还居住在地底下那个梨形的巢穴中。它渴望突破硬壳的束缚，渴望暴露在阳光里，这一切能否实现呢？环境是决定性因素。

它们通常都是在八月份出来，这是一年当中最炎热、干燥的时候。如果泥土不被雨水湿一下的话，仅凭这只昆虫自己的力量，想打破墙壁，冲出硬壳，几乎是不可能的。因为这些圆球尽管是用柔软的材料制成的，但是，此时已经被酷暑的高温烧得像砖头一样硬。

我曾经做过一个实验，把圆球放在一个盒子里，并保持干燥。早晚这些圆球内的囚徒会用它们头上的耙和前足上的锯齿去刮墙壁，发出一阵阵刺耳的摩擦声。持续两三天之后，它们没有取得丝毫进展。这时，我决定给它们其中的两只一些帮助。我用小刀在硬壳上戳开一个洞，尽管如此，它们也没能破壳而出。不到半个月，所有的硬壳都安静了。这些囚徒用尽了全力，却还是死在其中。

我又拿来了一些同样的圆球。这次我先用湿布把它们裹起来，然后放入瓶中，并用木塞塞好，等到湿布上的湿气把硬壳浸透之后，再将湿布拿开。这次试验很成功，囚徒冲破了被浸湿变软的壳。它们认准一点之后，便用腿支撑住身体，把背部当根一条杠杆，使劲地顶和撞，墙壁最终被它们撞成碎片。这种条件下的试验，蜣螂每次都能从中破壳而出。

野外环境中的那些壳也是一样的情形，若是八月的太阳把大地烤得像砖头一样硬，这些蜣螂是不可能逃出牢狱的。这个时候如果下一阵雨，硬壳变软，再加上用肩扛、用腿蹬、用背撞，它们就能得到自由。

刚从地下钻出的它们最需要的不是食物，而是阳光。它们跑到太阳里之后一动不动，专心取暖。

过不了多久，它们就要吃东西。它们会像自己的前辈一样，做一个可以吃的球，选一个储藏的地方掘一个土穴，把球藏在里面，然后吃掉。没有人教它们这些，这些本领是它们生来就具有的本能。

第二章　登上旺杜峰

　　旺杜峰位于普罗旺斯，是一座高耸的秃峰。它是法国境内阿尔卑斯山脉和比利牛斯山脉海拔最高的一座山峰。常年屹立于云端，在很远处就能看到它。因为它的周围没有其他山峰，或者说没有能与它比肩的山峰。多少年来，它就那样静静地、孤独地矗立在法国南部。

　　旺杜峰是研究不同气候带植物分布的天然实验室，随时准备供科学家、植物学家和对此感兴趣的爱好者前来观察研究。

　　由于海拔太高，旺杜峰的山脚和山顶差异特别大。山脚下生长着一些半木本植物，例如惧寒橄榄树、百里香；与山脚下茂盛的植物形成鲜明对比的是山顶上的荒芜，那里一年中有一半的时间被白雪覆盖，只生长着一些极地区系植物，这些植物的老家都是在北极。如果你想了解同一经线上由南到北的植物分布和特征，并不需要进行一次长途旅行，只需要拿出半天时间去攀登一次旺杜峰。你从山脚下出发，成片的百里香散发出芬芳的气味，这些气味让你感受到大自然的美好和旅行的快乐。百里香的叶子又小又圆，层层堆叠在一起，像是铺了一层地毯。在向上攀登几小时之后，你就会见到对生叶虎耳草，它们非常繁茂，远远看上去就像厚厚的垫子。这种植物还分布在北冰洋中的岛屿上，每年七月都会有植物学家登上北冰洋中的斯匹次卑尔根群岛上考察，它们在这些岛屿上见到的第一种植物便是对生叶虎耳草。在旺杜峰的山脚下你会感觉到像是在晴空万里的非洲，树篱笆中的石榴树上铺满了鲜红的石榴花，这种小花最喜欢的便是非洲的晴空；等到了山顶，你就仿佛到了格陵兰和北角的冰地。那里的碎石块中，生长着罂粟，它的茎杆被碎石块埋着，只留一朵艳丽的黄色花冠露在地表。这里的环境是如此荒凉，然而这朵花却是如此惊艳，攀登过旺杜峰的人一定不会忘记它迷人的身影。

我已经二十五次登上旺杜峰了，从来没有厌倦过，每一次都会有新鲜感。这种新鲜感正是来自那些反差鲜明的景象，那些本应该生长在不同气候环境中的植物聚集到这一座山峰上，这些景象令人迷恋。我还记得在1865年8月第二十三次攀登旺杜峰时的情景。当时我们一行八人，有三个人的目地是考察沿途植物，其余的人不过是想锻炼身体及好奇上面的风光而已。攀登旺杜峰非常艰辛，以至于这次之后，它们之中再没有人愿意跟我再去攀登一次。在他们眼中，仅仅是为了玩一下要付出如此大的代价，甚至是要躺在床上好几天爬不起来的话，太不合算了。

如果你没去过旺杜峰，难以想象它的样子，那么我来给你打个比方。你试想一下，你用铺公路用的碎石堆起一个石堆，只不过这个石堆有点大，足足有两千米高。然后，你再把一些墨水洒到石堆的表面，用来象征森林，这样你就可以把这个石堆想象成是旺杜峰了。在旺杜峰的山体上，你会发现一些砾石，还会发现一些其他大块的岩石。继续攀登的话，你还会碰上一些小平原。这些平原大都是突然出现的，没有缓冲坡，也没有过渡地段。你可以在这些小平原上休息一下，为接下来的攀登补充一些能量。接下来的路非常难走，脚下全是石头，而且非常窄。这种糟糕的路况一直持续到顶峰，那里的高度是海拔1912米。旺杜峰上没有绿绿的草坪，没有欢快流淌的溪水，更没有百年大树。这里只有石头，数不清的石头。你走在上面的时候，脚下被踩碎的石灰层岩发出金属般的声响，就像踩到了一串风铃。滑落的岩石像是山上泄下的水一般，形成了旺杜峰特色的碎石瀑布。

我们登山的出发地点是旺杜峰山脚下一个叫贝杜安的地方。出发的前一天晚上我们做好了全部准备工作，包括与导游商量登山路线，检查登山装备，查看随身携带的食品。一切收拾妥当之后，大家便睡了。明晚就要在山上过夜了，所以，今天晚上必须要睡个好觉。尽管我知道登山前一晚好好休息的重要性，可是我从来没有睡安稳过。这也是我每次登山都特别疲劳的主要原因之一。所以我奉劝我的读者：如果你们想去登旺杜峰，

昆虫记

千万别在贝杜安夜宿。否则的话，你面对的将是一些嘈杂的场面。包括有人无休止地扯着嗓子交谈，弹子球的撞击声彻夜不停，醉鬼把手中的杯子和酒瓶弄得当当响，酒后还要高歌一曲，一些铜管乐器"呜呜哇哇"的声音从隔壁的舞厅里传来，人们在这里尽情狂欢，想尽一切办法使自己不休息。试想一下，你在这种环境中住过一个星期之后，你能指望休息好吗？更可恶的是，我住的房间底下便是烤肉叉。那是为我们准备食物用的，它整整转了一夜，"吱吱嘎嘎"的声音让我一夜没有合眼。

我眼睁睁地看着窗外的天色逐渐发白。一头驴想尝试一下公鸡的工作，在窗前大声地嚎叫。大家都起床了，我也跟着起来，我觉得这一觉跟没睡一个样。向导牵来了牲口，我们把食品袋和行囊都放到牲口背上，让它驮着。此刻的时间是四点。伴随着向导吆喝驴的声音，我们出发了。走在队伍最前头的是骡子和驴子，特利布莱在一边牵着它们。特利布莱是这一带向导中最年长的，专门负责带人爬旺杜峰，我都亲切地喊他老兄。此时的天色还有些微暗，有的队员在借着微弱的光观察路边的植物，它们是我的同事，都是植物学家。队员们大多是在三三两两的交谈。我肩上挂着气压计，手中拿着铅笔和笔记本，跟在队伍的最后边。

我肩上的那个气压计原本是用来测量植物海拔的，最后竟变成了大家喝朗姆酒的借口。只要发现一种独特的植物，便有人喊我去测海拔，趁着这个空隙，大家都去喝一口朗姆酒。当时正是黎明前夕，山上很冷，所以大家便频繁地喊我测海拔，他们便趁机喝点朗姆酒。我知道后面的路还有很长，便不得不减少了测海拔的次数，催促大家快点赶路。

随着海拔的不断上升，气温越来越低，我们也感到越来越冷。开始时见到的一些植物种类也逐渐消失了。首先是橄榄树和绿圣栎；等到了一定高度，葡萄树和扁桃树也不见了；再往上走，桑树、核桃树和白橡树也消失了踪影，黄杨树变得多了起来。之后，我们进入到了一个植被很单调的区域。这是一个中间过渡区域，这里的海拔位于种植植物生长区的上线，但是还没有到山毛榉生长区的下线。在这里，你只能看到一种植物，那就是山地风轮菜。因为这种植物的小枝叶浸上香精油后，会产生一种辛辣气味。所以被当地人称为"培布雷达泽"，意思是"驴胡椒"。它还是一种佐料，可以撒到小奶酪上面。驴子身上的食品袋中就有小奶酪，队员们的眼睛不住地往那些食品袋上面瞅。我知道他们心里想什么，大早上就出来爬山，到现在肯定饿了。我仿佛听到了大家的肚子在叫唤。

只有等到休息的时候才能吃东西。为了帮助大家暂时哄骗一下自己的肠胃，我传授给它们一个方法。路边的碎石上有一种植物，它在植物学上的名字叫"盾牌酸模"。这种植物非常矮小，叶子呈箭头形。我教大家用这种植物暂时充饥。看着我塞了满满一嘴的盾牌酸模，队员们都感到很好笑。可是，等他们尝试了一下之后，便争先恐后地去路边采这种植物。这都在我的预料之中，因为它的味道确实不错。

没过多久，我们便穿越了中间过度地段，来到了山毛榉生长区。最开始看到的山毛榉都是相互间离得很远，单独生长的。广阔的空间让它们的肢体得到了充分的舒展，下端的枝条都拖到了地面上。再往上爬一段就会发现一种小矮树，它们密密麻麻地挤在一起。之后，就会看到大片的山毛榉。此时的它们已经不再是孤零零地立在那里了，而是结成一片广袤的森林。对于任何植物来说，这里的生长环境实在是够残酷。脚下的土地是贫瘠的石灰岩，冬季里还要忍受狂风暴雪的摧残。即使是山毛榉，也有很多受不了这种环境。你会发现一些山毛榉光秃秃的只剩下一根树干，树枝不是被风吹断了，就是被雪压断了，有的甚至连根拔起，躺在地上。这片茂密的山毛榉树林远远看去黑压压的一片，就像是旺杜峰的一条腰带。穿越这片树林大约需要一小时左右，之后又会看到间隔很远的一棵棵山毛榉，跟走进树林之前看到的一模一样。不同的是，走进树林之前看到的是山毛榉生长区的下线，而现在看到的则是它的上线。此时嘴里嚼的那些路边植物已经哄不住肠胃了，我们得找地方准备午餐了。

我们选在了一个名叫格拉夫泉的地方歇脚。这里有一个浅浅的水潭，水是从远处用水槽引来的，这些水都是地下泉水，非常清凉。平时除了牧羊人以外，没人到这里来。山脚下此时还是酷暑，而这里的泉水却是如此清凉，水温只有7度，让人难以想象。我们将大桌布铺在地上，这块大地本身就像是一块色彩鲜艳的地毯，上面绣满了美丽的植物。我们的午餐非常丰盛：有加了蒜的一整只羊腿，味道清淡的一整只鸡，加了山地风轮菜佐料的当地乳酪，掺杂着肥肉丁和胡椒的阿尔灌肠，汤水晶莹的咸腌绿橄榄和油浸黑橄榄，白瓤和黄瓤的两种不同口味的卡瓦庸甜瓜，正在泉水中

昆虫记

冰镇的饮料，最后是有助于餐后消化的洋葱蘸酱。怎么样？够丰盛吧！我那两位植物学家同行是第一次跟我攀登旺杜峰，他们被这些丰盛的午餐惊得目瞪口呆。随后午餐开始，大家纷纷加入到了这场食物消灭战中。

这场进餐如史诗般壮丽。刚开始的时候，大家可能是因为太饥饿了，无论是羊肉还是面包，都是大块大块地往嘴里塞，彼此之间顾不上说话，噎住了就大口地喝饮料。照这个吃法，真不知道剩下的够不够明天吃。我嘀咕着：管他呢，先填饱肚子再说吧。饭后大家都躺在那里，一边聊天，一边惬意地打着饱嗝。在交谈中大家赞赏着准备午餐的人，认为他很有预见性，知道大家爬了一上午山之后肯定会非常饿，需要大量进食，而这顿午餐正是如此丰盛。之后，大家又开始对中午的美食品头论足起来，说着各自最喜欢的食物。有人说喜欢橄榄，有人说喜欢瓶装的鲜鱼，还有人说喜欢灌肠，最后他们评选出了最受大家欢迎的食物，那就是培布雷达泽乳酪。说完之后，大家躺在草地上晒起了太阳。一股股轻烟从人群中升起，那是他们在抽烟斗和吸雪茄。

一个小时之后，休息该结束了。导游喊大家起来，抓紧赶路。我们原定的方案是这样的：导游和我们在此地分两路走，他带着行囊和牲口走一条小路，到达一个叫"羊圈"的地方，那里有一座用石块垒成的大房子，他就在那里等我们。我们走另一条路线，继续攀登，直达顶峰。然后在天黑之前下到海拔1150米的"羊圈"，与导游会合，并在那里过夜。这个方案是大家事先定好的。

我们顺利地登上了峰顶。大家都好奇地朝四处观望，南边的山坡略显舒缓，我们刚才便是从那里爬上来的；北面的情况则不同，是一处陡峭的悬崖。这个悬崖深不见底，从上面往下看，胆战心惊。我估计这个悬崖有1500米那么深，扔下一块石头去，很久才会落入谷底，并且中途不会被任何东西阻挡。谷底是一处河床，从上面看就像是一条白色的布带，非常醒目。队员们像顽皮的孩子一样，他们掀起一块大岩石，把它推下了悬崖。如此重的石头从这么高的地方滚下去非常壮观，队员们都在为自己的恶作剧而欢呼。我也有自己的乐趣，那就是在岩石底下发现了一种蜂。这种蜂叫做立翅泥蜂，我之前在平原上的路边见过一次。之前见它们的时候，它们还是一个个地独居。而在这里，它们却变成了群居，几百只挤在一起。

我刚要准备着手研究的时候，起了南风。早上出门的时候就刮过一阵南风，现在则没有那么简单，伴随着这阵南风一起来的还有一团团乌云，随时都有可能化作一场大雨。此时的山顶上起了大雾，到处飘浮着水汽，能见度只有几米。此时我们队伍中少了一个人，是我非常要好的朋友德拉古尔，就在变天之前他离开我们独自去寻找一种植物，那是一种只有在高海拔处才生长的植物。我们将双手围成喇叭状，大声地呼喊着他的名字。但是，这里实在是太辽阔了，我们的喊声全部消失在迷茫的大雾中。眼看着翻腾的大雾，我们十分焦急，最后决定亲自去寻找德拉古尔。为了不走散，我们剩下的七个人手牵着手。我走在队伍最前面，因为这些人当中我最熟悉这里的地形。就这样，深一脚浅一脚地走了一段时间，简直就跟在夜晚捉迷藏一样。最后还是没有寻到德拉古尔的身影。我怀疑他看到天上的乌云之后，自己跑回"羊圈"了。因为他经常光顾旺杜峰，对这里的地形和天气都比较熟悉。于是，我们也决定回"羊圈"。此时大家身上都已经湿了，衣服紧紧地贴在身上。

　　这个时候，又有一个难题摆在我们眼前：寻找德拉古尔的时候东转西转，再加上这样的鬼天气，我们迷路了。我已经搞不清哪边是南，自然也不知道南坡在哪儿。我问问这一位，再问问那一位，得到的答案也完全不同，并且他们自己也不肯定。我们全部都迷失了方向，分不清东南西北。我从来没有意识到，能辨别东南西北是如此的重要。虽然都是下坡，但是我分辨不出脚下的路是通往哪个方向的下坡。要是走错了，不但回不了"羊圈"，还有可能一头栽进陡峭的悬崖，摔个半死。想到后果的严重性，我停下了脚步，犹豫不决。

　　多数人觉得应该停止前进，原地不动，等雨停了再作打算。还有一部分不赞同，他们觉得应该尽快寻找下山的路，免得雨越下越大。我也认为应该尽快下山，雨下到什么时候谁也不知道。再说天一黑气温就会下降，到时候冻不死也会冻僵。有一个队员没有发表意见，一直默默不语。他叫贝尔纳·维尔洛，是我的好朋友，这次是专门从巴黎植物园赶过来陪我攀登旺杜峰的。尽管一言不发，但是看得出他并没有慌张。我把他拉到一边，悄悄告诉了他我的顾虑。理智战胜了恐慌，我们开始推断方向，找出哪边是南边。他问："你确定乌云是从南边过来的吗？"我说："确定，这个绝对错不了。""当时吹的是南风，乌云从南边过来，下雨的时候雨滴也应该是由南往北倾斜落下的。""这样一来，只要分辨雨从哪个方向吹过来，那个方向就应该是南。""理论上是这样，不过这个方法不太可靠。因为现在风比较小，雨滴太乱，根本看不出是从哪个方向落下来的。再说，谁也不能保证风向没有变过，当乌云在山顶上聚集的时候，风一般都是打转的。""你说的有道理，那还有什么其他线索呢？""我想到了一点，如果风向一直没有变，那么雨会从南边吹过来，我们身上的左边首当其冲，肯定比右边要湿。即使是后来风向变了，变成了旋转风，那么我们身上的各处被淋湿的程度应该是差不多的。总的说起来，左边还是会比右边湿。对不对？""我同意你的说法。"

就这样，经过你一言我一语的推断之后，队员们便明白了。纷纷往自己身上摸，看一下哪边更湿。当然，他们摸的不是自己外面的衣服，那些衣服早就湿透了，而是最贴身的衣服。结果让大家很兴奋，左边果然要比右边湿。这下子好了，我们手挽着手朝左边走去，我还是在队伍的最前面。我边走边对队员们说："这是我们最后的办法了，就让我们冒一回险吧。"队员们纷纷回应着我："我们跟你走。"就这样，队伍坚定地行走在陌生的山路上。

山坡非常陡峭、湿滑，在上面感觉收不住脚。就这样互相搀扶着走出二十多步以后，队员们心里便踏实了。哪里有什么悬崖，脚下分明是坚实的土地。山坡上到处都是碎石，脚踩过之后，这些碎石便向坡下滚去，路上又碰落了别的碎石，就这样，汇成了一小股碎石流。发出咔咔啦啦的声响，像是美妙的音乐一般动听。我们下山走的非常快，没几分钟便来到了山毛榉区的上线位置。这里树多，再加上天马上要黑了，脚下的路变得非常模糊，需要弯下腰去才能看清楚。"羊圈"坐落在茂密的树林里，怎样在这种情况下找到它又成了一个新问题。这个时候我又有了线索，是两种罕见的植物，一种是善昂利藜，另一种是荨麻。它们平时都生存在无人出没的恶劣环境中。我一只手挽着别人，另一只手不断地在草丛中挥舞。若是感到被扎了一下，就能确定那个方向有一棵荨麻。此时的荨麻便是我们的路标。在队伍尾端的是维尔洛，这位植物学家也在一丝不苟地用手探寻荨麻。别人对这种探路方式表示怀疑，它们的想法是一口气冲下山去，最好是能冲到山脚下贝杜安的旅馆床上去。维尔洛安慰着中间几位队员，用自己植物学家的身份告诉他们，这样的探路方式是最科学的，也是最合理的。你用手去摸索野草，就能感觉出哪里是路，哪里不是。晚上我们看不到东西，但是还可以用手去感觉东西。没多久，我们便找到了羊圈。

和我们想的一样，德拉古尔果真在羊圈中，导游也在。我们换上干净衣服，点起了一堆篝火，气氛又活跃起来。没有水怎么办？我们用一个布口袋从外面盛了一袋雪，然后将其挂起来，底下放上一个瓶子，将融化的水收集起来。这些水后来被我们做晚饭用了。睡觉也不用发愁，前人已经用身体将地上的一层山毛榉叶碾得非常碎了，躺在上面非常舒服。无论是谁来登山，只要过夜，都会来这里睡觉。也不知道有多少人在这张铺垫上睡过。有的人睡不着，便整夜地守在火堆旁，不停地拨弄着柴火。

这个石棚非常封闭，只有一处可以往外走烟，若是没人翻弄火堆的话，烟肯定会灌满整个屋子。尽管如此，屋子里的空气中还是充满了大量的烟。只有将嘴巴、鼻子贴着地面，才能呼吸到几口新鲜空气。人们纷纷睡不着了，有的被烟熏得咳嗽，有的低声嘟囔着抱怨，还有的干脆坐在火堆旁拨火。凌晨两点钟的时候大家实在是忍不住了，最后决定一起去看日出。屋外的雨早就停了，万里晴空，繁星点点，明天肯定是个好天气。这个时间爬山让大家都感到吃不消。原因是没有休息好，非常疲倦，再加上这个海拔高度空气稀薄。我身上的气压计一直在下降，现在已经降到了140毫米。也就是说，现在的空气密度只有山下正常密度的1/5。相应的，氧气含量也只有正常条件下的1/5。如果是一般情况下，这种变化也不会让人感到多么不适应；可是，昨天折腾了一天，晚上大家又几乎没有睡着，现在稀薄的空气让人感到非常难受。大家放慢了步伐，喘着粗气。有几个队员走几步就要停下来休息一下，断断续续地大口呼吸。最终，我们又一次登上了峰顶。

大家躲在山峰顶端的一块大石头底下，在那里一边喘着粗气，一边喝着朗姆酒，希望这寒冷的夜晚快点过去。没过多长时间，太阳就升起来了。太阳把旺杜峰巨大的影子投射到大地上，十分壮阔。山的南边和西边都是一望无际的平原，现在被蒙上了一层薄薄的雾。平原上有一条大河，名叫罗讷河。如果太阳再升的高一点，雾都散去的话，我们就能见到它。

昆虫记

山的北边和东边都是翻滚的白云，像是波涛汹涌的大海。海中还有几座黑色的岛屿若隐若现，那是附近山峰的山顶。

别只顾着欣赏美景，我们这次来很重要的一项任务就是观察植物。眼下是八月，对于观察植物来说多少晚了点儿，因为大部分植物的花季已经过去了。如果你想仔细地观察，加上收集大量植物标本的话，应该提前一个月来。因为那个时候正是牲畜上山的时候，你得赶在它们之前。要不然，成群的绵羊可不会口下留情，给你留下些什么。不过，你不用担心顶峰的植被被牲畜破坏，它们不会到顶峰来进食的。那里在七月将是一片花的海洋，路边的碎石上开满了各种五颜六色的鲜花。

关于七月间山顶上的美景，我记忆犹新：一簇簇绒毛报春花白嫩娇艳、婀娜多姿；瑟尼斯紫罗兰那硕大的花冠呈蓝色，在石灰岩地面上格外显眼；败酱草散发出一种怪怪的味道，那是花串的芬芳与根部的臭味混杂在一起的味道；到处遍布着阿尔卑斯勿忘我草，它那靛蓝色的小花非常鲜艳、明快；对生叶虎耳草和苔状虎耳草像孪生兄弟一样，总是生长在一起。花冠是紫红色的是对生叶虎耳草，花冠是洁白色的是苔状虎耳草。天气再热一点的话，你就会见到一种叫做"巴那斯·阿波罗蝶"的大蝴蝶。它的翅膀是乳白色的，上面有四个红色的圆点，周边镶着一圈黑边，非常漂亮。在阿尔卑斯山脉这种荒凉的地方，巴那斯·阿波罗蝶显得雍容华贵。

关于旺杜峰峰顶的奥秘，枚不胜数，谁都不可能将它们全都弄明白。现在我就要去看一下昨天发现得那群立翅泥蜂们，经过一场大雨之后，不知道它们是否还在那片石头地下。

第三章　荒石园

在野外建立一个实验室是我年轻时最大的愿望。这是一个很奢侈的想法，因为当时我连填饱肚子都成问题。我四十多年来一直有一种想法，那就是拥有一块小小的土地，把四面都围起来，谁也不得入内，任它长满荆草，变得荒芜。为什么要这样做呢？因为黄蜂和蜜蜂最喜欢这种环境。在这里，我可以避开烦扰，用一种特殊的语言同我的这些朋友们相互问候、交流，谁知道需要多长时间才能学会它们的语言。在这里，不会有长途旅行和远足浪费时间和精力，我可以专心地去观察我的昆虫。

四十年来，我每天过着为衣食操心的日子。最终，凭借着我坚强的意志，我终于建起了梦寐以求的实验室。尽管实验室的条件不是太好，但是我还是非常高兴，我相信我的生活会从此改变。这个实验室就像是一把钥匙，他打开了戴在我脚上几十年的铐链，让我重新获得了自由。我唯恐这自由来的太迟，最难过的莫过于等到桃子熟了的时候，发现自己的牙已经吃不了桃子了。我现在的视野已经没有以前那么广阔，不但如此，还在不断压低，变得狭窄。对于我已经过去的那些生命，我毫无遗憾，也无所谓自疚，甚至没有一点点值得眷恋的东西。我体会到的只是社会的世态炎凉，心早就碎了。现在我不想只为了活命而吃苦，我要干我自己喜欢干的事情，就是如此。

这个实验室是一个荒园，里面到处都是废墟，立着的只有一面破墙，墙根被石灰沙泥筑得结结实实。这半截墙多么像我啊！为了追求，即使是残垣断壁也不放弃。我还能否再为昆虫们书写几页历史？我的体力还能否

昆虫记

允许我追求自己的理想？我对昆虫是如此的热爱，为什么直到今天才想起为它们做点什么？昆虫啊！快去告诉你们的朋友吧，就说我从来没有把你们忘记，我在一直惦记着你们。说我一直惦记着节腹泥蜂的秘洞中那个我没有解开的秘密，还有我对洞泥蜂猎食的细节记得清清楚楚。我之所以现在才来，是因为我的时间少的可怜，我势单力薄，没有人与我为伍。最重要的就是，我要对付那糟糕的生活。好吧，我想你们会原谅我的。

还有人批评我，说我说话太随意，也就是没有学院派的那种郑重、严谨。在他们眼中，如果不把一个道理说得非常拗口，或者写的非常难懂，那么这个道理就是错误的。我不赞同他们的观点。真理本身就是通俗易懂的，能被大众掌握的。再说，我用通俗的语言描写，但是我的观察和研究是非常谨慎、细致的。这一点，大自然中很多被我研究过的昆虫可以为我作证，不管是蜜蜂还是蜘蛛。我的语言虽然空洞，不懂得装饰和滥情，但是我原原本本地记录下了我看到的一切，既没有漏掉什么，也没有杜撰、臆造、添加什么。

虫子们，你们是我的朋友。如果你们说服不了那些自以为是的人，我可以代替你们呼喊。我可以告诉他们："你们是一群刽子手，你们研究昆虫地方法是将它们解剖；而我呢？我是活着观察它们；在你们眼中，虫子既肮脏又恶心；而我却觉得它们非常可爱；你们总是在实验室的案台上撕扯拉拽它们的身体，而我是在蓝天白云下的大自然中观察它们的起居；你们关心的是它们体内的细胞，而我注重的是发现它们的天性；你们眼中只有死亡，我眼中更多的是生命。"

我还想说明：人们在童年的时候都热爱大自然、热爱动物。但是，人们对大自然和各种小虫的热爱后来都不见了。研究大自然成了一门被垄断的学科，专家们通过分离细胞技术去研究这些动植物的结构，却没人去关注动物的本能。就像是清澈的泉水被野猪践踏了一样，专业的、枯燥的研究代替了人们年少时抱有的那种乐趣。面对着这些问题，我很无奈。我在为专家和学者撰写文章，我也在为哲学家们撰写文章，我希望我写的东西能够对他们有所帮助，帮助他们找出动物本能的起源。同时，我还在为年轻人而写，我想唤起他们对大自然的爱，就像小时候那样。我想让他们明白：大自然、动植物都是生动的、有趣的，并不是书本上那样的干巴、枯燥。为此，我一直要求我的文章不能写得类似于一些科学家那样，故作深沉，刻意卖弄。那种文章恕我直言，在我眼中就像某种土著人的语言一样，没人看得懂，也没人会去看。

现在，我想说说我的这个荒园。它一直在我的计划中，并且是去我最期待的，我要将它打造成一个昆虫实验室。最终这个愿望实现了，我如愿以偿得到了一小块土地。它坐落在一个小村落的幽静之处。这是一块有许多石子，不能耕种的土地，在我们这里，这种地形一般被称为哈麻司。除了百里香之外，很少有别的植物能在上面长起来。这种地形也并不是不能种东西，不过得需要你拿出大量的时间和精力去照顾它们，这样算来，又不值得。有时候在春雨过后，上面会长出一些小草。荒园里面尽是掺着石子的红土，有人告诉我，以前的主人曾经在上面种过葡萄。现在上面原有的植物都被人清理掉了，这让我十分懊恼，我只得重新来种植百里香。我以后可能会用到百里香，因为它可以用来作为黄蜂和蜜蜂的猎场。

这里到处充斥着偃卧草、刺桐花，还有一种长满了橙黄色花，有硬爪般花絮的西班牙牡莉植物。在这些花草上面盖着一层伊利里亚的棉蓟，它的枝干能长达六尺，末梢还有粉红色的球，更要命的是这些球上面长满了小刺，让想去采摘的人无处下手。这其中还生长着矢车菊，这种植物上面长了长长一排钩子。这里到处充满了棘刺，要是你没有穿高筒皮靴就贸然闯入的话，就有你好受的了，你肯定会为自己的粗心付出代价。

尽管如此，这里依然是我的乐园，这是我经过几十年的辛苦努力才得来的。

以前我把这里称为伊甸园，现在我还是这样认为，它依然是创造生命的地方。这块土地十分荒芜，而且没有养分。在农夫眼里，即使是往这块地中撒几粒萝卜种子都是在浪费；然而，对于昆虫来说，这里却是天堂。周围的蜂类都被园子中遍布的荆蓟和矢车菊吸引了过来，在我眼前嗡嗡作响。这么多的蜂类聚集到一起，这在我以前多年的昆虫观察中是从来没有见到过的。可以说这是一个蜂类家族的大聚会，各行各业的蜂都来参加。它们中有专门捕捉活食的猎人；有专门垒砌蜂巢的泥土匠；有专门整理绒絮的纺织工；有专门负责裁剪树叶为筑巢备料的备料工；有负责给木头钻眼的木工；还有在地下打地道的矿工，等等。

昆虫记

　　快看啊！这种蜜蜂居然会缝纫。它把刺桐的网状线剥下来，并用它的颚把这些东西带走，显出一派骄傲的神情。这些东西被它带到地下，用来储存蜜和卵；那边的那种蜂叫切叶蜂，它们的身躯下面带着切割用的毛刷，这些毛刷有黑色的、白色的，还有血红色的。它们飞到邻近的那片小树林中，用毛刷把树叶锯成圆形的小片，这些小片被它们用来包裹食物；这群穿着黑丝绒衣的是泥水匠蜂，顾名思义，他们是做水泥、沙石工作的。我经常看到它们工作，就在我的这片土地中的石头上；此外，还有一种野蜂。这种野蜂非常奇怪，将自己的家安置在空蜗牛壳里。另外一种蜂把自己的幼虫安置在悬钩子秸秆的的木髓里，这种秸秆得是非常干燥的那种。第三种高手在干芦苇的沟道里安家。第四种更高明，直接住在泥水匠蜂的空隧道里，连房租都省了。生着角的蜜蜂，后腿上长着刷子的蜜蜂都有，这些角和刷子都是收割用的。

　　我有一位朋友名叫佩雷斯，他是一位昆虫学者，同时还在波尔多当教授。我要是发现了什么新的昆虫物种，便会向他请教如何命名。在我们交谈的时候他曾经问过我，是否有什么好办法能一下子捕捉到许多稀有的昆虫，要是里面有那种首次被发现的昆虫那就更好了。并叮嘱我，如果发现了稀有昆虫，就把它的标本寄过去。我不擅长捕捉昆虫，也没有什么秘诀。我能捉到昆虫完全是因为环境所赐。这里是昆虫们喜欢的那种环境，尤其是那些茂密的如同地毯一般的蓟草和矢车菊。

　　建筑工人把我的私人乐园的墙壁建好之后，留下了一堆堆的石子和沙子。没过多久，就有住户搬了进去。泥水匠蜂把睡眠的地方选在了一个石头的缝隙中。还有蜥蜴，这是一种凶悍的动物，如果你不小心压到它们，它们就会毫不客气地去攻击你，它才不管你是有意还是无意，甚至连狗也逃脱不了。它们挑选好了洞穴，就在里面埋伏着，准备伏击路过的蟋蟀。

　　鸲鸟长着黑色的耳毛，穿着黑白相间的衣服。这副打扮，再加上整日在石头上面重复着那几句歌，怎么看都像是一位黑衣僧在念经。在哪里才能找到那些里面藏有天蓝色鸟蛋的鸟巢呢？它们一般藏在石头后面，如果你去移动这些石头，鸟巢和小黑衣僧也自然被移动了。这些不幸被破坏掉的鸟巢和里面小黑衣僧让我感到十分惋惜，它们是多么可爱的邻居啊！至于那只蜥蜴，我对于它的离开没有丝毫的留恋，因为它实在是太凶悍了。

除此之外，掘地蜂和猎蜂的群落也隐藏在沙土堆中。不过，后来建筑工人把这些掘地蜂和猎蜂们都驱逐走了，它们的家也无缘无故没了，我真为它们感到遗憾。但是，还是有一些猎户们留了下来。他们整天忙着寻找小毛虫。有一种黄蜂个头挺大、胆子也挺大，毒蜘蛛它都敢去捕捉。这片土地上居住了很多相当厉害的毒蜘蛛。在这里，你还可以看到一种蚂蚁，它们强悍、勇猛，时常见它们排着长长的队伍向战场出发，估计至少有一个兵营的力量。不久之后，就会带回被猎取的俘虏。

此外，还有各种鸟雀住在屋子附近的树林里，绿莺、麻雀、猫头鹰，应有尽有。一个小池塘坐落在这片树林中，里面住满了青蛙。它们通常在五月份组成乐队，演出绝对让你震耳欲聋。黄蜂是这里最勇敢的居民，因为它连声招呼都不打就霸占了我的屋子。白腰蜂也在我的屋子门口安家，这让我在进屋子的时候每走一步都得小心翼翼，要不然就会踩到它们，我可不想破坏它们的采矿工作。泥水匠蜂把房子修建在我的窗户框里面，它们把土巢筑在软沙石的墙壁上，把我不小心留在窗户木框上的小孔当做出入的门户。另外几只泥水匠蜂可能迷路了，它们在百叶窗的边线上筑起了蜂巢。这些黄蜂总是在我的午饭时间到访，当然，它们翩翩而至不是来看我，是惦记着我那些葡萄熟了没有。

所有的这些昆虫全是我的朋友，它们惹人喜爱。我以前和现在所熟悉的伙伴们，全部都聚集到了这里，每天都忙着打猎、筑巢，还有维持它们的家族。如果我想换个地方住的话，离我很近的地方就有一座大山，那里遍布着野草莓树、岩蔷薇和石楠植物，黄蜂和蜜蜂就喜欢在这些植物上面聚集。我给自己找了充分的理由离开城市，来到乡村，来到这里，整日做一些除杂草和灌溉莴苣的事情。

人们在大西洋和地中海沿岸建了许多实验室，花费了大量资金，仅仅是为了研究一些生活在海洋中的小动物。但是，这些海洋生物对我们的生活几乎没什么影响；还有人为了弄明白那些环节动物卵块是如何分裂的，不惜花大价钱置办高倍显微镜、昂贵的解剖仪器，雇用船只和海员，甚至建造水族馆。在这些动物身上有必要花费如此多的精力吗？人们为什么对生活在我们身边的、触手可及的那些昆虫如此地不闻不顾？相对于海中的那些动物，它们与我们更息息相关。它们中有的对人类有益；有的与人类

昆虫记

不相往来；还有的穷凶极恶，专门与人类作对，疯狂地吞噬农作物。

因此，我们应该建立一座昆虫研究室，专门研究各种昆虫。是活的昆虫，不是在瓶子中泡酒的那种死的。在这座实验室中，我们可以研究昆虫的生活习性、本能、劳动、产卵、猎食、筑巢、战斗等各个方面。面对这些问题我们要严肃对待，它们不仅是自然的知识，还能影响到科学、社会学、哲学等各个学科领域。我们要通过实验、观察和推断来弄明白哪些行为是昆虫的本能，是生下来就拥有的本领；而哪些本领是昆虫后天掌握的，是运用自己的智力获得的。弄清楚这个问题，有利于我们研究人类的思维。而这一切的一切都是从最基本的小处开始着手研究的，比如，数一下甲壳虫的触须有多少节。这个看似简单的问题，几乎没有人知道。

要想彻底地了解昆虫，还需要做大量的工作，也需要大量的人员。但是，我们现在没有开始任何行动。大家的目光应该从海底的小动物身上挪开，转移到软体动物和植形动物上来。我们对自己身边的昆虫是如此陌生，这是不应该的。因此，我自己建立了一座荒园，把它当做昆虫实验室。不用担心，我的实验室完全是我自己一手建造的，没有花纳税人一分钱。

第四章　舍腰蜂

许多昆虫非常喜欢与人们当邻居，它们会把巢穴建在我们的屋子旁边。这其中就有舍腰蜂，它是这些昆虫中最能够引起人们兴趣的。这是为什么呢？主要原因有三个，第一，舍腰蜂的身材十分美丽动人；第二，它的头脑非常聪明；第三，它的窠巢非常奇怪。但是，还是很少有人知道舍腰蜂这种小昆虫。就算是它们住进某一家人的火炉旁边，这户人家也不见得会对这个小邻居了解多少。之所以会这样，是因为舍腰蜂天生具备了安静、平和的本性。事实也是这样，这个小家伙不会让人们察觉它，它居住得实在是太隐避了。就这样，好多人都不知道自己的家里还有这样一位成员。现在，就让我来把这个平凡的、谦虚的小动物放到聚光灯底下，让大家都了解它！

舍腰蜂这种动物非常怕冷。它喜欢阳光，阳光不但帮助橄榄树茁壮成长，鼓励蝉儿高声歌唱，还会给它带来温暖。所以它在阳光下搭建起自己的帐篷，建筑起自己的安乐之居。有的时候，太阳不能满足它们，它们便会为了整个家族的需要，为了让大家感觉更加温暖、舒适，找到人类的门上，要求和我们做邻居。它们总是自作主张，举家迁移进来，甚至连门也不敲一下，连声招呼都不打。一些农夫们的单独的茅舍是舍腰蜂平常主要的居所。通常在这些茅屋的门外，都会有一些高大挺拔的无花果树，一口小小的水井被遮盖在这些果树的树荫下。在具体确定住所的时候，舍腰蜂一般会选择一个能在夏日里被太阳照到的地方。要是能有一个大一点儿的火炉的话，那就更好了，一堆柴火也必不可少。这些需求都由它怕冷的天性决定的。对于它来说，寒冷的冬夜中火炉喷发出的火焰十分温暖。因此，每当舍腰蜂看到有黑烟从烟筒里冒出来，就会非常激动，因为它们知道多了一个地方供自己考虑选择。那里将会带给它安逸、温暖的生活。相反，要是烟筒里面并没有什么黑烟的话，这种地方是绝对不会得到它的信任的，它也绝对不会把自己的家选择在这样的地方。舍腰蜂的头脑很聪明，它会推断出这间屋子里的主人们日子也好过不到哪里去，说不定还不如自己。

这位小客人会在七八月的大暑天中出现。它要寻找合适的地点来做窠。无论这间屋子里面有多么喧闹，都不会惊动和扰乱到舍腰蜂。同样，住在屋子里的人们也不会发现它。他们的眼中都没有对方，因此也就互不干扰了。舍腰蜂会用它那尖锐的目光和灵敏的触须到处视察，为自己的新巢选址，天花板、木缝、烟筒这些地方它都不漏过。尤其是火炉旁边的地方。就连烟筒里面都要认真地视察，整个过程细致入微。等它结束考察工作，选定建巢地点之后，便立即飞走。不久之后，又飞了回来，还带着少量的泥土，随着房子的底层开工建设，整个筑造家园的工作便正式启动了。

舍腰蜂有一个非常奇怪的特点，那就是选择新巢的地点各不相同。对于那些小蜂来说，最需要的莫过于炉子内部的温度了。因此，会让舍腰蜂觉得满意的地方，应该是烟筒内部的两侧，大约二十寸高的地方。这个地方虽然是一个非常舒服的藏身妙处，但是，它也有不少缺点。既然是在烟筒的内部建巢，烟的问题不可避免。如果蜂巢要是被烟喷到的话，里面的舍腰蜂自然也在劫难逃，一定会被熏成棕色或者黑色，就像那些烟筒里的砖石一样。小黄蜂也有可能会被闷死在里面。不过，这件事情它们的母亲似乎早有对策，用不着我们替它担心。它们的母亲总是能把自己的家族安排在烟筒的适当位置上。这种地方一般非常宽大，除了烟灰以外，其他的东西都很难到达这里。

智者千虑，必有一失。尽管舍腰蜂处处当心，时时谨慎，但还是不会躲过所有的危险。有这样一件事情会时有发生，那就是舍腰蜂建造房屋的过程中，有时会有一阵蒸汽或者是烟幕过来侵扰，这时，舍腰蜂不得不停工，无奈地看着刚刚建成一半的房子。这种停工没有规律，有时候是一小会儿，有时候是一整天。尤其是碰到这家的主人在烧水洗衣服的时候，这种情况是最危险的，因为从早到晚，炉灶里的烟灰与大盆和木桶里面的大量蒸汽混合在一起，形成了浓厚的云雾。对于蜂巢来说，这是个很严重的威胁，随时都会让它家破人亡。

我记得听人说过，河鸟每次回巢的时候，都要飞过水坝下的大瀑布。听起来让人很佩服河鸟的勇气和胆量。相比之下，舍腰蜂勇气也毫不示弱，甚至，它比河鸟更勇敢。每次舍腰蜂在回巢的时候，都会用牙齿含回一块泥土，用于建造它的巢穴。它每次都是要穿越浓厚的烟灰和云雾，才能到达它的施工工地。但是，那层烟幕实在是太厚重了，舍腰蜂冲进去以后，它那小小的身影便被完全吞噬。虽然看不见它，但是能听到它的声音，是一阵不太规则的、呜呜的声音。这不是别的什么声音，是舍腰蜂在唱歌的声音。它在一边工作，一边低声地哼唱着歌曲。从歌声中我们可以知道，舍腰蜂很快乐，他高高兴兴地工作，不辞辛苦地建设着自己美好的家园。可以看得出，他很乐意从事自己现在的这份职业，也对自己的工作成绩很满意。它躲在厚厚的云雾深处，神秘地进行着它自己的工作。忽然，它止住了歌声，安然无恙地从神秘的浓雾深层飞出来，浑身上下完好无损。这已经成了它的本能，这种十分危险的事情它几乎每天它都要经历很多次，直到它建好自己的巢，储藏好食物，最后把自家的大门关上为止。到那时，它才会休息一下。为了自己的家园，这个小家伙也真够不辞辛苦的了！

除了我以外，没人发现舍腰蜂在炉灶里不停地忙着建造住所、储存食物。这可能是因为我比较细心的原因吧。还记得第一次看到它们时的情景，当时我在爱维浓学院里教书。时钟已经指向两点钟，再过几分钟，外面就会敲鼓，那是在催促我去给羊毛工人们做演讲。就在这时，我忽然看见了一只小昆虫，它很轻灵，也很奇怪。当时它从木桶中升起的热水蒸气中穿飞出来，给我留下了深刻的印象。它的身体也很有意思，中间部位非常瘦小，但尾端却异常肥大，而这两个部分竟然是由一根长线连接起来的，让人觉得太奇妙了，这是舍腰蜂给我的第一印象。当时我没有用观察的眼光去看它，纯粹是觉得好玩。

自从初次相识之后，它就成了我家里的小客人，我一直对它抱有很浓厚的兴趣。我期盼着能和这个小家伙互相熟识、相互交流。于是，我跟我的家人说，当我不在家的时候，千万不要去打扰这些小家伙，免得破坏了它们的正常生活。可以看出，尽管它是没有受到邀请的不速之客，我还是对它非常在乎。事情发展态势比我想象的还要好。当我回到家里以后，发现他们都安然无恙，没有受丝毫打扰。小家伙仍然藏在蒸汽后面，为了自己的家而努力地工作。我为了便于仔细地观察它，熄灭了炉灶中的火焰，我对它实在是太好奇了，包括它的建筑才能以及它的建筑，它吃什么样的食物，还有幼小的黄蜂的进化及生长过程，等等。在接下来将近两小时的时间里，我目不转睛地注视着它。

说来也奇怪，经过这次观察以后，不知道什么原因，舍腰蜂再也没有光顾过我的屋子。将近四十年来，我再也没有在这个屋子里见过它们。更多的关于舍腰蜂的知识的认识，是来自我邻居家的炉灶旁边的蜂巢。

我通过细心观察，在舍腰蜂身上发现了一种孤癖的、流浪的习性。在这一点上，它与其他大多数黄蜂以及蜜蜂有所不同。通常情况下，它会先选择好一个地点，自己筑起一个巢穴，这个巢穴显得特别孤独。还有就是，你很少能在舍腰蜂生活的地方见到它的亲属和家族的成员。这种小动物在距离我们城南不远的地方有很多。但是，它不喜欢那些城镇居民的别墅里的炉灶，唯独对农民屋子里充满烟灰的炉灶感兴趣。它们把自己的巢也建在其中，我在我们村里见过的舍腰蜂，比其他任何地方的都要多。我们村的屋子有自己的特点，那就是茅屋都有一定的倾斜性，并且让太阳把外面晒成了黄色。

泥水匠蜂选择烟筒来建巢这一点，已经毋庸置疑了。它选择地点的标准并不是贪图安逸或者享乐之类的。因为，很显然，它选的这个地方也舒服不到哪里去。选在这个地方建巢不仅需要高超的建巢技艺，更是冒着随时丧命的危险。单从这两点来说，说舍腰蜂是为了安逸才选择烟筒建巢的，是冤枉了它。它之所以在这种地方选址建巢，主要目的不是为了自己，而是为了整个家族。自己安逸、舒服，不如大家有福共享，一起安逸、舒服。由此可见，舍腰蜂是一种家庭责任感很强，比较爱家的动物。还有，舍腰蜂选择烟筒的另外一个很重要的原因，就是舍腰蜂及它的家族成员对温度的要求比较高，这需要它们必须住在一个比较温暖的地方。黄蜂和蜜蜂都没有这方面本能的要求，所以它们在建巢选址这方面是很不相同的。

有一次去丝厂，我记得在那里见到了一个舍腰蜂的巢。这个巢建在机房里，那个地方刚好是在大锅炉上面的天花板上。它为自己选择的这个地点，真是独具慧眼。无论是春夏，还是秋冬，这个地方在一年当中任何一天，温度计所显示出的温度都是一百二十度。只有晚上和工厂放假的时候除外，因为那时工厂里的锅炉会停止加热。事实说明，温度对于这个小小的动物来说，真的很重要。而且，这个家伙特别善于为自己挑选地点。

我还不止一次地看到过，舍腰蜂把巢穴筑在那些乡下蒸酒的屋子里。而且，凡是方便它们安居与行动的地方都被他们占满了。甚至，他们把那些堆积账簿的地方，也占据了下来。蒸酒房里的温度大约有一百一十三度左右，与上面提到的的丝厂里的温度差不多。这些都表明，就算是在油棕树生长的热带高温环境下，这种泥水匠蜂也完全可以生存。

出于对高温的需要，舍腰蜂的家最理想地方和首选的地方就都是锅和炉灶，除此之外，一些其他满足条件的地点，舍腰蜂也不厌弃，只要可以让它觉得舒适和安逸，任何角落都有可能成为他们的家。比如说，养花房里、厨房的天花板上、窗户的凹槽里，还有茅舍中卧室的墙上，等等。它的巢穴是多孔的那种，并且一般都是建筑在石壁或者是木头上的，所以，它并不会去担心自己窠巢的地基。也并不是每次建巢，地基都这么牢固，例如，我就曾经见过有的巢被筑在葫芦内部，还有的选在了皮帽子里、装麦子的空口袋里，还有的时候它把巢建在铅管里。

有一次，我在学院附近的一个农夫家里偶然发现了一件事情，让我感觉非常新奇。这个农夫家里的炉灶非常宽大，炉灶上面有一排锅里，当时一个锅里正煮着给农夫们喝的汤，其他锅里也有一些东西，是给牲畜们吃的。吃饭的时间到了，农夫们从田地里回到家中，辛苦的劳作让他们的肚子都饿坏了。他们连吃带喝，没人顾得上说话，因为休息用饭的时间只有半小时。为了感觉舒适一点，他们摘下了帽子，脱去了上衣，把它们随手挂在一个木钉上面。对于农夫们而言，这半个小时是短暂的。但对于泥水匠蜂来说，半个小时内占据工人们刚刚脱下的衣物，绰绰有余。这些衣物和草帽，尤其是上衣的褶缝，被它们视为最合适的地方。农夫们吃完了饭，要准备去干活了。走之前他们会抖一抖自己的衣服和草帽，这是在抖掉舍腰蜂刚刚初具规模的窠巢。就是在这么短暂的时间里，它已经把蜂巢建设得有树果子那样大小了，真是出人意料。这些小动物总是让人感到惊奇。

那个农夫家有一位女人，她是专门负责烹调食物的。她觉得泥水匠蜂是一种非常讨厌的昆虫。她经常报怨这些可恶的小东西出来捣乱，弄脏了许多的东西。它还把天花板、墙壁、烟筒上涂满灰泥，让人打扫起来很费力气。相对来说，衣服和窗幔打扫起来会容易一些，这个女人每天都会用一根竹子使劲地敲打窗幔，以保持它的清洁。但是，这些小动物不是那么容易就会被驱逐的，今天好不容易赶走了，第二天早晨它就一样还会跑回来建巢。它对自己的本能工作总是不厌其烦地去做，不得不让人佩服它的执著。

这个女人的这些烦恼我都能理解，我非常同情她。同时，我也感到非常遗憾。如果我是她就好了，那样的话，我会放纵它在这里建巢，让它能安安静静地固定在某一地点居住。即便是把家俱弄满了泥土，我也不在意！我希望能更多地了解它的那种巢，如果这个巢是建筑在不太稳固的东西上，比如衣服、窗幔、草帽之类的，那么它们该怎么办呢？

泥水匠蜂用硬灰泥建巢，它喜欢把巢围绕在树枝的四周。泥水匠蜂建巢用的是泥土，并没有加水泥，或者是其他什么能让它更坚固的东西，为什么这个巢能够非常牢固地附着在上面呢？

它的建筑材料非常普通，不过是一些潮湿的泥土。这些泥土得需要从那种湿地上取得，因此，河边的粘土是最好的选择。我们村庄里面沙石非常多，河道非常少。我在我自己的小园子里挖掘了些小沟渠，是用来种蔬菜的，那里有时候会有一点儿水。于是，舍腰蜂经常会在这里出没，选择适宜筑巢的泥土。这成了一个很好的观察点，在闲着的时候，我就来这里观察这些建筑家。

当他们临近沟渠，发现了这里有水的时候，会十分高兴。在这没有湿气的时节里面，这些水显得极为珍稀，它们当然不会轻意放过这些宝贵的资源。那么它们是怎样带走这里的泥土的呢？只见它们震动着双翼，把脚直立起来，黑色的身体抬得相当高，然后，用下颚刮取沟渠旁边那层表面光滑的泥。这个动作非常像在泥土旁边做工的女人，她们小心谨慎地提起自己的裙子，以免弄脏。即使是这样，也总会在裙子上沾上污渍。按理说，这样一群不停地搬取着泥土的黄蜂，原本应该是很脏的。但是事实正好相反，它们身上没有一点儿泥迹。为什么会这样呢？聪明的它们有自己的办法，那就是在们工作的时候把身子提起来，只用它们的足尖以及下颚去接触泥土，这样一来，除了这两个部位以外，其余地方一点儿泥污也沾不上。

用不了多长时间，它们就把泥制作成一个豌豆那么大的圆球，然后，用牙齿衔着飞回去，把它添加到自己的建筑上。在水渠边和自己的建筑物之间，它们毫不吝啬地挥洒着自己的汗水，飞来飞去，一会也不停歇。即使是在天气最炎热的时候，只要那里还有潮湿的泥土，泥水匠蜂就不会停止工作。

并不是只有我园中的小沟渠边有潮湿的泥土，除此之外，村子里的人常常牵着驴子去饮水的那片泉水也不错。在那里，永远会有潮湿的黑色的烂泥。即使是那种最热的天气里，刮着最强烈的风，这片泥土也不可能被吹干。对于路人来说，这种泥泞不堪的地方行走不便，也令人生厌。但是，舍腰蜂却很喜欢来这个地方，因为这里的泥土质量非常好，每次它们都不会空手而归。

泥水匠蜂是一位黏土建筑家，黄蜂却不同。它并不把泥土做成水泥，而是，直接把现成的泥土拿去应用于建筑。这也是为什么黄蜂的巢建造得不结实、不稳定的原因。这样的巢根本不能抵挡气候的变化。只要落上一点儿水在上面，蜂巢就会立刻融化，变成了和原来一样的泥土。更不用说什么狂风大雨了，这些巢穴一定会被打成一堆稀泥。原因很简单，这种巢穴的原材料本身就是干掉的烂泥，经过水浸，肯定又会变成一堆烂泥。

舍腰蜂不惧怕寒冷，哪怕幼小的舍腰蜂。即使不担心蜂巢被雨水打碎，它们也肯定会把巢建在避雨的地方。因此，它喜欢把巢建在人类居住的屋子，特别是温暖的烟筒里。

舍腰蜂窠巢的最后一项工作是做一个屋顶把建筑的各层遮盖起来。在这项工作之前，舍腰蜂的窠巢有一种非常自然的美感。有时它们会被修建成一排，并列在一起，看上去像口琴一样。不过这种情况不多，大多数时

昆虫记

候还是互相堆叠起来成层。

舍腰蜂的巢穴形状像一个圆筒。它的口比底部稍微大点。蜂巢的表面非常别致，它经过了舍腰蜂非常仔细的装饰。有一列线状的凸起围绕在蜂巢的表面上，它四周的每一条线，其实是建筑物上的一层。每当建好一层巢穴，就会显露出一根线条，这种穴巢大约有十五到二十层之间。每一根线条，都证明了舍腰蜂的努力。光是建巢的材料，这位勤劳的建筑家就大约需要来回跑二十多趟。可见，它们有多么勤劳！

舍腰蜂的蜂巢就像是一个罐子。罐子的口当然是朝上的，朝下的话就没法盛东西了，巢穴也是一个道理。它里面盛放的并不是什么特殊的东西，是自己的食物：一堆小蜘蛛。

等到这些巢穴都建好之后，舍腰蜂便往里面塞蜘蛛，直到塞满了为止。等自己产卵之后，便把它们全部封闭好。这个时候，巢穴的外表看上去依然美观。等到舍腰蜂认为巢穴的数量已经足够多了的时候，为了使它们更加坚固，它会在巢穴的四周再堆上一层泥土，从而起到保护的作用。这一次，舍腰蜂的工作特别粗糙，也不进行什么周密的计算了，也不会像从前做巢那样添加许多修饰物。它把能带回的泥土全部堆积到上面去。这纯粹就是一个堆积的过程，没有多余的修补和装潢。这一层泥土，一下子掩盖住了建筑物美观的外形。等泥土堆积完之后，蜂巢的最后形状就形成了。这时的蜂巢，看上去就像是一堆泥，一堆被抛掷到墙壁上的泥。

这个装食物的罐子是怎样形成的，现在我们都已经很清楚了。下面，我们应该弄清楚罐子里面的一些情况。

幼小舍腰蜂是以蜘蛛作为食物的，只要是蜘蛛都可以，前提是个头不能太大，否则就装不到罐子里去了。其中有种蜘蛛叫十字蜘蛛，它吃得最多。这种蜘蛛后背上有三个交叉着的白点，在附近很常见。这说明，舍腰蜂在它的住所附近捕食，不会千里迢迢地跑去别的地方去寻找食物。

对于幼蜂而言，最危险的就是那种生长着毒爪的蜘蛛了。如果是那种身体特别的大蜘蛛，想要征服它，舍腰蜂需要使出更大的勇气和更高超的技艺。是一件很危险的事情！即使是把它打败了，蜂巢那么小的地方，也盛不下这么大的一个东西。是标准的费时、费力、又不讨好的傻事。所以，舍腰蜂对大个儿的蜘蛛不感兴趣。还是猎取个头小的蜘蛛更实际一些。如果是碰到一群可以猎食的蜘蛛，你就会发现它的聪明，它只选择去猎取其中最小的那一个，决不贪多。五花八门的蜘蛛体型也是五花八门，所以不同的巢穴存放蜘蛛的数量也不同，有的巢穴里面有一打蜘蛛，而在另外一个巢穴里面，可能只有五个或者六个。

在把蜘蛛塞进巢穴之前，得先把它杀死，舍腰蜂都是以快取胜，突然落到蜘蛛的身上，甚至连翅膀都不停就把蜘蛛带走了。有的昆虫捕食靠的是麻醉对方，舍腰蜂对此一无所知，它只是用自己的速度猎取猎物。蜘蛛放到巢穴中之后很容易变质，最好是一顿就能吃掉。要是个头太大吃不掉的话，吃剩的部分就会腐烂，会毒害窠巢里的幼虫。这也是舍腰蜂专选那些个儿小的蜘蛛猎取的另外一个原因。

我们发现，舍腰蜂会把它的卵产在蜂巢里面储藏着的第一个蜘蛛的身上，而不是放在蜂巢的上面，每次都是这样，没有例外。第一个被捉到的蜘蛛被舍腰蜂放到最下层，并且把卵产在它身上，再用别的蜘蛛把它压住。当舍腰蜂的小幼虫出生以后，会将最先抓住的那些最陈腐的蜘蛛吃掉，然后再去吃那些新鲜的。这样一来，蜂巢中储藏的食物就不会有变质的了，这真是一个好办法。

蜂的卵总是放在蜘蛛的身上一个特定的部位，这种方法也是有讲究的。蜂把卵中包含头的一端放在蜘蛛身上最肥的地方。对于幼虫来说，这是非常有利的。因为，幼虫孵化出来以后的第一餐，就是蜘蛛身上最柔软、最可口和最有营养的部分。这个主意很聪明，这是大自然赋予舍腰蜂的相当巧妙的天性。这样有头脑的动物，自然不会浪费每一口食物。一堆蜘蛛会被它们吃的什么都不剩。像这样大嚼的生活，他们持续8～10天。

等美餐结束，幼虫就开始做自己的茧。这种茧是一种白丝袋，纯洁而又精致。有一种东西，它能使丝袋更加坚实，更好的保护自己。这种东西是幼虫身上生成的一种液体流质，像是油漆一样。这些东西在浸入丝袋的网眼中之后，会慢慢变硬，形成一层保护壳。幼虫还会在茧下面增加一个硬的填充物，使得这个丝袋更协调。

不久之后，这个茧会呈现出琥珀的黄颜色，和那种洋葱头的外皮很像。不仅是颜色，它和洋葱还有着同样细致的组织，同样的透明感。用手指摸上去，会发出沙沙的响声，就连这一点都和洋葱一样。将来这个黄茧

昆虫记

里会孵化出完整的昆虫。可能会早一点儿，也可能晚一点儿，各不相同，这要看气候的变化。

舍腰蜂把食物都储藏好了，如果你想看一下它们的本能是如何机械，你可以和它开一次玩笑。

舍腰蜂辛辛苦苦地把蜂巢建好，带回了第一只蜘蛛。在蜘蛛身上最肥的部位产卵之后，便又忙着去抓别的蜘蛛。就在这个时候，让我们和它开一次玩笑，我们把那只死蜘蛛和卵全部取走，然后静静地等待着，看看黄蜂回来看到家中被盗之后会有什么反应。

我们很自然地会想到，它回来之后肯定会发现自己的食物和卵不见了，被人拿走了。它会里外团团转地去找寻自己的东西。等它找不到之后，它会很无奈，只得再产一次卵。这些都是我们猜测的，但是事实会如此吗？答案是不会。它的反应和之后的举措和我们猜测的大相径庭，甚至有点不合情理。

它又带了一只蜘蛛回来，并把这只蜘蛛放到了巢穴中去，对于原先的蜘蛛还有卵的失踪，它毫无反应，似乎是根本就没有看到自己的孩子已经丢失。面对着这一切，它甚至没有表现出一丝一毫的吃惊、诧异、失意、焦急和不知所措。在这之后，它又陆续地往巢里带回蜘蛛，表现出一副若无其事的样子。它是那样的盲目，每次它把巢里的猎物和卵都安排妥当了以后，便又飞了出去，继续努力地往回抓蜘蛛。等到它飞走了以后，我便会把这些蜘蛛和蜂卵悄悄地移走。尽管每一次游猎回来，储藏室里都是空的，但它还是不肯死心，固执地带回蜘蛛，这种徒劳的工作一直持续了两天时间。它一心打算要装满这个巢穴，可是不知为何永远装不满。当然，它不知道是我在捣鬼。我把巢穴里的蜘蛛和卵一次一次地取出来，两天内一次也没落下。我只不过是想看看，这个小傻瓜什么时候才会结束这个毫无意义的工作。我们在比赛谁更有耐心，最终我赢了。

在第二十次带回蜘蛛之后，这位猎人可能是累了，也可能是以为自己的罐子已经装满了，便小心翼翼地把自己的巢穴封锁了起来。然而，里面实际上是空的，没有任何东西。忙了这么久却没有任何收获，而它却根本意识不到这一点，真是有些可怜。

无论如何，昆虫不是高智商的动物，这是毫无疑问的。面对着出现的新问题，这些小小的动物总是那么的无力、那么的迟钝。无论是哪一个种类的昆虫，都是如此。昆虫是一种完全没有理解能力的动物，这一点，我可以列出一大堆例子来证明。除此之外，昆虫这类动物还不具备意识。尽管它们会进行非常系统的工作，但是经过长时间的观察和总结，我发现，它们的工作不是徒劳的，但也不是有意识的。它们日常的一些活动，比如筑巢、织网、捕食、产卵，这些活动和它们消化掉吃下去的食物，分泌出有毒的液体，其实是一样的。那就是完全是下意识的行为，并不是主观上作出的的选择。这让我相信，所有的昆虫对于自己身上的才华和特殊本领，浑然不知，甚至会感到莫名其妙。

动物的本能是不会改变的。时间和经验对于它们来说是无用的，不能使它们的意识有丝毫的觉醒。假设它们只有单纯的本能，那么，它们是无法在这个世界上生存下去的，因为这个世界实在是太复杂了，大自然的环境无时不变，意外总是时常发生。

因此，昆虫如果想生存下去，除了本能以外还应该具备一种特殊的能力，使它们能够清楚应该接受什么，应该拒绝什么。这种能力它是具备的，不过，这种能力还不能称之为智慧，我有一个更合适的称呼，叫它为辨别力。

那么，昆虫能否意识到自己的行动呢？答案是不肯定的，有时能，有时不能。如果它的行动是出于它的本能，那么它就意识不到自己的行动。如果它的行动是出于辨别力而做出的，那么，它就能意识到自己的行动。

比如，对于舍腰蜂来说，利用软土来建造巢穴就是它的本能，就是无意识的。因为它从一生下来就会建造巢穴，祖祖辈辈也是这样建造巢穴。它们的巢必须要建在隐避之处，以避免风雨的侵袭。起初，可能只是建在石头下面的缝隙中，并认为很合适。但是，一旦当它发现了有比石头底下更好的地方，比如农夫的屋子里，它便会将它占据下来，然后搬过去。那么，这种行为就属于辨别力了。

把蜘蛛作为子女的食物，这是舍腰蜂的一种本能。你没有任何办法使它相信，除了蜘蛛以外的小蟋蟀也不错，也可以和蜘蛛一样当做食物。不过，假设舍腰蜂吃的最多的那种蜘蛛，也就是长有交叉白点的蜘蛛变得非常少了，那样的话，舍腰蜂它也不会让它的孩子挨饿。它会去选择其他类型的蜘蛛猎杀，带回来给它们的子女吃。这种选择就是辨别力。

昆虫将来有没有可能进化呢？就算是有，推动它们进化的也是辨别力，而不是本能。

还有一个关于舍腰蜂的问题，那就是关于它来自何方，也就是它的祖籍。

我们已经知道，舍腰蜂在我们的房子里寻找着火炉的热量，因为它的巢是用软土的筑成的，湿气会把它融化成一摊烂泥，它需要的是一个干燥的场所。看来，热量是黄蜂生活中所必要的。

那么，舍腰蜂为什么会如此需要热量呢？为什么它总是感觉太阳提供的热量不够用，而是必须去人类那里寻找火炉之类的人工热量呢？这些问题都让人怀疑，是不是它原本不是生活在这里的动物。它原本生活的地方非常干燥，而且热量充足，就像沙漠那样。那么，它有没有可能是一个侨民呢？或者是被海水卷过来的。它是来自有枣椰树的陆地吗？如果真的是这样的话，我们就能理解为什么它们同其他的黄蜂有如此大的差别了。除了它之外，其他的黄蜂都是避人的。

如果这种假设成立的话，会随之而来很多问题，比如，它们之前的生活是什么样子的？在人类还没有开始建造房屋以前，它住在什么地方呢？没有烟筒的时候，它把幼虫隐藏在哪里呢？

舍腰蜂在人类屋子里建巢的历史可能会相当悠久，也许能追溯到人类的原始时期。那时的人类生活在山上，用燧石做武器，用兽皮做衣服，用树枝和泥土造房屋，可能在当时这些房屋就已经留下了舍腰蜂的足迹。一个用黏土制作成的破盆，一件用狼皮或者熊皮做的衣服，都有可能成为舍腰蜂选择筑巢的地点。我还有一些疑问，当时它们把巢建在用树枝和黏土造成的粗糙的壁上的时候，会不会也像今天，优先选择那些靠近烟筒的地点呢？尽管当时的烟筒和我们现在所使用的烟筒不同，但是，还是有利用价值的。

如果舍腰蜂在古代就已经同人类共同居住的话，那么它所见到的和经历过的人类进步一定非常多，并且，它也从这些进步中得到了不少文明的利益。这些人类不断进步的幸福，也被它转化成了自己的幸福。在人类漫长的历史中，天花板逐渐出现在了人们的生活中，还有在烟筒上加管子。

当这些进步发生的时候，我们可以想象，这些怕冷的小昆虫会悄悄地对自己说："多么舒服啊，让我们在这里安居吧！"

这个问题我们还可以向更深处追究。那就是在人类还没开始建造房屋的时候，甚至是还没有出现人类的时候，舍腰蜂又是在哪里造房子的呢？这不是一个孤立的问题，我们还可以问：在没有房子、屋檐、烟筒之类的东西之前，燕子和麻雀这些动物又是在哪里筑巢的呢？

燕子、麻雀、舍腰蜂这些动物的出现是在人类之前的。显然，当时它们是不能依靠人类的。在此之前，它们就已经具备了高超的建筑技艺了。

在人类出现之前，舍腰蜂住在哪里呢？这个问题困扰我已经有三四十年了。

我们在屋子外面找不到它们的窠巢的痕迹。无论是在空旷的广场，还是荒丘的草地里，我们都找不到舍腰蜂的住处。

最后，经过我长时间的研究和不懈的努力，终于取得了回报。在西南边的那个采石场上，堆着许多碎石头子和废弃物。据说它们在这里已经堆积很长时间了，有几百年之久。堆摆在人们面前的这个乱石堆上积淀了几个世纪的污泥，历经了几百年的风雨。这个地方生活着田鼠，我寻找它的时候，幸运地发现了舍腰蜂藏在乱石堆中的的巢，而且还是发现了三次。

这三个巢与我们在屋子里发现的没有什么不同，也是用泥土做材料制成的；外面的那层起保护作用的外壳，也是一模一样。

对于舍腰蜂来说，这个地方很危险，但这种危险的环境并没有使得它进化得更聪明。偶尔我们也会看到，舍腰蜂把巢筑在石堆里的那些不触地的平滑的石头下面。

我由此推断，在还没有入住人类的房子之前，它们一定是把窠巢建筑在这类地方的。然而，这三个巢的形状让人惨不忍睹。它们已经被湿气侵蚀坏了，茧子也被弄得粉碎。周围没有厚厚的土来保护它们，它们的幼虫也已经被田鼠或别的动物吃光了。

这些荒废的景象让我吃惊。我来到邻居的屋外，看看能否挑选一个适当的位置当做舍腰蜂的建巢地点。事实很显然，母蜂不愿意听我安排，虽然看上去很惨淡，但是它还不至于绝望到这种地步。如果是气候的变化使它不能像老祖先那样在室外建巢，那么我敢肯定，它就是一个侨民。它很可能来自遥远的异国他乡。可能是移民，也可能是难民，总之是为了生计，不得不背井离乡，被其他地方收养。

事实的确如此，它们的老家是那种炎热的、干燥的、缺水的、类似沙漠的地方，在那里，雨水很少，雪就更不用说了，简直没有。

我相信，舍腰蜂的老家在非洲。很久很久以前，它们先是到了西班牙，又到了意大利，最后来到了我们这里。这一路上可以说是千里迢迢、不辞辛苦。它没有越过长着洋橄榄树的地带，再往北去。它的老家在非洲，而现在留在了我们这里。

据说，在非洲它经常在石头下面建巢。它还有一些同族、同宗的亲戚住在马来群岛，在那里，它们也是住在屋里。

无论是在世界的这一边，还是世界的那一边；无论是地球南边的非洲，还是地球北边的欧洲，甚至是马来群岛，它们都有同样的嗜好，那就是：蜘蛛、泥巢，还有人类的屋顶。

如果有机会去马来群岛，我一定要翻开乱石堆，找出它们的巢穴。如果我在翻开一块平滑的石头之后发现了它们的巢穴，我一定会非常高兴的。

第五章　蜜蜂、猫和红蚂蚁的寻家之旅

关于蜜蜂的故事，我希望能够了解更多。有人说蜜蜂有辨认方向的能力，无论它被扔到哪里，它总能飞回到原处。我想亲自试验一下，看看是不是真的如此。

我的屋檐下有一个蜂窝。这一天，我从这个蜂窝中捉了几十只蜜蜂，并把它们放到纸袋里。我安排我的小女儿爱格兰在屋檐下等候，然后我带着这些蜜蜂到了二里半路以外的地方，并打开纸袋，把蜜蜂抛弃在那里。

为了证明飞到我家屋檐下的蜜蜂就是被我带走的那一群，我捉住蜜蜂之后，在它们背上做了白色的记号。做记号过程中，我的手被刺了好几下，这是不可避免的。我紧紧地按住那蜜蜂，一直到把工作做完，有时候竟然忘记了自己的痛。当我打开纸袋时，那些被闷了好久的蜜蜂一拥而出，它们向四面飞散，好像在寻找回家的方向。

当时天空中吹着微风，刚从纸袋中被放出的蜜蜂们飞得很低，几乎是贴着地面飞行。这样做大概是为了减少风的阻力，可是它们飞得这样低，怎么可能眺望到遥远的家呢？我替它们感到担忧。

我一边走在回家的路上，一边揣测它们可能面临的困难，心想它们肯定是回不了家了。就在我刚要跨进家门的时候，爱格兰就激动地跑过来冲我喊道："回来两只了！它们在两点四十分的时候到达巢里，身上还带满了花粉。"

我是在两点整把蜜蜂放出纸袋的。这也就是说，那两只小蜜蜂在三刻钟左右的时间里飞了二里半路，这还不包括采花粉的时间。

昆虫记

　　直到天快黑的时候，其他蜜蜂还没有回来。第二天我迫不及待地去屋檐下检查蜂巢，发现又多了十五只背上有白色记号的蜜蜂。我一共是放飞了二十只蜜蜂，到现在，已经有十七只准确无误地回到了家，尽管它们是在空中逆风飞行，尽管沿途都是陌生的景物，但它们居然没有迷失方向。我想，可能是因为心中挂念着巢中的小宝贝和丰富的蜂蜜吧。是这种强烈的本能使得它们回来了。对，这并不是什么超常的记忆力，而是一种本能，一种无法解释的本能，而这种本能是我们人类不具备的。

　　有这样一种说法，我一直没有相信过，那就是同蜜蜂一样，猫也能够认识回家的路。直到有一天这件事在我家的猫身上发生了，我才相信这种说法。

　　有一天，我在花园里看见一只小猫，这只小猫并不漂亮，并显得瘦骨嶙峋，在薄薄的毛皮下露着一节一节的脊背。那时我的孩子们还都很小，他们觉得这只小猫很可怜，于是就常塞给它一些面包，这些面包上还都涂上了牛乳。小猫很高兴地接受了，但是吃了几片之后就走了。我们在它后面温和地呼唤它："咪咪，咪咪——"它没有理我们，自顾自地走了。可是没过一会儿，这只小猫又饿了。它从墙头上爬下来，美美地吃着孩子们给它的面包。

　　这只小猫博得了孩子们的怜悯，最后，我和孩子们达成一致，决定驯养它。后来，它长成一只小小的"美洲虎"，没有辜负我们对它的期望，我们给它取名叫"阿虎"。再后来，阿虎有了自己的伴侣，这个伴侣也是从别处流浪而来的。后来它们俩又生了一大堆小阿虎。在这将近二十年中，不管我家有什么变迁，我一直都收养着它们。

　　第一次搬家的时候，我们都为怎么安排这些猫而苦恼。如果把它们遗弃的话，我的这些宠儿将再次流落街头，重新开始流浪的生活。可是如果带着它们一起搬家的话，它们能否在路上保持安静、稳得住呢？雌猫和小猫们倒是不必太担心，可是老阿虎和小阿虎两只雄猫是一定不会安静的。最后我们决定：带老阿虎上路，把小阿虎留下，替它另外找一个家。

　　我把小阿虎安置在了我的朋友劳乐博士家，他也愿意收留它。于是，在一个夜空里，我们把这只猫装在篮子里，送到了劳乐博士家。回到家之后，我们在晚餐席上谈起了小阿虎，说它运气真好，找到了一户人家收留它，让它避免了成为一只流浪猫。就在我们谈论它的时候，突然从窗口跳进来一个东西。我们都吓了一跳，仔细一看，原来是被送掉的小阿虎，它快活而亲切地用身体蹭着我们的腿。

第二天，我们了解到了事情的经过：在劳乐博士家里，它被锁进了一间卧室。此时，它意识到自己成了一个囚犯，于是便发狂一般地乱跳，家具上、壁炉架上，都留下了它的足迹。还使劲地撞玻璃窗，似乎要闹个鱼死网破。劳乐夫人被这个小疯子彻底吓坏了，赶紧打开窗子，把它放走了。没过几分钟，它就回到了原来的家。它几乎是从村庄的一端跑到了另一端，途中还经过了许多街道，这些街道错综复杂；还可能会碰上顽皮的孩子和凶恶的狗；途中还有河水的阻拦，不过它那湿透了的毛告诉我们，它只想着快点回家，所以没有绕远去走那几座桥，而是走了最短的路径，那就是跳入河中。总之，这可真是不容易，这一路上可能遭遇到的危险数不胜数。

这只小猫对家是如此忠心，这让我很可怜它，我们最后决定带它一起走。正当我们在考虑怎样让它在路上变得安分一点的时候，这个难题突然不存在了。因为几天之后，它就死在了花园的矮树下，当我们发现的时候，它的身体已经变得僵硬了。它是被毒死的。是谁下的黑手呢？这让我们感到很气愤。

还有那只老阿虎。在搬家的时候，我们到处都找不到它。最后，我们不得不给了车夫一点儿钱，让他们帮忙寻找老阿虎，无论什么时候，只要发现它一定要把它带到新家这边来。车夫在运送最后一趟家具的时候带来了老阿虎。车夫可能是怕它跑掉了，就把它藏在了自己的座位底下。当我们把这个囚箱打开的时候，它已经被关在里面两天了，它那副样子让我不敢相信它就是我的老阿虎。

它像一头可怕的野兽一样从里面跑了出来，不停地挥舞着脚爪，嘴里流着口水，嘴唇上沾满了白沫，眼睛里满是血丝，浑身的毛都倒竖了起来，不知道是恐惧还是愤怒。无论是神态还是风采，都与原来的阿虎截然不同，我们甚至怀疑它疯了。等把它仔细检查了一遍之后，我们终于明白，原来它并没有疯，只是被吓着了。可能是在车夫抓它的时候受到了惊吓，也可能是在黑暗中被关了两天，加上长途的旅行让它感到恐惧。至于到底是什么原因我们不得而知。不过，从此之后它的性格有了很明显的变化，它变得粗暴、变得忧郁，不再自言自语，不再摩擦我们的腿和我们亲热。我们知道，这种亲热已经不能缓解它的痛苦了，但是它的这种痛苦是什么？来自哪里？我一直没搞清楚。终于有一天，我们发现它死在了火炉前的一堆灰土上，结束了它的忧郁和伤痛。我一直在想，如果它的体力还充沛的话，他会不会跑到老房子那里去呢？如果它是因为得了思乡病，而体力又不允许会老家看一看，就这样郁郁而死的话，真是让人感慨！

在后来第二次搬家的时候，家里的猫已经完全换过一批了，老的死了，小的出生了。这些猫中，有一只小阿虎长的特别像它的先辈老阿虎。同老阿虎一样，它是我们搬家过程中唯一的麻烦。其他的小猫和它们的母亲都十分的乖巧、顺服，从来不给人添乱，只需要把它们放进篮子里就行了。小阿虎却不得不被单独关进另一只篮子里，因为不这样的话，它就会闹得天下大乱。就这样我们上了路，一路上总算相安无事。

终于到了新居，我们先把母猫们抱出篮子。它们审视和检阅着陌生的环境，用鼻子一点点地嗅着新家具的气味，挨着屋子一间一间地看过去。最终，他们找到了属于自己的桌子、椅子和铺位。它们发出微微的"喵喵"声，眼里放出怀疑的目光，可能是这个陌生的环境让它们感到惊奇吧。为了不使它们感到害怕，我们轻轻地抚摸着它们，并送上一盆盆牛奶让它们喝。到了第二天，它们就习惯这里，就跟在原先家里一样。

可是轮到小阿虎的时候，就完全是另一番情形了。我们把它安排到阁楼上，那里有好多空屋，这样它就可以自由地游玩了。为了让它渐渐习惯新环境，我们轮流陪着它，还给它开小灶，它的食物是其他猫的好几倍。除此之外，我们还会随时把其他的猫也带到阁楼上去，陪它做伴。这么做是想让小阿虎明白，在这个新家里它并不孤单。为了让它忘掉原先的家，我们想尽了一切办法。后来，它好像真的忘记了。它开始变得非常温顺，尤其是在我们抚摸它的时候，一喊它的名字，它就会边"咪咪"地叫着，边走过来，有时还把背弓起来。在关了一个星期之后，我们觉得它已经完全适应了这里，于是决定恢复它的自由，把它从阁楼上放了出来。它先是走进了厨房，同其他的猫一起在桌子边站了一会儿，后来又进了花园。我的女儿爱格兰怕它做出什么异常的举动，便紧紧地盯着它，只见它东瞅瞅，西瞧瞧，表现出一副乖巧听话的样子，最后踱步回到了屋子里。我们都很高兴，觉的小阿虎适应了这里，不必担心它出逃了。

可是到了第二天，我们才发现上了它的当。任凭我们"咪咪咪咪——"地叫了无数次，始终没有见到它的影子！我们又到处去找，最终还是没有结果。它还是走了，可是能去哪儿呢？我说它应该回老家那里去了。可是家里人都不相信。

为了找到小阿虎和验证我的说法，我的两个女儿特意回了一次老家。果然不出我所料，小阿虎在那里被她们找到了。她们用篮子把小阿虎带了回来，它的爪子上和腹部都沾满了沙泥，不过现在天气干燥，没有泥浆啊。噢，我知道了，它一定是渡河回的老家，先是沾上了水，然后当它穿过田野的时候，又黏上了土，便成了身上的泥。而我们的新屋与原来的老家之间足足有四里半的距离呢！

这个逃犯被我们关在了阁楼上，等到再把它放出来，已经是两个星期之后了。可是，不到一天时间，它又跑了回去。我们拿它没有办法，只能让它自己选择自己的未来了。后来有一次，一位以前的老邻居来我的新家做客，谈起小阿虎的时候，他说他有一次见到小阿虎躲在篱笆底下，嘴里还叼着一只野兔。我想，是啊，它得靠自己的本领吃饭了，再也没有人喂给它食物了。从此之后，我们就再也没有过关于它的消息。我可以想象到它那悲惨的结局，既然选择了做强盗，就得接受强盗的命运。

我讲了这么多关于猫的故事，就是想证明猫在辨别方向方面，有着和蜜蜂一样的本领。有这个本领的还有鸽子、燕子，它们能从几百里以外的地方找到自己的老巢。这样的鸟还有很多。在昆虫中，蚂蚁和蜜蜂很相似，它们都是群居，都非常勤劳。那么，蚂蚁是不是也像蜜蜂一样具有辨别方向的本领呢？我想弄明白这个问题。

我在一块废墟上发现了红蚂蚁的老巢。红蚂蚁是一种非常奇怪的蚂蚁，它们既不会抚育儿女，也不会出去寻找食物。为了生存，它们便去掠夺黑蚂蚁的儿女，然后把它们养在自己家里，将来当做奴隶使唤。红蚂蚁的这种不道德的做法让人不齿。

我经常在夏天的下午看到红蚂蚁出征，这支出征的队伍大约有五六码长。当这支队伍靠近黑蚂蚁的巢穴时，其中的几只红蚂蚁离开了队伍往前走去，可能是进行间谍工作。剩下的蚂蚁继续前进，队伍在大地上蜿蜒前行，有时候穿过小径，有时出没于荒草、枯叶中。

等它们找到了黑蚂蚁的巢穴，就长驱直入。先是冲进黑蚂蚁婴儿的卧室里，把它们抱出巢。之后，红蚂蚁和黑蚂蚁在巢内要进行一番激烈的厮杀，结局总是黑蚂蚁被打败，只能眼睁睁地看着自己的孩子被强盗们抢走。

它们在回家的路上也挺有意思，让我来看一下。

在一个大风天气里，我看到一队蚂蚁沿着池边前进，它们刚刚打劫归来。这队蚂蚁中很多都被大风刮进了池塘的水中，不幸成为了鱼的美餐。不过，这一次鱼除了红蚂蚁以外，还意外收获了另一种美食，那就是黑蚂蚁的婴儿。蜜蜂会选择另一条路回家，蚂蚁很显然不会，它们回家总是沿着原路返回。

我不可能在蚂蚁身上消耗一下午的时间，所以我叫小孙女拉茜来帮忙，帮我监视着它们。关于蚂蚁的故事她很喜欢听，也曾亲眼看到红蚂蚁与黑蚂蚁的大战，对于我交给的这项任务她很高兴地接受了。只要是天气不错的话，我总能看到小拉茜蹲在园子里，瞪着小眼睛往地上张望。

有一天，我正在书房里看书，突然听到拉茜的声音，"快来看啊！红蚂蚁进了黑蚂蚁的家了！"

"你还记得它们走的是哪条路吗？"

"是的，我在那条路上做了记号。"

"什么记号？你怎么做的？"

"我沿路撒了小石子。"

我赶忙跑到园子里，看到红蚂蚁们正凯旋而归，它们正是沿着小拉茜撒下的那一条白色的石子。我用一片叶子从中截走了几只蚂蚁，把它们放到了别处，这几只蚂蚁就迷了路。而大部队则顺着原路回去了。这说明，蚂蚁并不能像蜂那样找到回家的方向，它们能顺利回家，完全是依靠对沿途景物的记忆。这种记忆力很强，有时候它们会出征几天几夜，但只要沿途不发生变化，它们照样能够回来。

第六章　黑腹狼蛛

　　蜘蛛的名声很坏，这可能与它们长的模样有关。它的模样是一副狰狞的面孔，让人看到之后便忍不住一脚将它踩死。但是在生物学家眼中，它既勤奋又勇敢，还有纺织的天赋，是昆虫中非常优秀的一员。即使不是生物学家，蜘蛛也是值得关注的一种动物，就像小狗、小猫、小鸡一样。有人会说狗、猫、鸡都是干净的，而蜘蛛身上有毒。没错，蜘蛛的那两颗毒牙是它臭名昭著的罪魁祸首。可是，它的毒牙仅仅能对付小虫子，对人的作用微乎其微。对人类来说，世界上最可怕的动物莫过于蚊子了。蜘蛛的那两颗毒牙比起蚊子那尖尖嘴巴来，简直差远了。好多人对蚊子并不怎么盯防，见了也不会大惊小怪，而对蜘蛛却严阵以待，这是一种误会。

　　只有少数的蜘蛛能够伤害到人类，狼蛛便是其中一种。据意大利人之间流传的说法，如果一个人被狼蛛刺到之后，会浑身痉挛，看上去像是在跳舞。而治疗的方法很奇特，那就是放音乐。而且不是任何音乐都有疗效，只有几首特定的曲子才管用。听起来有点可笑，或许里面真的有一定的道理。狼蛛之所以让人浑身痉挛，是因为它刺中了人的神经，伴随着音乐，剧烈跳舞，可能会让中毒者浑身出汗，从而将毒针，毒素都流出体外。

　　我居住的一带也有一些狼蛛，它们被称为黑肚狼蛛。为了了解这种狼蛛，我在家里养了几只以便观察。下面就是我对它们生活习性和捕食的观察。

　　之所以叫黑肚狼蛛是因为它的腹部长着黑色的绒毛，这些绒毛里还有褐色条纹。一圈圈灰白相间的条纹长在它们的腿上。那种有百里香生长的干燥沙地是它们最喜欢居住的地方。我的院子里正好有一块荒地，条件很符合，大约有二十多个蜘蛛洞穴在其中。每次经过这片荒地，我都忍不住往它们的洞穴里看一看，除了蜘蛛那闪着光的眼睛以外，什么也看不到。

狼蛛的洞是自己挖的，用的工具是那两颗毒牙。最开始的时候，洞都是笔直的，只是到了最后才开始变弯。整个洞深约一尺，宽约一寸。蜘蛛还在洞口前用稻草、废料、石子等筑起一面矮墙，看上去非常简陋。

当初我打算捉一只黑肚狼蛛回去研究，为了引它们出洞，我决定假扮自投罗网的动物。我用一支草棒在洞口晃动，同时嘴里嗡嗡地模仿着蜜蜂。没想到，它们非常机警。刚开始确实是往洞外爬了，可是快要出洞的时候，它嗅出这是一个陷阱，根本没有什么猎物，于是停住脚步，向外观望。

假扮的不行，我只能捉只真的蜜蜂来做诱饵了。我找来一个瓶子，将蜜蜂放入其中，然后将瓶口对准黑肚狼蛛的洞口。瓶中的蜜蜂很暴躁，它显然不知道自己即将大祸临头。它在拼命地撞着瓶壁，想找一个逃出去的缺口。这个瓶子唯一的出口正对准黑肚狼蛛的洞口，蜜蜂不假思索地便一头飞进了蜘蛛的洞。这简直就是飞蛾扑火、自取灭亡。我猜得一点儿都没错，不一会儿洞里就传来了蜜蜂的惨叫。原来洞里的黑肚蜘蛛正在往外赶，没想到蜜蜂自己飞进了它的巢内，黑肚狼蛛毫不犹豫地攻击了蜜蜂。我原本计划是用蜜蜂把蜘蛛引出来，没想到蜜蜂自己跑了进去，简直是赔了夫人又折兵。我不能再等下去了，移开瓶口之后，我将一把钳子伸进洞中，摸索着往外掏。不一会儿我就把那只可怜的蜜蜂的尸体掏了出来，里面的黑肚蜘蛛正在进餐，突然被我把食物抢走，它气急败坏地冲出来向我讨要。我见它出洞以后，急忙用小石块堵死它的洞口，截断它的后路。它显然不知道我早已严阵以待，一时没有反应过来这是怎么回事。我趁它发懵的时候，迅速用一根草棒将其拨进事先准备好的纸袋中。就这样，我的诱捕计划有惊无险地完成了。这只黑肚狼蛛被我带回了实验室，没过多久它就繁殖了一大群后代。

我在用蜜蜂诱引黑肚狼蛛的时候，还想看一下它是怎样猎食的。不过，由于蜜蜂冲进了洞中，等拖出来的时候已经死了，所以也没看到。我知道这种狼蛛不会像一些甲虫一样，吃自己母亲储备的食物，而是每天都要猎食，只吃新鲜的食物。每当见到新的猎物，它就将其立刻杀死，杀死后当即吃掉，非常残忍。

狼蛛猎食并不容易。很多看上去比它凶猛的昆虫都会飞进它的洞中，有的是全副武装的蚱蜢，也有带着毒刺的蜂。是敌人的武器厉害，还是黑肚狼蛛的毒牙厉害呢？毒牙像一把匕首，必须近距离搏击才能发挥威力。所以，它必须在敌人没有定神的时候立刻扑上去，把毒牙插进敌人的要害部位。如果没有刺中要害部位，那么敌人会死吗？我觉得虽然它的毒牙很厉害，但是还没有到这种地步。

狼蛛击败蜜蜂的故事我们已经在上面讲过了。但是，我觉得还不过瘾。我决定再找一个更有实力的昆虫去向它挑战，最后我挑选了木匠蜂。这种蜂看上去很威武，身上长着黑绒毛，翅膀上有紫色的条纹。最重要的是它有一根很厉害的刺，若是不小心被它刺到，会肿起一个大疙瘩，要好长时间才会消下去。我为什么对这根刺的威力这么了解呢？因为我就不幸被它刺到过。对黑肚狼蛛来说，这的确是一个难应付的对手。

我用的还是同一种方法，将几只木匠蜂装入到透明的玻璃瓶子中，然后把瓶口对准一个黑肚狼蛛的洞口。我知道洞里的黑肚狼蛛已经好几天没有吃东西了，这能大大提升它的作战欲望。木匠蜂对于这种狭小的空间很不适应，发出嗡嗡的声音。洞内的黑肚狼蛛被外面的动静惊动了，它慢慢地爬出洞口，了解形势。它只探出半个身体，看到眼前的情景也不敢贸然行动，双方就这样对峙着。我在一边耐心地观战。半个小时过去了，我期待的大战还没有上演。黑肚狼蛛居然掉转方向，爬回了洞中。为什么会这样呢？是它们小心谨慎吗？我又去其他几个黑肚狼蛛的洞口试了一下，结果一样，它们对于眼前的美餐无动于衷，看来它们的戒备心很强。

皇天不负苦心人，最后我终于成功了。我遇到一只饿疯了的黑肚狼蛛，它不管不顾地就从洞中冲了出来，三下五除二就将强壮的木匠蜂放倒在地。我期待的大战在一瞬间就结束了，黑肚狼蛛的毒牙刺进了木匠蜂的脑后，木匠蜂立刻死去。我对它的这一招佩服的五体投地。我发现它有一种本领，那就是一下子刺中对方的神经中枢，绝不会有丝毫偏差。

之后我又做了几次试验，发现狼蛛的作战手段都很相似，那就是迅速

昆虫记

击中敌人要害，一击致命。它们每次作战前都做充分准备，不打无准备之仗。这就是为什么前几次狼蛛守在洞口不进攻的原因，它们没有准备好绝不会贸然进攻，尤其是面对比自己强大的敌人。若是失手，自己的命很可能就没了。若是狼蛛击中了木匠蜂，但击中的不是要害部位的话，木匠蜂的生命还能维持几个小时，这几个小时中木匠蜂很可能就攻击狼蛛。因此，没有好的进攻机会，狼蛛是绝不出手的。只有等到敌人把要害暴露在它的进攻范围之内的时候，它才会出击。

下面我就来看一下，狼蛛的毒素到底有多毒。

有一只小麻雀刚刚长好毛，准备要出巢独立生活。我把它拿来当试验品，让狼蛛在它腿上咬了一口。伤口是红色的，还流了一滴血，不一会儿，伤口就变成紫色的了。这条被咬伤的腿像是被麻醉了一样，动弹不得。除了一条腿不听使唤以外，这只麻雀其他的部位没看出有什么变化。它还是蹦蹦跳跳地哪儿都去，只不过是用一条腿。我的女儿因为它做了我的试验品而可怜它，喂它吃一些苍蝇和面包。它的胃口还不错，一点儿都没客气，全部吃了下去。看到它这样健康，我觉得用不了多久它就会痊愈，就可以自由地飞翔在天上了。没想到，两天之后它的情况急转直下，一点儿东西也不吃，羽毛也不再梳理，显得凌乱，身体蜷缩着，有时候一动不动，有时候一阵痉挛。我的女儿把它捧在手中，想给它一点儿温暖。可是最后，它还是离开了这个世界。

家里人因为这只小麻雀的死都对我抱有一股敌意，这一点，我从他们看我的目光中就能感觉得到。他们觉得这只小麻雀本不会死，都怪我那个实验。我也感到很伤心，为了弄明白一个小小的问题，搭进去一条鲜活的生命。付出的代价真是太大了。

但我并没有停止我的实验，我这次选定的试验品是一只鼹鼠。这是我从田地里抓回来的，当时它正在大口大口地偷吃莴苣。这样一个小偷，就是死了也不会可惜的。自从把它抓回来之后，我就把它养在一个笼子里，每天都喂它鲜活的食物，已经把它喂得又肥又胖。现在，是把它派上用场的时候了。

我让狼蛛去咬这只鼹鼠的鼻子。被咬后的鼹鼠不停地挠着鼻子，直到宽大的爪子把鼻子挠的血肉模糊。此后，这只鼹鼠便行动迟缓、食欲不振，几乎不再吃任何东西。到了第二天，它已经躺在那里一动不动，不再进食。我看得出它非常难受。最终，它的结局同那只小麻雀一样。死的时候距离被咬仅过了三十六小时。它应该是被毒死的，不是被饿死的，因为笼子里面还有大量的食物没有吃。

狼蛛的毒素有多毒，现在我们已经有了大致的认识。不仅是小昆虫，就连小麻雀和大一点的鼹鼠都能被毒死。鼹鼠死后我便再没有做类似的实验，我觉得已经没有必要了，能毒死麻雀和鼹鼠就足以让我们对它们警惕了。我们千万要小心，不能让它们咬到，不能做它们的试验品。

同狼蛛一样，黄蜂也喜欢将猎物麻醉。现在，就让我们将黄蜂和蜘蛛对比一下，看看它们之间有什么异同。相同之处是，它们都喜欢用毒刺去刺对方的神经中枢；不同之处是，蜘蛛为了方便实用，会让对方立刻死去，所以它刺的是对方头部的神经中枢；而黄蜂捕食是为了给幼虫当食物，为了保持新鲜，不能把它刺死，所以，它刺的是对方其他部位的神经中枢。

它们会根据自己的需要选择对待敌人的办法，这一点不用学，它们生来便懂得。这也使我觉得，世界上有一位统领万物的神，它主宰着一切生灵，赐不同的动物以不同的技能。这其中当然也包括人类。

我在实验室里养了几只狼蛛，它们被我安置在泥盆中。我经常观察它们，见过许多它们猎食时的场面。它们把强壮的身体藏在洞中，只露出半个脑袋，眼睛四下观望，非常警觉。为了能够随时跃起，扑向猎物，它们把腿缩在一起。这种姿势它们一保持就是几个小时，耐心地等待着猎物经过。

可能大半天没有什么收获，但是只要有机会降临，它们就能把握住。无论是蝗虫、蜻蜓，还是什么其他昆虫，只要它们从洞口前经过，守候已久的狼蛛便迅速窜出来，跳到对方身上，同时用毒牙狠狠地扎在对方的要害上。整个动作一气呵成，一瞬间结束战斗。那些倒霉的过路者，还没明白怎么回事，就被击倒在地，成了别人的美餐。狼蛛站在倒下的猎物旁显得很得意。稍后，它将这顿大餐拖回洞中慢慢享用。它的捕食技巧是如此高超，身手如此敏捷，让人叹为观止。

我们说过狼蛛不会轻易冒险。如果猎物离它挺近，它便会一下子跳到对方的身上。如果猎物离它距离很远，它宁愿放弃，也不会贸然行动。更不会追着猎物不放，它是那种一击致命的杀手，并不擅长鏖战。

从狼蛛的捕食可以看出，它是一种非常理性的动物。它不像条纹蜘蛛一样，可以借助网捕食。因此，只得耐心地在洞口守候。很多昆虫都没有耐心、没有恒心。但是狼蛛明白，机会只给有准备的人，如果自己没有耐心、没有恒心，恐怕早就饿死了。这块土地上生活着各种昆虫，数量繁多，总有一些会经过它的洞口。所以说，狼蛛的机会还是很多的。它只需要耐心地等待着机会降临，然后将其把握住。

即使是长时间的等待没有收获，狼蛛也不会被饥饿困扰。因为它有一个特殊的胃，这个胃非常节制，能使它长时间不进食还不会感觉饥饿。我就经常忘记给实验室中的狼蛛喂食，有时候会长达一周的时间。但是，它们并没有看上去很憔悴，还是那样精神，只不过变得有点贪婪而已。

狼蛛年幼的时候身体是灰色的，还没有黑色的绒毛，那是成熟狼蛛特有的标志。那时的狼蛛并不是用现在这种办法狩猎，因为当时它还没有洞可以躲藏。当时它们整日在草丛中游荡，过着流浪的生活，让人觉得，那才是真正的打猎。如果它们发现猎物，便上前将其从巢中赶出来。这些昆虫见了狼蛛吓得拼命逃跑，可是已经晚了，小狼蛛一下跳到猎物身上，将其杀死。

我实验室中的小狼蛛经常捕食苍蝇，它那敏捷的动作我非常欣赏。它猛然一跃，便能将停在两寸高的草上的苍蝇扑住。让人感觉跟猫捉老鼠一样。

小时候的狼蛛给人感觉要灵敏得多，也非常活泼，经常做出一些匪夷所思的动作，给你一个惊喜。之所以如此，是因为它们的身体还很轻。等它们成年以后，肚子里有了卵，便收敛多了。到那时，它们就给自己挖一个洞，整日守在洞口，等待猎物送上门来。这便是成年狼蛛的狩猎方式。

狼蛛看上去很凶残，但那是对待猎物。如果你见过它是如何爱护自己的家庭，你对它的印象可能会有所改善。

八月的一个清晨，我在散步的时候发现了一只正在织网的狼蛛。它在地上织了一张很粗糙的网，有手掌大小、虽然样子不美观，但是很坚固。这是它打的地基，是将巢与沙地隔开用的。它在地基上面用最好的白丝织出一个小块，大小，形状都像一枚硬币。接下来，它不断地将这个小块边缘加厚，直至形成一个碗的形状。一条又宽又平的丝带围在碗的周边。狼蛛会将卵产在其中，并用丝织一个盖子盖在上面。从外面看去，就像一块地毯上放着一个圆球。

工作还没有结束，狼蛛把地基上面的丝一根根抽去，将地基的周边向中间围拢上去，盖在中间的圆球上面。这样，铺在底下的网就把上面的球包住了。然后，把里面装着卵的球使劲地往外拉，拉出一半，只剩下半部分被网裹住，上半部分露在外面。因为到时候小狼蛛要从上面出来。这是一项非常耗体力的工作，狼蛛往往要将牙齿和大腿同时派上用场，忙大半天才能完成。

装着卵的这些圆球是用白丝织成的，摸上去非常柔软。你会在圆球的中间地带发现一圈折痕，这个地带非常坚固，即使你用针去捅，也捅不破。这圈折痕就是原先铺在下面的那张网的边缘。圆球顶端除了母狼蛛织的丝盖以外，没有别的保护措施。圆球内部也没有什么保温措施，只有卵。不像条纹蜘蛛的巢内那样，铺着许多柔软的绒毛。是狼蛛的卵不怕严寒吗？不是的，它们会赶在冬季来临之前就孵化出来。

编制这个圆球，母蛛用了整整一早上的时间，中间一点儿休息也没有。等工作结束后，母蛛才稍加休息。这个圆球像宝贝一样被它抱在怀中。看到这里之后，我便离开了。等我第二天早上再去看的时候，这个小球已经被它挂在了身后，像是背了一个包袱一样。

在接下来的三个多星期里，无论是在外面散步，还是出入洞穴，甚至同敌人打斗的时候，它都从来没有将这个包袱放下过。如果是这个包袱不小心从它背上掉下来，它会立刻发疯似地冲上去，将其抱在怀中。看到周边没有危险后，再迅速地将它挂在身后的丝囊上，匆匆离开。如果是有敌人想抢它的宝贝，一般都不会有好下场。

再有几天夏季就要结束了。狼蛛每天都会在大地被太阳晒得发热的时候爬出洞口，静静地沐浴着阳光。狼蛛现在晒太阳的姿势跟以前截然不同。以前狼蛛都是前半身探出洞外，后半身留在洞里，这个姿势是为了使太阳照在它的眼睛上。而现在，狼蛛前半身冲着洞里，将后半身露在洞外。它现在晒太阳的目的已经不是为了自己，那个装着卵的小球被它用后腿举在空中，轻轻地转动着，以保证每一部分都能被晒到。这个姿势从上午一直保持到傍晚太阳落山的时候。在接下来的二十多天内，每天都会如此。这样的母爱，这样的耐心都令人感动。它把卵放在太阳底下晒是想吸取太阳的热量，就像鸟类会用自己的胸脯给予鸟蛋热量一样。

狼蛛的卵会在九月初的时候孵化出来。到时候圆球会沿着中间的折痕地带裂开，为什么会裂开呢？是吸收了太阳的热量自己裂开的，还是狼蛛感觉到了自己的幼虫在巢内的动静之后将它打开的？都有可能。这让我们想起了条纹蜘蛛的巢，条纹蜘蛛出生的时候母亲已经死了，它们只能等到巢像成熟的果实一样，自己裂开。

裂开的巢内一下子涌出二百多只小蜘蛛，它们紧紧地挤在母亲的背上，由此可见它们有多小。远处一看，感觉跟背着一块枯树皮一样。小蜘蛛孵化出来以后，那个圆球就没用了，被当做垃圾扔到了一边。

尽管很拥挤，但是这些小蜘蛛都很安静，乖乖在母亲的身上趴着。这是一种很奇怪的现象，它们这是想要干什么呢？为什么不下来自己走路？它们的母亲一点儿也不嫌麻烦，无论是在洞内，还是到洞外，都会背着自己这二百多个孩子。在换季之前，它们是不会下来的。

那么，这些小家伙们吃什么呢？直到它们从母亲的背上下来，我都没有看到它们长大。和刚从卵中出来的时候完全一样。我由此断定，它们在母亲背上的时候什么东西都没吃。

这时的狼蛛母亲吃的也很少。我偶尔拿蝗虫去喂它，它不是像以前那样立刻扑上去，而是等很久才慢慢开口。胃口可能与季节有关系吧。不过，为了维持生命，它不得不出来捕食。就连捕食的时候，它也要背着孩子。

到了三月，这时我去探望洞中的狼蛛。它们的洞经过了雨水、风雪的侵蚀，已经有点破败，可是它们依旧还是那么精神，两只眼睛炯炯有神。小蜘蛛们还趴在母亲的背上，这样算来，它们已经在母亲身上待了五六个月了。鼹鼠被称为美洲背负专家，不过，它只是把孩子在身上背几个星期而已，比起狼蛛类差远了。

被母亲背着出去并不是一件好玩的事，因为它们随时有掉到地上的危险。有时候是因为太颠簸，有时候是不小心被草叶拨到。母蛛要照顾的孩子实在是太多了，它是绝不会为那些掉下去的小蜘蛛劳神费力的。它不会出手相助，但是它会等待，等待那些小蜘蛛自己解决问题，自己爬上来。对于小蜘蛛来说，这并不是多大的困难，它们会迅速、利落地爬回母亲的背上。

我做过这样的实验，把一些小蜘蛛从它母亲的背上用一支笔戳下来。母蛛像是没有发觉一样继续前行，没受半点影响。那些落地的小蜘蛛迅速地去追赶母蛛，等它们追上以后攀住了母蛛的腿，然后顺着腿向上爬，一直爬到母亲背上。难怪母蛛不怎么照顾它们，原来它们早已懂得照顾自己。

小蜘蛛将会在母蛛身上待七个月。我原先以为，母蛛在进食的时候会邀请它的孩子一起吃，或者分一点给孩子们。那段时间我总是在观察母蛛，我想看一下它把食物分给孩子时的情景。母蛛一般喜欢将猎物拖回洞里去吃，偶尔也会在外面进食，就跟人们偶尔会出去野餐一样。我只有等到它野餐的时候才有机会观察它的进食。一次它在进食被我撞到，我看到了下面的情形：母亲在下面享受着美餐，而背上的小蜘蛛一点儿反应都没有，仿佛这些东西在它们眼中没有一点儿诱惑力。看来母亲应该是了解自己孩子的，没有半点承让，自己把食物全吃完了。我怀疑小蜘蛛还不知道"吃东西"这个概念，它们不明白母亲在那里狼吞虎咽的是在干什么。

那么，这七个月里面它们靠什么生存呢？你们可能会猜测：既然它们一刻也不会从母亲的背上下来，那么营养一定来自母亲身上。据我观察，并不是这样。因为它们只是静静地待着，从来没见它们把嘴巴插进母亲身上吮吸。而母蛛也并没有被榨取后的那种衰老、瘦削，甚至还比以前胖了，精神也和以前一样充足。

那么，维持这些小蜘蛛生命的营养到底是从哪儿来的呢？是在卵中的时候储蓄的吗？应该不是，卵中的营养微乎其微。这么说，这些小蜘蛛身上藏着一股神秘的力量。

如果它们待在一个地方一动不动，我很容易就能理解它们为什么不需要食物，就跟有的动物冬眠时一样，身体不动就意味着生命暂时停止。但是这些小蜘蛛并非不动，它们在母亲的背上摩拳擦掌，跃跃欲试，随时准备着陆。如果是不小心从这个超级育婴车中掉下来，它们还会麻利地爬上去；它们为了保持平衡，能稳稳地待在原地，还需要把小肢伸直，搭在旁边的同伴身上。看来，它们不吃东西并不是因为静止不动。

机器在运转的过程中，上面的零件会受到磨损。动物也是一样，运动的时候，动物身上的肌肉和其他每一部分都在不停地消耗着能量。机器磨损了就要维修、更新，动物运动后也需要补充能量。动物的身体就好像是火车头，火车头要走不但需要活塞、杠杆、车轮以及蒸汽导管等各个部分紧密合作，更重要的要往火炉中加煤。动物也是一样，必须补充能量才能继续活动。

小蜘蛛的个头在离开母亲的身体之前一直保持不变，刚出生的它们和七个月后的它们看上去是一个样。个头没长说明它们没有吸取任何营养，但是它们是运动的，这又说明它们补充过能量。那么是什么给它们补充的能量呢？

让我我们再看一看火车头，它的能量来自何处？来自煤。煤是什么？煤是亿万年前埋在地下的树木。树木的枝干和叶子肯定吸收并储存了阳光的能量，火车头吸收了煤提供的能量，也就是吸收了太阳的能量。

动物也是如此，无论是食肉动物，还是食草动物，大家吸收的能量最终都是来自太阳。无论是植物的枝干、果实、还是种子，里面都储藏着太阳的能量。太阳是万物的源泉，是宇宙的统领，没有太阳就没有一切生命，当然也就没有人类。

太阳的能量进入动物体内，除了通过食物的途径，还有没有其他方法呢？比如说，直接射入体内，直接被肌肤吸收，就像是太阳能一样。这种方法能行得通吗？

关于这个问题，化学家给出了答案。未来的时侯，人们可能会通过人工制品代替粮食，从而田地将被工厂和实验室取代。化学家会利用精密的仪器，配置出含有各种能量的人工制品。这些制品被注射到我们身体中，或者像吃药一样吃下去，就能给我们提供能量。这样，我们就可以不用靠吃东西来维持生命了。到时候，我们不再通过食物吸收太阳的能量。而是将这些能量直接吸收到体内。

这只是一个构想，不过应该挺有趣。这个梦想能实现吗？这个目标要交给科学家们去实现。

三月底的时候，小蜘蛛要与母亲告别了。母蛛经常蹲在洞口的矮墙上，看上去有点惆怅，毕竟母子一场。不过，它早就料到会有这一天，所以任凭子女离去，没有任何挽留。从此，它们便形同陌路。

　　它们举行离别仪式的那天天气非常好。在下午天气最热的时候，小蜘蛛们三三两两地从母亲的背上爬下。它们的动作是那样利索，看不出对母亲的身体有任何眷恋。它们在地上转了一会儿之后，便像认准目标一样，迅速地爬到了实验室中的那些架子上。在这方面，它们与母蛛的习性正好相反。它们的母亲喜欢住在地下的洞中，而它们，却喜欢爬到高处。

　　爬到最顶端之后，它们一边吐着丝，一边把腿伸向空中乱蹬。我明白了这个动作的含义，它们还想继续往上爬。我满足了它们的要求，在架子顶端上插上了一根树枝。不一会儿，它们又爬到了树枝的顶端。它们放出丝，在树枝顶端与其他高处之间搭起一座吊桥。小蜘蛛们在吊桥上来来回回地忙碌着，一副不满足的样子。它还想再往上攀登。

　　这次我选择了一根芦梗插了上去，芦梗的顶端还分出几根细枝。那些迫不及待的小蜘蛛一口气爬到了树枝的末梢。在那里，它们又开始用丝搭吊桥，玩得非常高兴。这次它们吐出的丝格外地轻、格外的细，仿佛一阵清风就能将其吹走。若不是太阳光正好照在上面，根本就看不到它。小蜘蛛就在这样一条若隐若现的丝上面走着，摇摇晃晃地像跳舞一样。

　　忽然吹来一阵微风，这些细丝便被吹断了，小蜘蛛紧紧抱着断掉的那一头，飘荡在空中。这阵风若是很轻的话，它们就被吹落到近处；若是风大的话，它们就可能被吹到远处的陌生地方，无论在哪里，它们都会开始新生活。

　　连续好多天，它们干的都是同样的事情。只有下雨天能让它们休息一下，因为它们的能量是太阳供给的。没有阳光，它们便没有精神干任何事情。

　　就这样，昔日的大家庭解散了，家庭成员也一个个地飘向了远方。孩子们都走后，母蛛一下子清闲了下来。它并没有觉得孤单，反而更加有精神，这可能是因为压在它背上的负担突然消失了吧。一个好身体、一副好精神对它们来说至关重要，因为它们的生命会持续好几年。

　　对比小狼蛛和成年狼蛛我们可以知道，有一种本能是只在它们年幼的时候拥有的，那就是登高。母蛛并不知道自己的孩子有这样的本领，因为它们登高是在离开母亲的身体以后发生的事情。这些小蜘蛛呢？等它们被吹散到各地，经过一段漂泊的生活之后，它们便开始挖洞。也从来没想过要再去攀登什么。

人类有飞机，有汽车，有各种交通工具。但是蜘蛛没有，它们要想到达远处，就得借助大自然的力量。于是，它们攀登到高处，吐出细丝做交通工具，借助风做动力。等到达目的地之后，它们开始了新生活，也就忘记了旅行的过程。忘记了自己曾经是一位攀登高手。

第七章　樵叶蜂

在园子里漫步的时候，经常会在丁香花或玫瑰花的叶子上发现一些小洞。这些小洞非常精致，就像是有人用巧妙的手法剪出来的一般，有圆形的，也有椭圆形的。有些叶子上只有几个洞，而有的叶子上的洞实在是太多，以至于只剩下了叶脉。这到底是谁干的呢？它为什么要这么干呢？是把叶子吃掉了，还是在搞恶作剧。这些叶子上的洞都是樵叶蜂所为，它的"剪刀"就是自己的嘴，这把锋利的剪刀再加上身体的转动，就在叶子上剪下一块来，留下一个小洞。这些剪下的树叶圆片被樵叶蜂做成一个小口袋，用来储存蜂蜜和卵。这种小口袋每个樵叶蜂巢内都有十几个，它们被一个个地堆放在一起。

最常见的樵叶蜂是白色的，身上还带着条纹。它常常寄居在蚯蚓的地道里，这种地道到处都有，在泥滩边会很容易找到。樵叶蜂只是利用地道的一部分来居住，那些又阴暗、又潮湿的地道深处，不但不方便排泄，偶尔还会遭受昆虫的暗袭。所以它只选择靠近地面七八寸长的那段地道来作为自己的居所。

在樵叶蜂一生中，会与许多敌人打交道。很显然，地道并不是一个很安全的防御工事。那怎么办呢？这个时候，就用到了它从树上剪下的碎叶。它用大量的碎叶片将地道的深处堵塞。这些碎片都是樵叶蜂随意从树上剪来的，大小不一，非常零碎。

在樵叶蜂的防御工事上大约堆放着五六个小巢，建造这些小巢所用的原材料也是樵叶蜂从树上剪来的小叶片。不过，建巢用的叶片比防御工事用的叶片要求要高很多，它们不但要大小相当，而且要形状整齐。用来作为巢盖的是圆形叶片，底和边缘则用椭圆形叶片来做。

我们说过，樵叶蜂剪树叶的工具是自己的嘴。它对自己的要求非常严格，要求自己剪出的树叶必须符合巢的各部分的要求。在设计巢的底部的时候，它非常精心，它用一片与地道截面正好匹配的叶片来做巢底。如果实在没有合适的话，他会用两三张椭圆形的叶片来拼一个巢底。巢底要求必须与地道截面相吻合，绝不能留半点空隙。

它总是用一片正圆形的叶片来做巢盖，这张叶片非常圆，就像是用圆规画出来的一样。每次这个巢盖都能精确地盖到小巢上，没有一丝缝隙，非常完美。

等小巢全部建好之后，樵叶蜂就把到处剪来的，大小不一的叶片加工成一个栓塞，用来把地道塞好。

最让我们觉得不可思议的是，樵叶蜂剪下的叶子为什么会如此的圆？它并没有测量用的工具，也没有可以参照的模型。有人推测，樵叶蜂本身就是一个圆规，它的尾巴固定在叶片上就像圆规的针固定在纸面上；它们的头在页面上转动，就像圆规的脚在纸面上转动。所以它能剪出非常标准的圆。我们的胳膊也是如此，你固定住肩膀，然后把胳膊抡起来，就在空中得到一个圆。但是这个圆的精确度，与樵叶蜂剪出的圆的精确度根本没法比。

那些被樵叶蜂剪来准备做小巢盖子的圆叶片，每次都能天衣无缝地盖在小巢上，没有丁点儿误差。这些小巢都是建在地道下面，樵叶蜂不可能随时地飞回去测量巢的大小，只是凭自己的感觉裁剪圆叶片。这些圆叶片不能太大，太大了盖不下；也不能太小，太小了就会掉到小巢里面去，会把里面的卵闷死。尽管要求如此高，但是你绝对不用担心樵叶蜂的技术，它能很熟练的从叶子上剪下符合自己要求大小的圆叶片，每次都是精确无比，从不失误。让人不禁怀疑，难道樵叶蜂有懂几何学吗？

在一个冬夜，大家都围在炉火旁。我突然间又想起了关于樵叶蜂剪圆叶片的事情，便设计了一个小实验。

我对大家说："明天逢集，你们中有人要去置办东西。正好，我家厨房有一只罐子的盖被猫踢到地下打碎了。我想让他帮我带一只盖子，要求是不大不小，正好合适。我可以让他在去买盖之前仔细地观察一下这个罐子，但是不可以用工具来量。到了集市上，只凭借自己的记忆来挑选合适的盖子，你们谁能做得到？"大家都面露难色，觉得这是一件不可能办到的事情。

这件事确实很难。可是相对来说，樵叶蜂的工作更难。我们至少还有一个碎掉的盖子作参考，樵叶蜂可没有巢盖作参考；我们往往是在摊贩的一大堆盖子中挑选，通过盖子间的相互比较来挑一个最合适的。而樵叶蜂完全不是这样，它在一个离家很远的一片树叶上，毫不犹豫地剪出一片圆叶，并能保证这片圆叶当巢的盖子百分之百没问题。我们必须借助测量工具、模型，或者是图样才能选好大小合适的盖子。可是樵叶蜂却什么都不用。在我们眼中不可能完成的事情，对于它来说就像小孩子玩游戏那么简单。

在具体运用几何学方面，樵叶蜂确实高我们一筹。无论是樵叶蜂的巢和巢盖，还是其他一些昆虫创造的奇迹，这都是我们结构学所无法解释的。我不得不承认，在某些方面我们还远不及它们。

第八章　两种奇异巢穴

我们知道，自己不会筑巢，只能借居在别人遗留或者抛弃的巢内的蜜蜂，并不是只有樵叶蜂。有的蜂会居住到泥匠蜂的故居中去，有的会找一个蜗牛的空壳，还有的会搬进掘地蜂曾经居住过的砂坑，总之是五花八门。其中有两种蜂的借居方式比较奇特。有这样一种蜂，它在芦枝上做一个棉袋，看上去就像睡袋一样，此后便寄居在这个棉袋中，这种蜂叫采棉蜂；还有一种蜂叫采脂蜂，它寻找一个空的蜗牛壳，然后把里面塞上树胶和树脂，经过简单的装修，这个蜗牛壳就成了它的房间。

蜜蜂的巢可以说是千奇百怪、五花八门。有的重实用，比如泥匠蜂用泥土匆忙筑成的"水泥巢"，木匠蜂在枯木上钻出的洞就是它的巢，这些洞有九英寸深。实用的蜂巢一般都不注重装修，它们觉得不耽误自己采蜜产卵，能够挡风遮雨就行了；除了实用以外，还有几种蜂的巢讲究的是装饰和意境。比如说樵叶蜂在蚯蚓的地道中筑的一串盖着叶片的小巢，采棉蜂那精致的棉袋，悬于天地之间，别有另一番韵味。这些巢的构思往往让人拍案叫绝，这几种蜂也绝对算得上是装饰艺术大师了。

采棉蜂那一个个洁白、精致的小棉袋告诉我们它肯定不适合做掘土工作，而是适合装修工作。又长又白的棉袋，看起来像一件精致的艺术品，尤其是在还没有灌入蜜糖的时候。除了采棉蜂以外，我想不出还有谁会把自己的巢修成这样。这种棉袋的制作过程是，先把棉花小球集中起来，再把这些小球拼成一个针箍形的袋子。采棉蜂没有什么特殊的工具，只有一张灵巧的嘴。但是，同样拥有灵巧的嘴，泥匠蜂和樵叶蜂造的巢无论从哪方面看，都与这种棉袋截然不同。

它们造棉袋用的材料通常是从毛蕊花、蓟花、鸢尾草上采来的棉花，那些棉花非常干，早已没有水分了，所以不用担心将来棉袋上会出现难看的水痕。

它采棉花的具体工作步骤是：它在一根植物的干枝上停住，用尖利的嘴巴撕去植物外表的皮，然后去采里面的棉花，它会用后足把采到的棉花在胸部上压成一个小球，等到这个小球被它压得有一粒豌豆大小的时候，就被它放到嘴里，衔着飞回要筑棉袋的地方。只要耐心等待你就会发现，采棉蜂会一次次地回到这个地方，直到这里的棉花全部被采完，或者直到它的棉袋完工。

这些采回的棉花会被采棉蜂分成不同的等级，不同等级的棉花会被用到棉袋不同的部位。在这一方面，它和鸟类有共同之处。为了使自己的巢更结实一些，鸟类会用硬硬的树枝做成鸟巢的架子；而鸟巢底部会铺上不同的羽毛，这样在里面就会感觉更舒适，也有益于孵化小鸟。采棉蜂在做它的巢的时候，也是如此，最细的棉絮被它用在巢的内部，而在入口处用的则是坚硬的树枝或叶片。

采棉蜂在树枝上努力地工作着，不过工作情形我们很难看清楚。但是它怎样做"塞子"我却看到了，这个"塞子"是指巢的"屋顶"。它首先用后足将棉花撕开，同时把这些棉花铺展开，并用嘴巴撕扯其中的硬块，使其变得柔软一点。最后，一层一层地叠起来，用额头压结实。这是一种粗活，但是可以推想，采棉蜂在做细致工作的时候，可能用的也是这种方法。

有几只采棉蜂比较细心，怕刚做好的屋顶不牢固，于是便用各种材料填死树枝间的空隙。

这些材料五花八门，只要够得到的都能拿来用，比如小粒的沙土、一撮泥、几片木屑、一小块水泥，或是各种植物的断枝碎屑。采棉蜂将自己的巢建成了一个坚固的防御工事，能抵挡任何敌人的攻势。

采棉蜂的蜂蜜呈淡黄色，不用担心它们会从棉袋里渗出来，因为它们呈胶状颗粒状态。它就在这蜜上产卵。用不了多久，这些幼虫就能孵出来。食物早在它们睁开眼睛之前就已经准备好了，它们会毫不客气地把头钻进花蜜中，这些又香又甜的蜂蜜用不了多久，就把它们养得很肥。这些婴儿几乎不用照看，因为不久之后它们便会织起一个茧子，再之后就变成一只成年采棉蜂，开始独立生活，就像它们母亲那样。

采脂蜂也是那种借居客，它把人家现成的房子稍作改造，就据为己有变成了自己的居所。在矿石附近的石堆上常常会发现空蜗牛壳，里面很有可能有几只已经被采脂蜂拿来当居室了。当你发现里面塞着树脂的那种空壳，那就是采脂蜂的巢了。除了采脂蜂以外，竹蜂也利用蜗牛壳做巢，不过它们填塞蜗牛壳用的不是树脂，而是泥土。

采脂蜂总是把巢安在蜗牛壳螺旋的末端。那个地方距离壳口还有一段不小的距离，从外面根本看不到里面的结构，所以，我们很难知道它的巢内是一种什么样的情形。我从石块上随手捡了一只蜗牛壳，朝着阳光照了照，发现挺透明的，说明这是一只空壳，以后说不定会被采脂蜂看中，拿来当巢。于是，我又把它放回了原处。我又捡起另一只，结果发现它的第二节是不透明的，这说明里面肯定有东西。会是什么呢？我不能确定，可能是雨水冲进去的泥土，也可能是死去的蜗牛。为了得到结果，我决定在这个壳的末端开一个小孔。结果，透过这个小孔，我发现了一层发亮的树脂，上面还嵌着沙粒，这下搞明白真相了：原来里面是采脂蜂的巢。

采脂蜂选择好了蜗牛壳之后，往往会将巢建在大小适宜的那一节里。因此，它在蜗牛壳中的位置不是确定的，如果是个大点的蜗牛壳，它就会在壳的末端建巢；如果这个蜗牛壳偏小，它的巢就建在靠近壳口的地方。它常常做一种有图案的薄膜，做法就是把细砂嵌在树胶上。起初我不知道这种黄色半透明的东西就是树胶，我只知道它们很脆，能溶解在酒精中。后来我试着将它点燃，结果伴随着烟发出一股强烈的树脂气味。我据此判断这些东西就是从树干里流出来的树脂。

用树脂和砂粒做成的盖子只是壳中的第一道防线。第二道防线是用砂粒、细枝等做的壁垒，这些东西严严实实地填在壳中，使得壳中没有一丝的空隙。这样坚固的防御工程采棉蜂也有。不过对于采脂蜂来说，并不是每次都有必要筑起第二道防御工程，一般只会在较大的壳中才有，因为大的壳中空间也大；而小的壳中巢的位置比较靠近壳口，就没有筑第二道防线的必要了。

第二道防线后面就是巢中的房间了。采脂蜂在壳中有一大一小两间房子，位于它们选定的那一节蜗牛壳的末尾。两间房中较大的一间住着一只雄蜂，小房位于大房后面，一只雌蜂住在里面。因为采脂蜂的雄蜂要比雌蜂要大，因此这种分配看上去很合理。但是这会让人产生一个疑问，这些蜂是从小在壳里面长大的，也就是它们从一出生就有了自己的位置，那样的话，采脂蜂母亲是怎样预先得知自己所产的卵是雄性还是雌性的呢？它们产在大房间的卵从来都是孵出雄性，而产在小房间的卵则都是雌性。这件事就连科学家们也无法解释。

　　采脂蜂在筑巢的时候一定要认真、细心，否则的话，就可能给下一代造成大大的悲剧。正好这里就有一只倒霉的采脂蜂，让我们来看一下。它把巢筑在了一只大壳的末端，但是在本该筑起第二道防线的地方它什么也没有做。这样，从入口处到巢之间就空着一段很大的空间。我们在前面提过竹蜂，它也是在空蜗牛壳中筑巢。一只竹蜂飞到了这个蜗牛壳旁边，它发现这个空壳还有很大的空隙，却没有发现在采脂蜂早已经在末端筑了巢。竹蜂在外面的空间又筑起了巢，这样一个壳中就有了两个巢。更糟糕的是，竹蜂还把入口处用泥土层厚厚地封住。悲剧会在第二年七月上演，因为这个时候末端的采脂蜂已经长大，它们试图解放自己，飞向天空。但是，当它们咬破胶膜，冲破第一道防线之后，才发现路早已经被另一家蜂巢挡住。采脂蜂试图让竹蜂给它们让一下路，但是无济于事。无论采脂蜂怎样恳求和威胁，竹蜂都没有一点回应。是竹蜂在故意使坏吗？不是的，原来竹蜂的幼虫要到明年的春天才长成，这个季节它们还在孕育中，所以还没法对采脂蜂的请求作出回应。这些无法冲破泥土防线的采脂蜂，只能在壳内活活饿死。这个悲剧完全是由那只粗心的妈妈造成的，如果它得知是自己亲手杀死了孩子们，不知道会有多伤心。这种不幸的悲剧在采脂蜂中代代相传，它们并没有从中吸取教训，总有一些粗心的妈妈会做出这种事情来。看来，科学家所说的"动物不断地从自己的错误和经验中学习和改进"这个理论也并不完全是对的。不过话又说回来，这也是正常的，那些因为粗心被关在壳内的小蜂们都死在了壳中，无一生还，也就不可能被其他采脂蜂发现，从中吸取教训更是无从谈起。

第九章　天牛吃路

冬季来临之前，这里的天空总是灰色的。为了储备冬天供暖的用柴，我忙着收集大大小小的树枝。这项工作看上去很单调，但是我让它变得非常有趣。我的研究无处不在，我向伐木工人订购了一批木料，并要求他们将那些被蛀虫蛀满洞孔的树段锯下来交给我。木料场的老板很高兴，当然了，像我这样的客户可不多见，可谓是千载难逢。他们在高兴的同时也很好奇，不知道我为什么放着优质的木材不要，而要一些被虫子蛀过的木头。我把我的想法告诉了木料厂老板，他立刻明白了，马上投入到为我收集有蛀洞木头的工作中去了。

老板很快为我找来了一段橡木，完全符合我的要求。这段橡木可谓是伤痕累累，浑身上下都是疤痕。这些疤痕有的非常深，一直伤到了树段的中心，并从中淌出棕褐色的液体，气味非常刺鼻，和皮革厂中的气味差不多。如果你用手去弹这段木头，就会听见空洞的声音，这说明它的中间已经空了。这正是我所期盼的，我寻找的宝藏就在里面。

这段木头里面不止藏着一种昆虫，它们分成不同的小组，都在中间干燥的空洞里越冬。这些昆虫有：壁蜂、切叶蜂、天牛幼虫等。其中天牛幼虫对橡木的危害最大，早在这段橡木还没有干枯，汁水尚足的时候，它们就在里面安家住下了。

天牛一身盔甲，看上去非常威武。但是它的幼虫看上去十分丑陋，外形像毛虫一样，蠕动前行。现在秋天已经过去了一半，木头中生长着处在两个龄期的天牛幼虫。大的那一拨幼虫已经长到了手指那样粗；小的那一拨只有铅笔那么粗。除此之外，还有一些蛹和天牛成虫被发现。成虫要等到明年天气变暖后才能从树干中出来。

　　由此可见，一只天牛在从树干中走出之前要在里面经过三个龄期，也就是生长三年。它们是怎样度过这漫长的三年的呢？它们百无聊赖，整日整日地修路，并把修路凿下的木屑吃掉。《圣经》中的约伯，最终战胜了贫困的命运，在这个过程中，他的马帮了很多的忙。这匹擅长辞令的马用自己的嘴一寸寸地夺取土地。而天牛幼虫则是用嘴一寸寸地开辟出道路。能够完成这项工作，当然少不了一件好用的工具，那就是天牛幼虫的那副大颚。它那副又黑又短的大颚非常粗壮，虽然没有锯齿，但是周边很锋利，就像是木匠用的凿子。它就是用这把凿子上开下凿，造出一条通道。凿下来的木屑被它吃掉，既当了食物，又清理了建筑垃圾，一举两得。这些木屑被天牛幼虫充分分解吸收，最后只排泄出一点点蛀屑，堆在身后的路上。这就像是一条车间里的流水线，一头往里进木屑，中间经过天牛幼虫的身体，另一端出来的是少量的蛀屑。这个过程进行的同时，还开凿出了道路。这种走一步，吃一步的高明手段并不是天牛幼虫的专利。所有寄生在木头中的昆虫，几乎都是这样操作的。

第十章　新陈代谢的工作者

在这个世界上，有许多默默无闻的昆虫。尽管它们从来没得到过相应的报酬和称赞，但是它们依然在做着那些积极有意义的工作。一只鼹鼠死后，许多蚂蚁、甲虫和蝇类都会赶过去，在这个尸体上集合。你如果见过这种情景可能会觉得恶心，甚至起一身鸡皮疙瘩。你一定会觉得这些昆虫肮脏无比。这样想的话，你就错了。它们正在这个世界做着清洁工作，这对整个自然界和人类社会是很有益的。让我们来观察一下其中的几只蝇。

碧蝇你一定见过，它还有一个更被大众所熟悉的名字叫"绿头苍蝇"。它长着一对红色的大眼睛，还穿着金绿色的外套，非常漂亮。

它们在非常远的距离外就能闻到动物尸体发出的异味，它们会立刻赶过去，在尸体上产卵。几天之后你再去看那个尸体，你会发现尸体变成了一摊液体，其中还涌动着几千条蛆。你可能会觉得这令人感到恶心，但是这是处理尸体最好的方法。这些蛆把腐烂发臭的尸体变成了一摊液体，液体又化作肥料，滋润了大地。

难道没有苍蝇在上面产卵，这些动物尸体就没有其他途径解决掉吗？当然有其他方法，不过，这些尸体自然风干，然后再化成灰泥需要的时间太长了。不仅是碧蝇，其他蝇类的幼虫也有把尸体化成液体的本领。我做过一个实验，我把一块煮得很老的蛋白给碧蝇吃，结果它们很快就将这块蛋白化作了一摊液体。它是如何做到的呢？我们人类的胃里会分泌胃液，胃液会把食物消化掉。同样道理，蝇的嘴里能分泌一种酵母素，能把动物尸体化成液体。蝇类幼虫维持生命用的也是这种液体。

除了碧蝇之外，其他蝇也会做这种分解尸体的工作。当你在屋子的窗户上看见几只飞不出去、急得嗡嗡叫的蝇时，没有必要像蚊子一样对待它。你可以把它放回到大自然中，它们在室内没有用处，相反你还要防备它们停落到食物上，但是，它们一旦都来户外，就会忙着搜寻死去的动物尸体，以最快的速度把它们化成无机物，土壤吸收了这些无机物之后会更加肥沃。

除了蝇类以外，还有其他昆虫参与到分解尸体、净化自然的工作中来吗？当然有，下面介绍的食尸虫就是其中的一种。

四月里，你会在田间的路边发现一些被农夫打死的鼹鼠；孩子总是顽皮的，甚至有些残忍，它们用石头砸死了一只路过篱笆下面的绿色蜥蜴；有的人非常恨蛇，在路上见到蛇就忍不住上前把它踩死；巢中的雏鸟对这个世界很好奇，忍不住把身体探出鸟巢，一阵大风吹过，它不幸地摔死在地面。大自然中的生命实在是太脆弱了，每时每刻都有一些动物死去。那么，它们死后又会变成什么呢？令人恶心的腐烂只是一时的，它们很快就会被清理得无影无踪。

大自然中从来不缺乏这种清洁工。第一个跑来的是蚂蚁，什么事都少不了它们，它们从尸体上切下自己力所能及搬动的小块。就在小蚂蚁切割的同时，肉香吸引来了苍蝇，这种双翅目昆虫会在尸体上繁衍蛆虫。各种虫子接踵而来，扁平的葬尸虫、迈着碎步的腐阎虫、白肚皮的皮虫、身材纤细的隐翅虫，等等。这些虫子的嗅觉很灵敏，它们不断地在空气中搜寻者尸体腐烂的气味，然后赶过去。

不过是死掉了一只鼹鼠而已，没想到竟然会引来如此多的的虫子，它们在尸体上狂欢着，十分热闹。如果你是善于观察和喜欢思考的人的话，这具尸体和这么多虫子组成了一个特殊的实验室。那就让我们忍住恶心来观察一下吧！首先用你的脚尖把这具尸体掀开，你会发现它的底下聚集了无数正在攒动的虫子。它们十分忙碌，场面如火如荼。葬尸虫拖着宽大的鞘翅就像是穿着丧服一样，看到有人来打扰，它们就立刻逃窜，躲进了地缝里；腐阎虫的身体十分光亮，就像是抛过光的乌木，看到有人来了，它也立刻扔下手头的工作，迈着碎步逃走了；有一只皮虫最搞笑，它也想逃走，但是它忽略了自己刚刚吸入的一肚子血脓，一下子没飞起来，在地上栽了个跟头，将它那长着雪白斑点的肚皮露了出来，那副狼狈样让人不禁捧腹大笑。

它们见了我就四散而去，刚才它们都是在干什么呢？很明显，它们是在消化掉死亡，创造出新的生命。它们将腐臭、恶心的动物尸体消化掉，将一切丑陋、肮脏消化掉。它们的速度是那样快，用不了多久，腐烂的尸体被掏空得只剩一副骨架，像是一具标本。

过会儿还会来一种能手，虽然他们的个头不大，但是它们是最有耐心的。它们的工作方式是按部就班，一根毛一根毛，一块皮一块皮，一根筋一根筋，一块骨头一块骨头地吞噬这具腐尸。它们就是这样净化了大自然，真是伟大啊！我们把这具鼹鼠的尸体放回原处，离开这里。

在春季农耕的时候，牺牲掉的动物不只有鼹鼠，还有蟾蜍、游蛇、田鼠、鼩鼱、蜥蜴等。这些死去的可怜的动物将成就另外一种动物，它拥有一个极好的名声——土壤改良器。这种动物就是食尸虫。从它的名字上我们也可以看出它们的职业。尽管整天与死尸打交道，但是食尸虫身上的各个方面都透露着高雅、奢华，与它的工作看上去是那么的不相配。它的身上散发出一种香味，与尸体的腐臭形成明显的对比；再看它的穿着，触角末端缀着一对红绣球，黄色的法兰绒裹在胸前，鞘翅上还有两条朱红色佩带，并且带有齿形花边。与食尸虫相比，前面逃掉的那些虫子简直拿不上台面，天生一副哭丧样。

食尸虫不参与尸体的解剖。它并不像葬尸虫、皮虫、苍蝇一样，见到尸肉就上去大吃一顿，它的工作更确切来说是为死者掘墓、下葬。食尸虫的胃口很小，只需摄入少量食物就能维持生命。因此，你见它只是在新发现的尸肉上面轻轻地碰几下而已，这几下接触它就完成了进食。对自己来说，它更多考虑的是自己的家庭。它把尸肉拖入洞穴，当做给幼虫预备的食品。食尸虫平时看上去走路四平八稳，甚至有点儿脚步蹒跚。但是，当它往家搬尸肉的时候却是出奇的麻利。它的工作方法也与其他虫类不同。其他昆虫往往都是将尸肉吃掉，将骨架留下，现场往往是一片狼藉；而食尸虫从一开始就将现场收拾得干净利落，它往往是先用土将尸体掩盖，然后封闭操作，从里面往外带出尸肉，最后只剩下一个小土堆，像是一座小小的坟墓。

但凭着这种干净、简便的工作方法，食尸虫无愧是最优秀的野外净化器。除了这些以外，它的心理机制也是非常出名。有人认为，这种给别的昆虫掘墓、下葬的收尸工已经具备了理性的智能。甚至比公认的，最聪明的昆虫——蜜蜂智商还要高。我从案头的参考书《昆虫学导论》中摘录出了两个关于食尸虫的故事，都十分有趣。这两个故事让食尸虫大放光彩。

书中说道："根据克莱尔维尔在报告中所写，他见到一只死去的老鼠，一只食尸虫在一旁准备将其掩埋。无奈老鼠身下的土地太硬了，食尸虫只好在不远处另找了一个地方挖坑。坑挖好之后，食尸虫试着将老鼠挪进坑中，但是它用尽了全力也没法将老鼠移动，于是它飞走了；它放弃了吗？当然不是。不一会儿它就飞回来了，还带着四个救兵；在同伴的帮助下，食尸虫完成了自己的目标，将老鼠拖进土坑内，并将其埋葬。"作者认为，这种行为令人非常惊诧，食尸虫的举动带有明显的理性思维。

书中还写道："格莱迪茨有一次叙述了一件关于食尸虫的事情，也能说明这种动物非常有理性。他有位朋友想得到一具蟾蜍标本，在将蟾蜍尸体风干的时候，他怕有虫子来破坏，就用一根木头立在地上，将蟾蜍放在木头的顶端。就在其他虫子一筹莫展的时候，食尸虫显示出了它高人一等的智能。它在木头底下刨土，最后木头倒下了，那只死去的蟾蜍被它抢走了。"

透过这些事例，我们可以看出食尸虫的高超智能。它不仅懂得找人帮忙，还懂得推理，让人十分敬佩。在我看来，这种简单的推理和人类早期的哲学观十分相似。不过，这些故事到底是不是真的呢？是不是有人随意编造的呢？如果从别人编造的故事中得出了一个十分严肃的结论，那岂不是很好笑、很天真。

在我看来，天真没有什么不好，尤其是在昆虫学领域。在很多人眼中看来，天真是犯傻，是精神失常。确实是这样，没有一点儿天真的话，谁会把时间全部消耗在虫子身上。那是孩子才会干的事情。我们都是天真的热爱，但是我们不会像孩子一样天真地相信一切。在判断动物是否具有理性思维之前，我们应该先具备理性思维。最直接有效的办法就是做实验，让实验得到的结果、数据来说话。如果单凭着几个实例就归纳出某种昆虫的特性的话，那是不严谨的、不能令人信服的。

昆虫记

伟大的掘墓工，我绝不是在诋毁你的智能，我也从来没有想要这么干过。恰恰相反，我在大量收集你的事迹，并把这些事迹中体现出的聪明才智都一一指出。这些事迹哪一个都不比那些挖掘木棍得到蟾蜍之类的差。有朝一日，这些事迹会让你们更加大放异彩。

我的目地并不是仅仅使你们得到一种名声而已，不是这样的。历史是由实事构成的，是由无数个实事不断发展构成的。我想做的只是想确认一下，人们认为你们拥有逻辑推断、判断的能力，我只想你们诚实地告诉我，这是不是真的，你们到底具备不具备。这就是我的目地。

想弄清楚这个问题，不能存在侥幸心理，不要指望哪天碰巧看到食尸虫在表现它的聪明才智。我们还是要用一贯的做法，那就是将其装入笼子，带回实验室。这样就可以随时观察它们了，还可以把你想得出的一切考验它们的方法都用上。在我们这里，食尸虫并不多见，怎样给笼子找到合适的居民呢？在当地有一种食尸虫的近亲，被称做是现场食尸虫。它们的数量非常少，往年的话，一春天找到三四只就算不错了。今年想多捉几只的话，必须要动一下脑子，要不然，就无法满足实验需要了。实验最少也得需要十二只。

这些小东西本身就少，再加上来无影去无踪的，要是满山去找，就像大海捞针，不会有所收获；再说，四月份是进行试验的最好时间，要是四月份过去了还不能给笼子找到足够数量的主人的话，那就前功尽弃了。我们将采取什么智谋呢？其实也很简单。我们变被动为主动，不去跟在虫子后面找，而是收集大量的死鼹鼠，守株待兔，让虫子自投罗网。它们的嗅觉非常灵敏，和猎狗有得一拼，到时候闻到尸体在太阳下腐烂的味道，肯定忍不住从四面八方赶过来。

我家附近的土地十分贫瘠，到处都是散落的碎石。幸好附近有个菜农，他每隔两三天来我家一次，带来那些在肥沃土壤中长出的蔬菜。我向他说明我的需要，那就是需要大量的鼹鼠；他是一个好人，痛快地答应了我的请求。其实他们对于这种破坏蔬菜和庄稼的动物恨之入骨，恨不得将它们永远消灭。这个菜农回去后设置了更多的陷阱，并且增加巡逻次数，用铁锹将那些不幸被他撞到的破坏者砸死。我则在家里焦急等待，对于此时来说，这些鼹鼠远比蔬菜更重要。

开始的时候，这个老实的菜农觉得我的要求很好笑。他不明白，我为什么将这些讨厌的农田破坏者看得如此珍贵。尽管他痛快地答应了我的请求，但是我看出，他的心里还在嘀咕。他说不定在想：这个家伙要这么多鼹鼠干什么？难不成是想用鼹鼠皮做一件法兰绒衣服吗？这可是治疗风湿痛的好方法。

　　鼹鼠被按时送到，有时候是两只，有时候是三只，还有时候是四只，每次都是用菜叶包着，放在筐底。对于我这个奇怪的要求，这位忠厚朴实的老实人从来没有多问。没过多久，我就拥有了三十多只鼹鼠。我将它们在院子里随处摆放，地点都是那种光秃秃的地面，便于到时候好收集猎物。

　　剩下的工作就是等待了，我每天跑好几趟，去翻看那些鼹鼠的尸体。这桩差事一点儿都不累，但是十分恶心。如果是一般人，决不可能完成的。就连我的家人，这一次也躲着我，尽管它们看惯了我捣鼓各种虫子。唯独只有我的小儿子保罗帮助我，他非常敏捷，用小手抓虫子比我麻利多了。我觉得自己从事的是很严肃的研究工作，但是请看看我的助手吧，一个不识字的菜农、一个幼小的孩子。

　　有了小保罗和我轮流值班，我们独自守着这些腐肉的时间就不会太长。天上的风将腐肉的味道吹向了四面八方，收尸工们纷纷而至。最开始我们捉到了四只食尸虫，到最后我们一共捉到了十四只。在此之前，我捉到的所有食尸虫也没有这次捉到的多。以前的捕捉都是很随意的，没有经过事先策划，更没有使用过诱饵。看来我这次的计谋非常成功。

　　我先谈谈食尸虫在正常情况下的工作情况，然后再向你们展示一下笼子里面的那些俘虏。食尸虫从来不挑食，它们没有特别喜欢的野味，也没有不喜欢的。除此之外，它们还不去考虑猎物的大小，不考虑自己能否搬得动。总之，它们是碰上什么吃什么。它们的猎物有鼩鼱那么小的，也有田鼠那样大的，还有鼹鼠、阴沟鼠、游蛇那样巨大的。那些巨大的食物，它们根本就不可能搬动，更不可能将其掩埋掉。因为它们太大了，食尸虫想挪动它们，简直就是蚍蜉撼大树。

　　蜂类中的胡蜂、砌蜂、土蜂还有蛛蜂，它们都是把洞穴挖掘在自己觉得合适的地方，然后把猎物飞运过去，如果猎物太大，它便徒步前行，将

昆虫记

猎物拖回到洞中。食尸虫与之不同，若是遇到非常大的猎物，它们搬运不动，又不舍得放弃，便会就地掘坑。

腐尸所在的地点是固定的，是食尸虫无法左右的。这些地点有时候在土质疏松的土壤上，也有时候会在满是石子的硬地面上；腐尸底下或许会露着地皮，也有可能是草丛，甚至是铺着枯枝烂叶和树根。还有一种情况，那就是在半空中，挂在荆棘丛上。这也很正常，当这种让人憎恨的动物被捉住，断送掉生命以后，会被铁锹远远抛出去，落到哪里都是有可能的。不管落到哪里，没有食尸虫克服不了的困难。

既然大自然要它们面对各种情形，那它们肯定懂得随机应变，会利用各种地形展开工作。它们的判断力虽然很微弱，但是它们能够积极地调整对策，针对不同的情形，拿出相对应的解决方案。无论是锯、折、抽还是抬、摇、挪，它们都运用自如。试想一下，如果它们只懂得一种技能，不会随机应变的话，那么它们将难以适应大自然的变幻莫测。

我们知道，根据一个事例就对虫子的某种特性下结论是不严谨的，哪怕是这个事例中确实体现了虫子在某些方面的理性。我们知道，昆虫的所作所为都是有它自己原因的，那么，在它做事情之前会不会就可能碰到的问题想好对策了呢？想知道这个问题的答案，就得知道它工作的全过程。从它工作的第一步着手，每一步都要弄清楚它的动机，每个证据都不能是独立存在的，要有别的证据证明；这样追查下去，就能找出问题的答案。

首先让我们来看一下它们的食物。食尸虫是环境净化工作者，它们接触任何腐臭的尸体。无论是哪种死去的动物，天上飞的也好，地上跑的也好，都有可能成为它的对象。两栖动物和爬行动物它们也不放过。在第一次遇到的物种面前，它们也毫不退缩，比如说某种红鱼，也就是中国的金鱼。我把一条死去的金鱼放进笼子中，食尸虫们立刻将其包围。尽管此前没有见过，但是它们一点儿都不犹豫。最后，这条金鱼的命运同其他猎物一样，被埋进了土里。后来我又拿猪肉、羊排、牛排试过，结果都一样。就像我们上面提过的一样，食尸虫不挑食，只要是腐尸，它们统统会想办法将它藏起来。

要想让食尸虫不间断地工作，以便维持我们的实验，并不困难。一旦它们的食物吃完了，我们可以再给它另一种食物，反正它们不挑食，给什么吃什么。它们的工作车间问题也很好解决，一个钟形的笼子就足够了。我们先找来一个瓦罐，在里面结结实实地装满沙土，然后把笼子放在这个瓦罐上。除此之外还得预防猫，它们也会被腐肉的味道吸引。我们只需将一个封闭的玻璃罩罩在笼子上就能将猫拒之门外。玻璃罩是实验室中很有用的一件工具，夏天可以用来罩虫子，冬天可以用来罩植物，给它们当暖室。

看看具体的工作过程吧。这个笼子中一共有四只食尸虫，死鼹鼠的尸体就在笼子中央。鼹鼠身下的土壤十分疏松，这也给食尸虫的工作带来了便利。从外面看不到食尸虫工作，因为它们都蜷缩在尸体下面。我们只看到鼹鼠的身体在动，一拱一拱地动，这是它下面的食尸虫搞的鬼。不知道的还以为这只鼹鼠死而复活了呢。忙了一段时间之后，一直食尸虫从下面钻出来，绕着尸体转了几圈之后，又钻回了地下，像是出来勘察地形一样。过一会还得出来进去一回，这种勘察要重复好几次。

食尸虫在底下工作时间越长，上面的尸体颤动的越厉害，朝各个方向摇晃、颠簸；同时，从尸体下面挖出的土围着尸体堆了一圈。就这样，周边的土越堆越高，这说明尸体底下的坑也越挖越深。尸体地下的土被一点点挖走，尸体失去支撑，也一点点儿下陷。从外面看，仿佛是一只鼹鼠陷入了沼泽一般。

随着食尸虫们在地下不断地挖土，以及不断地摇晃、拉扯、抖动尸体，周边堆积的沙土也一起下落，覆盖到鼹鼠尸体上面。这样一来，就省得食尸虫自己动手掩埋，沙土会自己填满洞穴。食尸虫的爪子尖锐，像是铲子一样；它的脊梁结实，能拱起比自己大得多的鼹鼠一动一动的，对于这一行来说，这些也就足够了。如何晃动死尸也是一个很关键的技术，它可以大大地压缩死者的体积，即使里面洞口的直径很小，也能保证尸体通过。这项技术的作用还不止这些，其他的我们过一会儿就会看到。

鼹鼠虽然慢慢地沉入地下，但是离预定的深度还差得很远。接下来的工作无非就是继续向下挖土，没有什么新意。就让食尸虫继续干吧，我们过两天再来看一下。

两天过去了，我们回到了食尸虫的工作基地，让我们看一下发生了什么吧。此时我的身边只有小保罗一个人，只有他有胆量跟着我来瞧个究竟。至于别人，想都不用想。

此时的鼹鼠已经完全面目全非，变成了一团可怕的东西，呈暗绿色，散发着恶臭，绒毛早已不见，蜷缩的身体光溜溜地像一张肉饼。这张肉饼像是经过了精心加工似的，尤其是鼹鼠的绒毛。它为什么会脱得如此干净呢？是担心这些绒毛影响自己孩子进食而专门去除的吗？还是随着尸体的腐烂，它们自己脱落的呢？这一点我至今也没搞清楚。我随后翻看了其他小组的食尸虫的工作情况，情况大致一样。原本长有绒毛的动物皮毛都不见了，原本长有羽毛的鸟禽羽毛也不见了，只有一些爬行动物和鱼还留着鳞片，非常奇怪。

我们再将目光聚集在这团模糊的肉上，难以置信这就是几天前的那只鼹鼠。这团肉被食尸虫放在宽敞的洞穴中，四周都是厚厚的墙壁。这团肉是食尸虫送给自己子女的礼物，是它们在刚出生时候的食物储备。食尸虫父母为了维持体力，偶尔轻轻地接触一下这团肉，吸食几口上面的血脓。除此之外，它们决不动这团肉一下。

有两只食尸虫在一边日夜守着这团肉，这是一对夫妻。这让我产生了一个疑问，这个小组的食尸虫一共有四只，三雄一雌，当初挖坑的时候也是四只，为什么现在就只剩了一雄一雌了呢？另外两只雄虫去哪了呢？后来我才发现，它们蜷缩在距离地面很近的土层中，距离下面的肉团保持有一定的距离。

这种情形并不是每一次都能见到。每次挖坑掩埋尸体的时候，都是雄性一马当先，出力最多，使得工程很快得以完工；但是，等到尸体下葬后，便会只留下一雄一雌，其余的雄性食尸虫悄然撤离。

在昆虫界，父辈一般都是不承担家庭义务的，或者出力特别少。但是食尸虫不是这样，它们当中男性是家族中的绝对主力。在其他昆虫中，一般的规律都是雌性要被雄性抛弃，然后独自抚养儿女。雄性则是典型的游手好闲、好吃懒做；食尸虫与之截然相反，它们当中的雄性吃苦耐劳，工作勤奋，是响当当的男子汉。它们不仅为自己家庭劳动，还会帮助其他家庭出力，任劳任怨。如果一对夫妻碰到了一具尸体，但是无奈尸体体积太大，不用担心，一会儿，就会有其他的食尸虫顺着腐肉的味道寻找过来。它们会主动地充当帮手，帮助这对夫妻将尸体埋入土中。等工作结束以后，它们悄悄离开，只剩下一对欢喜的主人。

帮手走后，剩下的工作就简单了。这对夫妻默契配合，脱净皮毛、揉打尸体，使它变成一团絮状肉团。这将是幼虫最喜欢的食物。至此，一切工作都结束了。这对夫妻钻出地洞，来到地面上，然后分道扬镳，就此分手，重新开始各自的生活。很有可能也去充当别的食尸虫的帮手，去报答别人的帮助。

在昆虫界中，为自己的子女无怨无悔地付出的我只见过两例，一是推粪球的甲虫，再就是专与尸体打交道的食尸虫了。这两种昆虫的习俗可以算得上是昆虫界的模范了，别的昆虫在它们面前都应该无地自容。

接下来再说说它们幼虫的情况。我只是简短地介绍一下，因为大家对它们可能很熟悉，这不是一个太吸引人的话题。

在五月下旬的一天，我从地下挖出了一只褐家鼠，这是食尸虫两周前埋下的。这只褐家鼠已经变成了果酱一般的血肉模糊，十分可怕；我在这团肉中发现了一些食尸虫的幼虫，其中好多已经长大了，身材很标致。我在里面还发现了成虫，原来并不是所有的夫妻都会在完工后分道扬镳。它们是彼此眷恋对方，还是共同眷恋自己的孩子？不得而知，也有可能是共同眷恋这顿丰盛的大餐，想和子女一同分享。

这个家庭成立的时间很快。大约半个月前这只褐家鼠才被刚刚埋入地下，现在它们就变成了一群身强力壮的小家伙，真是让人难以置信。由此可见，它们吃下去的那些腐肉，在我们看来肮脏、恶心、有毒的物质，对它们是多么有营养，它们令幼虫迅速成长，迅速发育。尽管是腐肉，但是幼虫还是在抓紧时间摄入它们，因为继续腐烂下去就会变成汤汁，渗入大地。争分夺秒地进食让它们迅速成长，迅速成长的它们又变得胃口大开，争分夺秒地进食。这是一个循环，它们会赶在腐肉进一步变质之前，就将它们全部吃到肚子里去，充分消化掉。

幼虫浑身赤条条的，非常苍白，并且看不见东西，这些都是在黑暗中生活造成的特征。幼虫的外形怪异，呈拱形，还带有一个小小的尖顶。一对黑色大颚强壮有力，拿来解剖尸体最合适不过。爪子很短，所以平时走路脚步蹒跚。

那些没有离开洞穴的食尸虫父母，此时非常狼狈。它们整日在腐肉的

昆虫记

泥浆中钻进钻出，浑身不但沾满了肉汁，还生满了虱子。不知道它们是否记得自己当初的模样，四月的时候，当时它们还在鼹鼠的尸体地下挖坑。那时的它们衣着鲜艳，光彩亮丽；这才过了不到两个月，它们却变得如此肮脏、污秽。寄生虫彻底地包裹了它们呢，甚至连关节缝里面都有，从外面看，像是穿了一件连体外衣。此时的食尸虫形体也已经走样，我用毛笔帮它将身上的虱子刷下，但是没那么容易，这些寄生虫被赶下来之后会立刻不甘心地再次爬到食尸虫身上，并牢牢地抓紧。

好人无好报，无论是食尸虫还是推粪球的甲虫，它们不仅是昆虫里面不可多得的模范，还都是清洁大自然的卫生标兵。尽管如此，它们的结局却都是落在卑鄙的寄生虫手里。令人不胜唏嘘。它们奉献了自己的一生，在对家庭和对大自然都做到了问心无愧，没想到最后的结局竟是如此的惨淡。大自然就是这样，像这种所谓不合理的事情还有的是。

说它是模范，一点儿都不夸张；可惜的是，这个模范没有当到底。在六月的中上旬，食尸虫停止了工作。尽管我不断地往笼子里投放死去的动物，但是它们已经停止了挖坑。笼子里显得死气沉沉的，特别闷。隔一段时间，就有一只食尸虫跑到地面上来透透气，垂头丧气的，样子十分颓废。

有一件事情非常奇怪，凡是从地下爬上来散步的食尸虫，不是缺了胳膊就是少了腿，而且都是从肢体的关节处断掉的，十分蹊跷。有一次，一只食尸虫从地下爬出，除了一只脚以外，其余全部手脚都断掉了，它就靠着这些残腿断臂在地上匍匐前行，身上还挂满了寄生虫，那副样子让人惨不忍睹。这时，一只年轻的食尸虫跑到了它的身边，结束了它的生命，甚至连它的肚子都掏空了。剩下的那些食尸虫也难逃厄运，最后也是被同伴吃掉，有的被吃掉了几条腿，有的则被吃掉了大半个身子，几个月前还互帮互助的它们，为何反目成仇、互相残杀呢？

我们从史书上知道，有些部落为了不让老去的人受到病痛的折磨，干脆把老人杀了以帮助他们解脱。在他们看来，朝老人的心脏上捅一刀，或者是朝他们头上狠狠地猛击一棒，这就是他们的孝心。这是不开化的，食尸虫恰巧也拥有这个习俗。它们过一天是一天，知道自己已经没有了价值，索性也不再劳动，苟延残喘的滋味确实不好受，等死还不如自己结束生命呢，这就是它们的想法。

　　对于那些杀死老人以尽孝道的部落来说，我们可以理解他们是为了食物这么做。如果缺吃少穿的话，它们则会淘汰弱者，毕竟当时的社会还不太开化；但是食尸虫，它们为什么会这样做呢？我从来没有缺过它们的食物，甚至还提供给它们平时不常见的那些天上的飞鸟和水中的鱼，可以说是非常丰盛。所以说，它们的杀戮与食物无关。我把它理解成动物在衰老前的丧心病狂。这些在生命结束前的反常表现还是有规律可循的：它们年轻力壮的时候为了家庭和子女辛勤劳作，后来的它们什么都拥有了，便无所事事，游手好闲。到了最后，它们的无聊心情达到了极点，便开始折断同类的手足，甚至将同伴吃掉；如果被吃掉的是自己，它们应该也不会在乎，看看自己蹒跚的脚步，看看自己衰老的容颜，看看自己满身的虱子，还有比死去更好的解脱吗？

第十一章　西班牙蜣螂

还记得我们前面提过的神圣甲虫吗？就是那种会滚圆球的动物，它滚出的圆球既可以当食物，又可以深加工，制成梨形的巢。

这种形状的巢对于小甲虫的生长有什么利处，又有什么害处，我在前面都说过。对于圣甲虫的巢来说，再也没有比圆形的更适合它的形状了。保存在里边的食物不会发硬，也不会发干。

我在前面说过一些极力赞扬圣甲虫本能的话，不过，在经过一段时间观察之后，现在我对这些话产生了怀疑，我的估计可能出现了错误。它们给幼虫准备了柔软、合适的食物，这真的是出于对子女的关爱吗？做球对于甲虫来说是本职工作，并不是专为幼虫而做。这种动物的腿又长又弯，在地面上滚球得心应手，那它为什么要到地底下去做球呢？这显得很奇怪。动物会去干一些自己喜欢干的事情，从事自己喜欢的职业。在地底下做球显然不是圣甲虫喜欢的，因为它的身材适合在地面做球。那么，它把球加工成梨形会不会是有别的目的，而并不是为了自己的幼虫呢？

这个问题让我困惑，为了彻底弄明白，我观察了另一种甲虫，这种清道的甲虫平时不熟悉做球这种工作。可是，它在产卵期突然改变了自己的习惯，所有以前储藏的食物都被它做成了圆团。看来，把球做成圆形不仅仅是一种习惯、一种工作，就是那些平时没有这个习惯的甲虫，也会在产卵期将食物做成圆形。这是它们真正对自己子女关心的体现。

在我的住所附近有一种漂亮的甲虫，它的个头虽然没有圣甲虫那么大，也算得上魁梧，这只甲虫被称做西班牙蜣螂。

它胸部的陡坡和头上长的角是它身上最显著、最特别的地方。西班牙蜣螂体型圆圆的、短短的，没有圣甲虫那样的腿，当然也不会像圣甲虫那样麻利地滚球。它的胆子非常小，怎么看都不像是一个勇敢者，稍微受到一点点惊扰，它的腿就缩到身体下面，和圣甲虫相比，西班牙蜣螂在这一方面差远了。

从它们的身材和体型上可以看出，它们不适合挖掘、不擅长搓滚圆球，也不可能拖着圆球走路。

除了身体不灵活以外，它的性格也不活泼。我见过它们觅食，有时是在黄昏，有时是在晚上。当它寻找到食物之后，就在原地挖洞。这个洞草草而成，非常简陋，最大的洞也只能放进一个苹果。

它把自己刚刚发现的食物往洞里堆积，食物多的话，会一直堆到洞门口。这些大量的、没有规则乱堆的食物证明了一点，那就是蜣螂非常贪吃、馋嘴，它会待在洞中，一直到把这些食物全部吃完，在吃完之前是不会出这个洞的。

等它把存储的所有食物都吃完，它的食品仓库全部清空之后，它会跑出洞来，寻找新的食物，然后就是重复以前的做法，就地挖坑将其吃掉。这是一种重复、循环的周期性运动。

老实说，它只不过是一个清道夫，每天打扫卫生、收集肥料而已。在茫茫昆虫界，算是一个无名的平庸小辈，没有什么特别的本事。

西班牙蜣螂对于搓滚圆球几乎是一无所知，很明显是个外行。而且，它那又粗又短的腿也不适合做这种技术性的工作。但是到了五六月间产卵的季节，西班牙蜣螂就摇身一变，变成了各方面的能手，无论是选择柔软的材料，还是选择舒适的环境，它都能做得井井有条，为自己即将到来的产卵提供一个良好的环境。

它开始为自己的家族积攒食物。它不会像圣甲虫那样，把食物从一个地方运到另一个地方，而是就地挖坑把发现的食物埋下，它从不带着食物旅行，也不会给这些食物进行再加工。这时挖掘的洞穴比平时的要宽敞、精细，看来母亲愿意在子女身上花费时间、精力。

在野外观察西班牙蜣螂非常不容易。为了能够更仔细地观察它的生活习惯和生长过程，我把它们带到了我的昆虫乐园里面，这样，我想认真观察它时就方便多了。

这些可怜虫最初非常胆怯，它们可能认为我是一个坏人，认为我想把它们怎么样，有一种大难降临的感觉。后来，它们自己建好了洞穴，胆子也逐渐变大，由原先的整日诚惶诚恐、提心吊胆，变成了后来的肆无忌惮。我给它们提供了一些食物，被它们在一夜之间全部储存了起来。

大约一周后，我将昆虫乐园中的泥土掘起，从中发现了西班牙蜣螂的巢穴和储藏起来的粮食。这个洞穴里有一个很大的厅堂、一个很大的仓库，不是很整齐的屋顶，普通的四壁，不过地板倒是很平坦。

有个圆孔在屋子里的角上，这个圆孔能通到走廊，斜斜的走廊又一直通到土面上。房子的墙壁被很仔细地压过和装饰过，有一定的抗压能力，能抵抗住我在实验中制造的地震。这个昆虫用尽所有技能、不惜余力、兢兢业业地制造出这样一栋别墅，希望它能够成为永远的家。尽管如此，它不过是在新鲜的泥土上掘出的一个大洞罢了。在我们看来，墙壁也不是那么的结实，餐厅不过是一个土穴。

当雌性西班牙蜣螂在忙碌着一切的时候，我想，她的丈夫或者伴侣有义务来帮它一把。因为我经常见到它们待在同一个洞穴里。加上丈夫的帮助之后，工作效率就大大提升了，两个人干活自然要比一个人快，无论是收集食物，还是掘土造房。等到屋子建造好了，食物也储备足了，它的丈夫就会离开这里，回到地面上去，另找地方安身。因为随着这些工作的结束，它对家庭的义务、职责也结束了，和这个家从此再也没有关系。

西班牙蜣螂造的这间房子里面是什么样的呢？我起初猜测是一大堆小土块互相堆叠在一起，但是，事实上不是这个样子，在里面我只看见了单独的一个土块，此外，还有一条小路，食物储藏室中塞满了食物。

它们制造出的圆团大小、形状不一，有的像吐绶鸡的蛋那样大，还有的像洋葱头那样大；有的形状近乎于圆形的，总能让我想到那种荷兰圆形奶酪。还有的是在顶端微微凸起的圆形。不过，无论是哪一种，它们的共性是表面光滑、曲线精致。

这种圆团是雌性西班牙蜣螂不辞辛劳地把许多材料收集在一起后搓成的。具体的制作方法是，先把材料捣碎成许多小块，然后再将它们揉合到一起，同时将它们使劲地踩踏。这样做成的球非常大，直径约有四寸，与之相比，圣甲虫做的那个简直就是一个小小的弹丸。有时它还会站到球顶上去，非常神气。为了使这个球变得坚固、平坦，犀头会在球的凸面上敲打它、拍它、揉它、咬它。这种新奇的景观我只见过一次，也是仅有的一次，非常难得！它发现了在一边监视的我之后，立刻就逃窜的不见影了，不知道藏到哪里去了。

我用墨纸盖住了玻璃瓶，并通过它发现了许多有趣的事情。第一件有意思的事情，就是这个大球是如何装饰的，无论你从哪个角度看，这个大球都是整整齐齐的，很明显，用搓滚的方法是不可能达到这种效果的。

这个球的体积太大了，而此时的洞里已经差不多被塞满了，这样的话，这个球无论如何是不可能滚进洞里去了，而且西班牙蜣螂的力量也不可能移动体积这么大的东西。

几乎我每次到瓶边观察的时候，都会发现同样的情形，那就是母虫爬到球顶上去，东瞅瞅，西看看，摸摸这里一下，敲敲那里一下，有时候还会轻轻地拍，总之使这个球的表面尽量光滑，从没见过它试图移动这个球。

事实证实，它制作这个球不采用搓滚的方法。最开始的工作和面包工人有些相似，面包工人往往会将一个大面团分成许多个小面团，每个面团将来都会成为一个面包。西班牙蜣螂也是这么做。它的头部边缘很锋利，前爪也很尖锐，这让它很容易地就能从大块材料上割下小块来。它在做这项工作的时候非常麻利，从不拖泥带水，只要一次切割，就能得到适当的一块。

接下来，就是要让这些小块有球的形状。它用双臂抱住这些小块，然后用自己的身体将其压成圆形。它们的体型让人觉得很不适合干这项工作，它却显得很庄严、很正重。这块还没成形的食物被犀头反复的爬上爬下，有时还从前后左右不同的方向爬，不停地爬、耐心地爬，二十四小时之后，这个原本不规则的东西终于变成圆球状了，角棱都被压没了，大小像成熟的梅子一般。

这时的技术操作室显得如此狭小，甚至没有多余的空间可以让蜣螂转一下身。然而这位又矮又胖的艺术家在如此狭小的空间，用如此笨拙的工具，居然有条不紊地把工作干完了。让人觉得不可思议。

昆虫记

它会用足够长的时间摩擦圆球的表面，直到满意为止。然后，它爬到圆球顶端，在上面压出一个浅浅的穴，并在这个穴内产下一个卵。

它把这个浅穴的四周往中间合拢，将中间的那个卵遮盖住。然后继续从四周往中间挤，使得圆球顶端略微突出，这样，这个球就变成了椭圆形的了。

到此为止，把一个小块加工成圆形的工作就算是结束了。接下来，它又开始加工第二个小块，工作方法同前面的完全相同。此后还有第三个、第四个，等等。你或许还记得，神圣甲虫制作梨形的巢用的方法和这里差不多，但是它只做一个。

三四个蛋形的球被隐藏在洞穴中，它们一个紧靠着一个，排列很有规则，细小的一端全都朝着上面。

经过了长时间的辛苦工作，人们以为它会像神圣甲虫一样出去寻找食物，但是它并没有那么做。它自打进入地下之后就没有吃一点儿食物，现在工作忙完了它还不肯去寻找食物，而是一动不动地守在一旁，它对儿女的关心、爱护、付出，像世上所有的母亲一样，是那样的无私。

它宁愿自己挨饿，也不肯去碰一下那些为儿女准备的食物；它宁愿自己受苦，也不愿意让自己的孩子将来受一点儿委屈。这种奉献精神是多么了不起啊！伟大母爱在昆虫的世界里得到了充分的体现。

它为什么不出去呢？当然是为了好好看守着这几个球，这是未来子女的摇篮、是家族的希望。这是它们的房子，是它们在世界上唯一栖身的地方，是未来子孙成长最基本的条件。所以，它要认真地看护。

还记得圣甲虫的梨吗？它们就是因为母亲离开，无人照料，不久之后就裂开了。又过了一个相当长的时期，就彻底不成形了，一个家被就这样被毁掉了。

但是西班牙蜣螂的圆球能完好、长时间地保存，这完全归功于伟大的母爱。正是因为有母亲的关心爱护，母亲的责任感，这些蛋才得以完好地保存下来。这些母亲从这个蛋上跑到那个蛋上去，再从那个蛋上跑到另一个蛋上，还关切地这里听听，那里看看，唯恐有什么闪失。这种无微不至的爱，就像人类母亲对待怀中的婴儿一般。

它整日到处修补，生怕蛋出了什么问题，影响到它的小宝宝。我们肉眼看不到蛋上有什么问题，它却能看到，它在黑暗中就能发现蛋上哪里又有了细微的裂缝，然后赶紧迈着笨拙的步伐去修补，唯恐进去了空气使自己的卵干掉。

就这样，它忙碌地在狭窄的过道里进进出出，细心呵护着自己的卵。如果这个时候去骚扰它，打破它这种平静生活，它会显得很懊恼，用体尖抵住翼尖壳的边缘，发出沙沙的声音，可能是在强烈地抗议。

它也有打盹儿的时候，也需要休息。如果实在是太困了，它就会在旁边小睡一会儿，时间很短，打个盹儿就爬起来，绝不可能高枕无忧地大睡一觉。这位母亲就是这样尽职，它竭尽全力地看守着自己的卵，为儿女为子孙把心操碎。

能够把照顾家庭当做自己的快乐，这种昆虫几乎没有，西班牙蜣螂便是其中一个。这是多么自豪的一件事情。

关于这位母亲为什么总是待在巢内，我们上面的回答是照顾自己的卵。或许还有一个原因，那就是它被我关在玻璃瓶子里，即使出了巢也获得不了自由，所以它一直守在巢中。不过，它对自己整日单调的工作就从来不感到厌烦吗？这个工作可能它早已经习惯，已经成为了它生活的一部分，所以从来没见过它焦急。

如果它是想获得自由，对我把它装入玻璃瓶感到不满的话，它的表现应该是爬上爬下、坐立不安、摇头跺脚，一刻也不肯静下来，总之要闹个天翻地覆，鱼死网破。但是，它没有这样做。只是静静地、安心地坐在它的圆球旁。

为了得到第一手资料，为了亲自用眼睛看到事实的真相，我随时关注着玻璃瓶内的变化。

如果它想休息，它可以大睡一觉，可以钻进沙土中把自己隐藏起来；如果它想进食，它可以出来获取新鲜的食物。但是它没有，它既不需要休息，更不需要饮食，也不需要阳光，简直不知道有什么好的理由能够说服它离开自己的巢半步。它就待在那儿，哪儿也不去，直到等到最后一个幼虫从破裂的球中爬出来。我常常见它默默地坐在那儿，它身上的那种沉重而又默默的责任感让我觉得感动。

这种任何食物都不吃的日子大约要持续四个月的时间，这需要有相当强的自制力。母鸡在孵小鸡的时候也是如此，它必须忍受数星期不进食才能从蛋中孵出小鸡。相对而言，西班牙蜈螂却要在一年中1/3的时间内忍受饥饿。

炎热的夏天结束了，无论是人还是牲畜，都盼望着天上能够下几场雨。没想到果真下了，地上到处都是很深的积水。

在经过酷热、干燥的夏季之后，空气变得凉爽起来。这是一年中最后的几个好天气了，很多鲜花抓住这个时节尽情地开放着。就在这时，四个月不进食的西班牙蜈螂复活了，它走出巢穴，带领子孙冲到地面上来。这个家庭的成员数量一般是3～5个。

它们的雌雄很容易辨别，因为雄性生有比较长的角；而雌性没有。不过，刚出生的雌性西班牙蜈螂与它们的母亲则比较难区分，很容易混淆。

不久之后你就会发现一件有意思的事，那就是为了自己儿女甘心牺牲一切的雌性西班牙蜈螂突然变了，变得对儿女和家族的事情不再那么上心。此后，它们都有自己的家庭和利益需要照顾，彼此之间便不再互相照应了。

虽然关系变得冷漠了，但是我们不能忘记那四个月中甲虫母亲对这个家庭的贡献。是它没白天没黑夜地照看着这些卵，赶走了蜜蜂、黄蜂和蚂蚁的骚扰和侵犯。在养育儿女，照顾家庭这方面，再也没有比它们更尽职尽责的了。

它辛辛苦苦地为每一个孩子准备食物；不分昼夜地照看圆球，随时修补裂缝；执著地等待孩子出世，忍受四个月的饥饿和欲望；在黑暗中守护着骨肉，孩子出来以前绝不离开巢半步。这是一种什么样的精神！一切母性的本能都在它身上完美地体现，它不仅是田野中愚蠢的清道夫，还是一位让人肃然起敬的母亲。

第十二章　蝉

对于蝉的歌声，我们大多数人都不大熟悉，因为它生活在那种有许多洋橄榄树的地方。但凡读过拉丹寓言的人，基本上都记得蚂蚁对蝉的嘲笑。尽管第一个讲述这个故事的人并不是拉丹。

故事中讲：蝉在夏天里无所事事，整日高歌，而蚂蚁则忙着储藏食物。到了冬天，蝉因为没有储存下粮食，整日饥肠辘辘。它到蚂蚁家去借粮食，结果遭到了一番羞辱。

蚂蚁骄傲地问蝉："你为什么不在夏天收集一点食物呢？"结果蝉回答说："夏天我太忙了，要整日歌唱。"

"唱歌是吧？"蚂蚁不客气地说："那好啊，你现在可以跳舞了。"说完之后就转身离开了。

拉丹在这个寓意故事中想讽刺的不一定是蝉，可能是蟊斯，英国就常把蟊斯翻译为蝉。

冬天怎么会有蝉存在呢？这种常识，就连我们村的老农夫都知道。在这里，几乎每个耕地的人都能识别蝉的幼虫。天气转冷的时候，人们把洋橄榄树根部的泥土铲起，便可以轻而易举地找到它们。我至少十次目睹它们蜕变成蝉的过程，它们从土穴中爬出，然后紧紧地抓住树枝，等背上裂开，把外面的一层皮蜕掉，就变成了一只蝉。

蝉虽然需要邻居们的照应，但他并不是什么乞丐，这个寓言纯粹是造谣。每当到了夏天，蝉便来我家门外唱歌。它一直躲在那两棵高大的法国梧桐的绿荫中，从日出到日落，它那粗糙的歌声让我头昏脑胀。在这种振

昆虫记

聋发聩的合奏和无休止的鼓噪面前，人不可能产生任何思想。

有的时候，蝉也确实会和蚂蚁打交道，不过，情况与前面寓言中说的恰好相反。蝉从不靠别人生活，更不用说去蚂蚁面前求食了。相反，蚂蚁在饥肠辘辘的时候会到蝉的门口去乞食。它弄出一副可怜的样子去恳求这位歌唱家，不对，不是可怜的恳求，是厚着脸皮去抢劫。

七月里，昆虫们在到处寻找能解渴的饮料，那些枯萎的花让它们感到失望。而此时，蝉却依然在枝头不停地歌唱，丝毫没有体会到半点口渴。它的嘴像锥子一样尖锐，是一个精巧的吸管，平时收藏在胸部，口渴的时候，便把嘴钻进柔滑的树皮，里面是饮之不竭的汁液，可以让它喝个痛快。

这样，我们就能找到它遭受到意外烦扰的原因了。附近有很多口渴的昆虫，它们发现蝉的嘴下是一口能流出浆汁的井，于是它们便跑去舔食。这些昆虫有黄蜂、苍蝇、蛆蜕、玫瑰虫等，而蚂蚁是其中最多的。

蚂蚁身材很小，它们总是偷偷地从蝉的身子底下爬过，到达井边。此时，蝉都是很大方地抬起身子，放他通行。有的大昆虫很无耻，它们到井边喝到一口后便赶紧跑开，等到它们再回来的时候，便想把蝉赶走，霸占这口井。这些昆虫中最坏的就是蚂蚁。

有一次，我看见几只蚂蚁紧紧地咬住蝉的腿尖，还有的爬上它的后背，拖住它的翅膀。甚至有一次我亲眼见到一个暴徒抓住蝉的吸管，想尽力把它从井中拔掉。面对越来越多的麻烦，歌唱家的脾气再好也无可奈何，只得无奈地离开。于是蚂蚁占据了这口井，虽然他们达到了目的，但是这口井很快就会干涸掉。吃完了里面的浆汁后，蚂蚁为了再图一次痛快，还会再找机会去抢劫别的井。

看到了吧，事实的真相正好与寓言相反，当乞丐的是蚂蚁，而辛勤劳作的却是蝉！

我居住的环境很适合研究蝉，我们就像一家人一样住在一起。早在七月初，我屋子门前的那棵树就被它占领了。在屋子里，我是主人，可是到了外面，最高统治者却是它。而且，它的统治总是让人觉得不舒服。

蝉最早会在夏至的时候出现。那时在许多道路两旁的地面上，会有一些圆孔，这些圆孔与地面持平，大小同人们手指的粗细差不多。蝉的幼虫就藏在这些圆孔中，它们从地下爬出，然后在地面上变成蝉。这些幼虫有一种有力的工具，可以帮它穿越泥土和沙石，到达干燥而阳光充沛的地方。

我掘开了它们的洞穴，决定仔细观察一番。在这个一寸口径的圆孔中，四周没有一点尘埃，洞外面也没有泥土堆积，这让人们觉得奇怪。像其他的大多数掘地昆虫，例如金蜣，总有一堆土在它的窝巢外面。蝉则不一样，这是因为它们的工作总方法不同。金蜣是从洞口开始工作，由上往下挖，所以只能把掘出来的泥土堆在洞口；而蝉的幼虫是从地底下钻上来的，由下往上挖，它工作的最后一步才是钻出地表，在此之前是没有洞口的，所以它的门外是不会堆积泥土的。

蝉的隧道一般有15～16寸深，通行顺畅。下面的部分会比较宽，这个隧道的底端是封闭的。那么，修筑隧道的时候产生的泥土都去哪儿了呢？墙壁为什么不会垮塌？人们都以为蝉在隧道中爬上爬下靠的是有爪的腿，但是，如果是这样的话，墙壁不早就被弄塌了吗？这些问题的答案到底是什么呢？

其实很简单，矿工会选择支柱支撑隧道，铁路工程师会用墙砖使地道加固。蝉的聪明丝毫不比他们差，它选择的加固隧道的办法是往墙上抹水泥。蝉的体内有一种黏液，可以用来做灰泥，因为地穴常常建在植物根须上，很容易就能从这些根须上取得汁液，这些灰泥和汁液被搅拌成水泥，摸到墙上。

对于蝉来说，穴道的畅通无阻是一件很重要事情，因为它需要经常爬到上面去观察气候。做成一道坚固的、适宜爬上爬下的墙壁往往要耗费它好几个星期甚至一个月的时间。它在隧道的顶端留下了一指厚的一层土，这层土的作用是抵御外面气候的变化，直到它出去为止。如果外面天气好的话，它就会爬上来，透过上面的那层土，感受着外面的气候变化。幼虫蜕皮变成蝉的时候很脆弱，需要小心谨慎。因此，当它预知外面有狂风暴雨的时候，便会溜到隧道底下。但是如果觉得外面的天气很暖和，它便会把天花板打破，爬到地面上来。

它臃肿的身体里面有一种液汁，这种液汁可以帮它解决掉尘土的问题。它一边掘土，一边将液汁洒在上面，和成泥浆。这样，洞内的墙壁也

昆虫记

就更柔软、舒适了。还会把这些泥浆压进干土的裂缝中，主要是用自己那肥胖的身体。当我们在洞口发现它的时候，还会发现它身上有许多湿点，就是用身体往裂缝中压泥留下的。

蝉的幼虫第一次来到地表世界的时候，它要为自己找一个合适的地方蜕掉身上的那层皮。它在洞口附近徘徊着，这种地方可能会是一棵小矮树、一丛百里香，也可能是一片野草叶、一枝灌木枝。

确定地点后，它就爬上去，一动不动，开始蜕皮。它用前足紧紧地抓住脚下，外层的皮开始裂开。一般都是背部首先裂开，透过裂开的皮我们可以看到里面的蝉，嫩嫩的，呈淡绿色。头、吸管、前腿按顺序依次出来，后腿和翅膀最后出来。这个时候，身体已经完全蜕变出来了，只剩下身体的最后尖端那部分还没有完成。

这个时候，它会做出一个奇怪的动作，就像是体操一样。它把身体腾空，只留下一点固定在旧皮上，然后翻转身体，使头朝下，再慢慢地打开双翼，布满花纹的双翼被竭力张开。接下来，它用前爪钩住自己的空皮，竭尽全力将身体翻上来，将身体的尖端从壳中脱出，彻底地摆脱了束缚。整个过程大约需要半个小时。

刚刚蜕变的蝉在短时间内不会十分强壮。此时，它的身体很柔软，还没有足够的力气和漂亮的颜色。对于此时的它来说，沐浴阳光和空气是最重要的。它把赢弱的身体摇摆于微风中，只用前爪钩住自己脱下的壳。这种状态会一直持续，直到自己变得像平日里我们见到的的蝉一样，身上出现棕色。假如它是在上午九点钟到达树枝，那么在十二点左右它就应该会飞了。它弃下的壳会保留在树枝上，有时候能存放一两个月。

蝉非常喜欢唱歌，有一种像钹一样的乐器在它翼后的空腔里。这不能让它满足，为了增加声音的强度，它还把一种响板安置在胸部。蝉为自己的嗜好付出了很大的代价，这种响板体积很大，为了在胸部安置它，蝉不得不将自己的生命器官压到身体一个小小的角落里。为了安置乐器不得不缩小体内的器官，听上去不可思议，可谁让它那么热心委身于音乐呢。

不幸的是，这些它如此喜欢的音乐，却完全不能引起别人的兴趣。因此，我至今还没发现它唱歌的目的是什么。通常都是以为它是在招呼同伴，显然，这种想法是错误的。

到现在，我与蝉做邻居已有十五年的时间了，每个夏天都会差不多有两个月的时间。这段时间里，它们总在我的视线中，歌声更是不绝于耳。我通常都是在筱悬木的柔枝上看见它们，它们排成一列，比肩而坐。不时会把吸管插到树皮里，悄无声息地完成一顿狂饮。它们在夕阳西下的时候离开，沿着树枝，脚步沉稳，飞向温暖的地方。它们的歌声从来不会停止，饮水和行动时也不例外。

这样看来，它们并不是叫喊同伴。你试想一下，假如你的同伴就在你面前，你会去用整月的时间叫喊他们吗？应该不会。

我觉得，即便是蝉自己，也未必能听到自己唱的是什么。可能它只是想用这种方式强迫别人听而已。

蝉的视觉非常清晰，它有五只眼睛，任何左右以及上方发生的事情都逃不过它的眼睛。当看到有谁向它跑来，它便立刻停止歌唱，安静离开。但是它不会被高声喧哗惊扰，无论是你在它的背后讲话、吹哨子，还是拍手、撞石子，要是一只鸟的话，早已惊慌而逃了，而蝉会继续发声，依然镇静，就像跟它没关系一样。

有一次，我借来两支土铳，这是乡下人办喜事时用的。土铳里面装满了火药，即使是最隆重的喜事，都不可能放这么多。我将土铳放在门外的筱悬木树下，并把窗户小心翼翼地打开，以防震破玻璃。树枝上的蝉看不到我们在下面干什么。

我们当时有六个人，都在下面热心地关注着头顶上的乐队，看看它们会不会受到影响。"嘭！"枪放出去，像是晴天霹雳一样。再看树上的蝉，仍然继续歌唱，没有受到半点影响。它不但神情没有表现出一丝的惊恐和慌乱，就连音质和音量都没有一点儿变化。接着又放了第二枪，情况同第一枪一样。

这次试验可以让我们确信，蝉没有听觉，就像一个聋子。因此，它丝毫感觉不到自己所发出的声音！

普通的蝉喜欢在干的细枝上产卵，这些枝的粗细大都介于枯草与铅笔之间。这些小枝干，大都是差不多已经枯死那种，一般是向上翘起，垂下的很少。

蝉找到觉得合适的细树枝之后，便在上面刺上一排小孔，工具是胸部

昆虫记

尖利的部位。这些孔中的纤维被撕裂、微微挑起，看上去像是用针刺的。排除外界的打扰，它通常能在一根枯枝上刺上30～40个孔。

它就在这些小孔里产卵，这些小孔像一条狭窄的小路，一条条斜穿进树枝的小路。通常情况下，每个小孔内约有10个卵。这样算来，这根树枝上的卵有约有300～400个。

这看上去是一个很温暖的大家庭。之所以要产这么多卵，是为了防御特殊的危险，要预备这些卵中将会被毁坏掉一部分。那么，这种危险是什么呢？我经过多次的观察才知道。

这种危险指的是一种极小的蚋，它们个头很小，蝉在它面前简直是庞然大物。和蝉一样，蚋也有穿刺工具，只是位置不同而已，位于蚋身体下面靠近中部的地方，如果伸出来，会与身体成直角。蚋会在蝉卵刚产出的第一时间立刻将其毁坏。对于蝉来说，这真是家族中的灾难！蝉只须动一动脚，就可将它们轧扁，然而蚋却毫无顾忌，异常镇静，在蝉这个大怪物前面不改色，令人十分惊讶。有一次，我看到了一个倒霉的蝉，三个依次排列的蚋在一旁等待掠夺它。

蝉在一个小孔中产完卵之后，就会移到稍高处，去做其他的孔。蝉前脚刚开，蚋就会后脚跟过来，尽管还处于蝉的爪子的活动范围内，蚋却一点都不顾及，格外镇静，就像在自己家里一样。它们在蝉卵上刺一个孔，在孔内产下自己的卵。等到蝉产完卵，飞走的时候，别人的卵已经加进了它的孔穴内，蝉的卵会被这些冒牌货毁掉。每个小穴内都有一个破坏者，这种卵成熟得很快，它们会以蝉卵为食，代替掉蝉的家族。

这种悲剧不知道已经发生了多少个世纪，然而，可怜的蝉母亲仍一无所知。它的眼睛大而锐利，完全能看见这些恶人。它能察觉到后面跟着居心叵测的昆虫，本可以轻而易举地将其消灭，但是它没有，它宁肯牺牲掉自己的卵。它改变不了自己的本能，也就不能让家族免遭破坏。

我在放大镜里见过蝉卵的孵化过程。开始的时候，就像很小的鱼，有大而黑的眼睛，一种鳍状物长在它的身体下面。这种鳍状物有些运动力，是由两个前腿连在一起组成的，既可以帮助幼虫冲出壳外，还可以帮它走出有纤维的树枝。

鱼形幼虫一到穴外，会立刻把皮脱去。这些脱下的皮会形成一种线状物，幼虫们正是靠着这些线状物附着在树枝上。它们在树枝上沐浴阳光，活动手脚，有时还会懒洋洋地在绳端摇摆，这种好日子一直持续到它落地之前。

触须变得自由了，左右晃动；腿也可以来回伸缩了，爪子不停地一张一合。哪怕风再小，它都会在风中翻跟头，摇摆不定。这是我欣赏过的最精彩的杂技了。

用不了多久，它就要从树上落到地上。这个小动物的个头跟跳蚤一般，为了以防在硬地面上摔伤，它不断地在绳索上摇荡，它的身体也渐渐变硬。现在是时候投入到残酷的实际生活中去了。

此时，它面临着许多危险。比如说，被风吹到硬硬的岩石上，吹到有污水的车辙中，或是黄沙和黏土上，那样的话它都将无法钻入地下。

现在这个弱小的动物急需藏身，所以它必须马上钻到地底下，在那里寻觅一个藏身之地。天气越来越冷，它不得不四处寻找适合自己的软土，剩下的时间已经不多了，它们中有许多在还没有找到合适的地方之前就死去了。

最终，它寻找到了适当的地点。并立刻投入到工作中，用前足的钩耙挖掘地面。我从放大镜中看到，它挥动斧头，用力掘土，并将土抛到地面上。只需要几分钟，土穴就能建好，这个小生物钻进土穴，把自己藏了起来，谁也找不到它。

有些秘密至今还没有人破解，比如说未长成的蝉在地下如何生活。我们知道的，仅仅是它在爬到地面上来以前，要在地下生活很长时间，大概会在地下生活四年。然后，阳光中的歌声持续不到五个星期。

这就是蝉的生活，在地下忍受四年的黑暗，然后在地面上痛快地享受一个月。我们不应该指责它歌声中充满了烦躁和浮夸。因为它忍受了四年的地下掘土的生活，现在它有机会可以穿漂亮的衣服，有机会与飞鸟匹敌，有机会沐浴温暖的日光。它想歌颂它的快乐、歌颂它的生活，那种钹的声音再合适不过，这段地表生活如此难得，而又如此短暂。

第十三章　螳螂

在南方有一种与蝉一样的昆虫，虽然它不怎么出名，但是很能引起人的兴趣。它不能像蝉一样唱歌，因为它没有钹。如果有的话，它的声誉肯定比那些有名的音乐家要大得多，因为它的形状与习惯都十分奇特，适合成为一名出色的乐手。

在古希腊时期，这种昆虫被叫做螳螂，或先知者。它常常在太阳的焦灼中半身直起，立在青草上；薄翼宽阔而又轻柔，如轻纱、面膜一般，轻轻地拖曳着；前腿形同臂膀，伸向半空。它的态度很庄严，让人看上去就像是在祈祷，所以，后来就有人称呼它为祈祷的螳螂了。

这是一个天大的错误，那种真诚的态度是假装出来骗人的，高举着的双臂看似在祈祷，其实那是最血腥的利刃，只要有别的动物经过它身边，它便立刻用它的凶器加以捕杀，丑恶的本性暴露无遗。它专门以活着的昆虫为食，如饥饿的老虎般凶猛、如妖魔般残忍。看来，它那温柔的样子不过是一副假象，假象下面藏着一股杀气。

单从外表上来看的话，螳螂不但不令人生畏，反而看上去很美丽。它的姿态纤细而优雅，体色是淡绿的，长翼轻薄如纱，灵活的颈部使得它的头可以朝任何方向转动。它是唯一可以向各个方向凝视的昆虫，真正能做到眼观六路。再加上它的面孔，这一切便构成了螳螂的温柔。

螳螂娴美而优雅的身材是天生就有的。除此之外，它还有一样东西是特有的，那便是生长在它的前足上的那对武器。它们不但极具杀伤力，并且极富进攻性，可以用来冲杀，也可以用来防御。它的身材温柔、美丽，这与它的这对武器冷酷、暴力形成鲜明的对比。这种反差让人不得不相信，这种小动物身上并存着温存与残忍。

如果你见过螳螂，你就会很清楚地发现，它的腰部非常纤细、非常长。除了细长以外，它的腰还特别有力。它的大腿也很长，甚至比腰还要长。而且，它的大腿下面还生长着两排锯齿一样的东西，十分的锋利。一些大齿生长在这两排锯齿的后面，这些大齿一共有三个。看上去，螳螂的大腿简直就是两排刀口的锯齿。为了不伤到自己，当螳螂想要把腿折叠起来的时候，都是把两条腿分别收放在这两排锯齿的中间，这样很安全。

螳螂的小腿也很有趣，如果说螳螂的大腿是生长着两排刀口的锯齿，那么它的小腿就是两排锯子。生长在小腿上的锯齿比大腿上还多，而且还有不同之处，那就是小腿上的锯齿末端还有很硬的钩子，尖而锋利，像金针一样。除此之外，锯齿上还有一把刀子，双面开刃，像修剪花枝用的剪刀一样，呈曲线状。

这些小硬钩曾经给过我许多不愉快的记忆。每当想起来，都会感觉心有余悸。这样的经历我有过许多次，那就是在我到野外去捕捉螳螂，这个小动物会拼命地保护自己，还会对我发起强有力的还击，这让我总也捉不住它，反过来还被它那厉害的"暗器"抓住手。它一旦抓住你，就轻易不肯松开，让你无法摆脱掉它，没有办法，只得请求别人来相助。我想，在我们这种地方，这种小小的螳螂应该是最难捕捉的昆虫，再也没有什么其他的昆虫可以相比。因为螳螂身上有许多武器、暗器，所以，当它身处险境的时候，它有多种保护自己方法可以选择来用。比如，它可以用如针的硬钩去钩你的手指；它可以用锯齿般的尖刺去扎、刺你的手；它还可以用一对十分锋利、健壮无比的大钳子去夹你的手，被它夹住手的滋味可不太好受。可以看出，它有这么多有杀伤力的武器，让你拿它没辙。因此，要想活捉这个小动物，你得动一番脑筋。否则的话，很难将它捉住。尽管它的个头比人类不知道要小多少倍，但却能威胁住人类。

它在休息、不活动的时候，显得格外平和。它将身体蜷缩在胸坎处，安静地一动不动，看上去没有半点攻击性，温和的让你以为它真是一只热爱祈祷的小昆虫。与平时那个异常勇猛的捕食机器相比，大相径庭。但是，这些只是暂时的，不然的话，它身上的那些进攻、防卫的武器也就派

昆虫记

不上什么用场了。无论是什么昆虫，也无论是无意路过还是侵袭，只要你走近螳螂的话，它会立刻收起那副祈祷的面孔。就在刚刚还是蜷缩着休息，立马就展开三节的身躯，那些可怜的路过者，有的还没来得及反应，就被螳螂的利钩俘虏了。螳螂把它用两排锯齿重重压住，使他移动不得。然后，用钳子将对方用力夹紧，结束战斗。蝗虫、蚱蜢、甚至是更加强壮的昆虫，只要被螳螂俘虏，就无法逃脱这四排锋利的锯齿的宰割，只好束手就擒。这时，螳螂显出了它捕食机器凶残的一面。

如果你想详尽地研究、观察螳螂的习性，在原野里是几乎不可能的。你必须把它拿到室内来。想让螳螂在室内快乐的生活很简单，只需把它放在一个用铜丝盖住的盆里面，盆里再加上一些沙子。剩下的工作，就是给它提供充足、新鲜的食物。这些必须的食品，会让它生活得很满意。如果我想做一些试验来测量一下螳螂的筋力有多大，那么它的食谱中不仅要求有活的蝗虫和蚱蜢，还需要有一些最大个儿的蜘蛛，好让螳螂的身体更加强壮。下面就是我给螳螂喂食后观察到的情景。

有只灰色的蝗虫不知危险、无所畏惧，朝着螳螂迎面跳了过去。那只螳螂显得十分生气，摆出了一副让人诧异的姿势，而那个小蝗虫此时也被吓傻了，充满了恐惧。这到底是个什么样的姿势呢？我敢说，你们从来没见过。螳螂极度地张开它的翅膀，把翅像船帆一样地竖了起来。之后，它又将身体的上端弯曲起来，像一根弯曲着手柄的拐杖一样，还不时地上下起落着。除了动作奇特以外，它还会发出一种奇特的声音。听上去特别像毒蛇喷吐气息时发出的那种声响。螳螂摆出的这副姿态表明，它时刻迎接挑战。竖起身体的前半部分，张开那对东挡西杀的前臂，这样一种姿势，除了准备迎战以外，没有更好的解释。

螳螂在摆出这种令人诧异的姿势之后，一动不动，眼睛死死盯住敌人，也可以说是俘虏，随时准备开战，投入激烈的战斗。螳螂的目光始终不离开蝗虫，哪怕蝗虫只是轻轻地、稍微移动一点位置，螳螂都会立刻转动一下它的头。螳螂的这种盯人战术目的很明显，就是让对方对它感到惧怕，并让这种恐惧深入到敌人的心灵深处，让这个不久以后就将成为俘虏的敌人不堪重负。螳螂希望能在战斗打响之前建立心理优势，使敌人陷于不利地位，以便使其不战自败。它现在的虚张声势、假装凶猛，还有奇怪的架势，其实都是在用心理战术震慑敌人，真不愧是个心理专家。

结果，螳螂精心安排的这个心理战术非常成功。那个刚开始还天不怕、地不怕的小蝗虫被吓傻了眼，真的把螳螂当成了凶猛的怪物。对面螳螂奇怪的样子让它不敢松懈，紧紧地注视着对方，一动也不动，在没有弄清敌人的实力之前，它是不敢主动发起进攻的。于是，这种一向善于蹦蹦跳跳的昆虫，现在竟然不知所措，甚至忘了逃跑。"三十六计，走为上策"，但是此时的蝗虫早已慌了神儿，完全忘记了这一招。只见它唯唯诺诺、老老实实地伏在原地，不敢发出半点声响，生怕稍不注意，便会一命呜呼，样子非常可怜。可能恐惧得失去了理智，它甚至向螳螂的方向移去，靠近了自己的敌人。它竟然恐慌到这种地步，自己主动去送死。这让我们更加佩服螳螂的心理战术。

面对着送上门来的大餐，螳螂毫不客气。就在蝗虫移动到螳螂的活动范围之后，螳螂立刻发动袭击，毫不留情地用它的大钳子使劲地击打着可怜的蝗虫，同时用小腿将它压紧。这样，无论蝗虫怎样负隅顽抗，都是无用之功。接下来，就是进餐时间了，胜利者开始咀嚼战利品。对于这样的结局，螳螂想必是满意的。它有一个信条永不改变，那就是像秋风扫落叶一样地对待敌人。

蜘蛛在捕捉食物、攻击对手的时候，它常用的招数是：先发制人，先下手为强。它一上来就猛烈地刺击敌人的颈部，使它中毒。对手中了它的毒之后，自然也就浑身无力，不能继续抵抗了。螳螂与蜘蛛有一个共同特点，那就是在攻击蝗虫的时候，首先打击的也是对方的颈部。这种重重的击打，再加上蝗虫自己的诚惶诚恐，让蝗虫逐渐丧失运转能力，动作变得迟缓。由此可见，击打对手颈部这招既有效又实用。这一招螳螂屡试不爽，几乎每一次都能帮助它取得战斗胜利。就连对付比自己个头还要大的对手的时候，这种方法也是十分有效的。那些大小相仿的动物，就更不用说了。不过，有一点让人感到奇怪，那就是螳螂这种昆虫个头并不大，却十分贪吃，能一次吃下非常多的食物。

那些爱掘地的黄蜂是螳螂最喜欢的美餐之一，它们也因此常常受到螳螂的青睐，它会经常在黄蜂的地穴附近出没。所以，如果你在黄蜂的窠巢附近看到有螳螂的身影，不要感到奇怪，这是一件很正常的事情。每次

昆虫记

螳螂都是在蜂窠的周围埋伏，等待着时机的到来，有时候还能收获双重大礼。什么是双重大礼呢？有的时候，黄蜂会携带着俘虏回来。这样一来，螳螂收获的就不仅仅是黄蜂本身了，而是双份的俘虏，这就是所谓的双重大礼。不过，并不是每一次都会这么走运。有的时候，等半天什么也等不到，只得无功而返。这里面最主要的原因是，黄蜂提高了戒备。但还是有一些马虎的黄蜂，虽已发觉但仍不当心，结果被螳螂看准时机，一举擒获。为什么黄蜂的命运如此悲惨呢？为什么总会遭到螳螂的毒手呢？原因很简单，黄蜂刚从外面回家，振翅飞来，这个时候埋伏在一边的螳螂突然跳出，这些毫无戒备的黄蜂被突如其来的敌人吓了一跳。就在它们心里稍微迟疑一下的时候，飞行速度会忽然减慢。螳螂抓住时机，以迅雷不及掩耳之势直扑过去。一瞬间之内，螳螂便用那个长有两排锯齿的大钳子秒杀对手。出其不备、以快制胜是螳螂赢得这场战斗的关键。而那个不幸者，成了螳螂的一顿美餐，被一口口地吃掉。

有一次，我见到了这样有趣的一幕：一只黄蜂抓获了一只蜜蜂，并把它带回到自己的巢穴中享用。正当它在享用这蜜蜂体内的蜜汁的时候，突然遭到了螳螂的袭击。这只螳螂十分凶悍，黄蜂无力还击，只得束手就擒。可是，就在被俘以后，这只黄蜂还没有停下进食，还在不停地吃蜜蜂嗉袋里储藏的蜜。此时，螳螂的那对大钳子已经有力地夹在了它的身上，可它依然沉浸在那香甜的蜜汁中，让人不可思议。看来"人为财死，鸟为食亡"这句话说的一点儿都没错！

通过上面的介绍，我想我们已经对螳螂有所了解了，它是一种凶狠、恶毒、魔鬼附体一般的昆虫。它看上去挺有气质，但这也是假象。它的菜谱里面不仅仅只有其他昆虫，你甚至想不到，它们连自己的同类也会吃掉。也就是说，螳螂会吃掉其他螳螂、会吃掉自己亲人。这太让人不可思议了。

让人难以接受的是，它们在咀嚼着自己的同类的时候，竟然面不改色、心不跳。那副样子，简直和它吃蝗虫、蚱蜢的时候没什么区别，仿佛没什么大不了的。此时，在一边围观的其他螳螂毫无反应，好像这种事情见多了，麻木了一样。不仅如此，这些观众还纷纷摩拳擦掌，等待着时机。一旦有机会，它们也会毫不手软地做出同样的事情，仿佛天经地义一般。螳螂的惊人之举还不止如此，雌性的螳螂会吃掉自己的丈夫，它先咬住丈夫的头颈，一口口地吃下去，直至剩下两片薄薄的羽翼为止，让人看了之后目瞪口呆。

螳螂的狠毒甚至是狼的十倍还要多，即便是狼，也没听说过它们吃自己的同类。螳螂这种动物，真是太可怕了！

我们已经知道螳螂是一种凶猛而又可怕的动物，它身上有非常多的武器，杀伤性极大；它的捕食方法是那么凶恶，甚至自己的丈夫都要拿来吃掉。但是，螳螂和其他动物是一样的，除了有缺点和不足之外，也有自己的优点。比如说，它在建造巢穴方面非常有造诣，可以将自己的巢穴建造得十分精美。

螳螂的窠巢很常见，只要阳光能照耀到的地方，都可能发现。例如石头堆里、草丛里、砖头底下、木块下、树枝上、一条破布下，也有可能是旧皮鞋上面，等等。总而言之，不管是任何东西，只要那个东西的表面凸凹不平，就可以被螳螂用来作为窠巢的地基，这样的地基非常坚固。

螳螂的巢长约有一两寸，宽不足一寸。表面的颜色是像小麦一样的那种金黄色。这种巢的原材料是一种泡沫很多的物质。但是，用不了多久，这种多沫的物质就会慢慢变硬，逐渐变成固体。如果你把这种物质放到火上去烧，会散发出一种刺鼻的怪味，就像燃烧丝质品一样。螳螂巢的形状不是千篇一律，而是各不相同。因为巢的形状是随着地形不同而定的，建巢地点不同，巢的形状也随之而变。不过，无论巢的形状怎么变，有一点是不变的，那就是它的表面总是凸起的。

螳螂的巢可以分成三个部分。其中有一部分的原材料是一种小片，这种小片排列成两行，前后相互覆盖着，同屋顶上的瓦片一样。小片的边沿有两行缺口，一左一右，被当做门路。等到小螳螂孵化出来时候，会从这个地方跑出来。除了这个地方以外，其他部分的墙壁都是不能穿过的。

在巢穴里面，螳螂的卵被它堆成好几层。不管是哪一层，卵的头都是向着门口的。上面我们已经介绍过那道门，它有两行，并分成左、右两边。等到幼虫从卵中孵化出来，会有一半从左边的门出来的，另一半则从右边的门出来。

还有一个问题值得关注，母螳螂在一边建造这个十分精致的巢穴的同时，一边产卵。同时，会有一种非常有黏性的物质从母螳螂的身体里排出。这种物质让人不由得想起毛虫排泻出来的丝液，两者有许多相似之处。这种物质从螳螂体内排泻出来以后，接触到空气，和空气混在一起让它变成了泡沫。母螳螂会用身体末端的小构，像我们用叉子在碗里打鸡蛋一样，打起泡沫来。这些泡沫呈灰白色，看上去像是肥皂沫。开始的时候，泡沫是有黏性的。用不了几分钟，它就变成了固体。

母螳螂就把卵产在这些泡沫的海洋中，以繁衍后代。每当它产下一层卵的同时，就往卵上覆盖上一层这样的泡沫。不一会儿，这层泡沫就凝固住了。

当新巢建好以后，螳螂会用一层材料将这个巢穴封了起来。这层材料看上去和其他的材料不一样，上面有很多孔；颜色呈粉白色，而巢内部其他部分都是灰白色。这层外壳很容易破碎，也很容易脱落，就像是面包师把蛋白、糖和面粉搅和在一起做成的饼干外衣一样。如果这层外壳脱落下来的话，螳螂巢的门口就会完全裸露。不久之后，门中间的两行板片也会被风雨侵蚀，剥成小片，并逐渐地脱落。这也就是为什么我们在旧巢上看不见它的原因。

从外表上看，巢内和巢外的这两种材料一点儿都不一样，但是实际上，它们的构成完全相同。只不过是同样一种东西的两种不同的形式罢了。螳螂用身上的构清理着泡沫的表面，把表面上的浮皮撇掉，使剩下的部分形成一条带子，然后覆盖到巢穴的背面上去。这条带子看上去，就像那种冰霜制成的。其实，这条带子仅仅是用那些黏性物质里面最薄、最轻的一部分制成的。它的泡沫比较细，再加上光的反射力比较强，这就是它看上去会比较白的主要原因。

这个操作方式非常奇异，螳螂还真有自己的一套。它能迅速、自然地做成一种角质的物质，然后，把第一批卵生产在这种物质上面。

螳螂这种动物既能干，又有建筑才能。让我们先看看螳螂产卵的同时还干些什么吧，它产卵的同时还要排泻泡沫，并制造出一种包被物，同时做出一种遮盖用的薄片，以及留出通行用的小道。最令人不可思议的是，在这一切工作进行过程中，螳螂一动也不动，只是在巢的根脚处稳稳地站着。

用不着移动身体，甚至连看都不用看一眼，它就在背后建起这座精致的建筑。在整个过程中，它的大腿没有发挥什么作用，尽管是那样的粗壮、有力，这里没有这个大机器的用武之地。是它身上的小机器完成了所有繁杂工作。

在这项工作完成以后，螳螂母亲就扔下了这一切，独自跑走了。我盼望着有朝一日，它能够回来看一下，回来关爱一下这个曾经的家。我一直怀着这种希望，但是，这个希望从来没有实现过。很显然，螳螂母亲对自己的巢和卵没有一点儿兴趣。它是真的走了，永不回头地走了。

这个事实让我得出一个结论：螳螂这种动物没心没肝，它的所作所为完全是一些残忍、恶毒的事情，并且恶毒到了极点。它除了把自己的丈夫当做美餐以外，还抛弃自己的子女，扔下它们不管。

螳螂卵通常都是在有太阳光的地方进行孵化，而且时间也很有规律，大约是在六月中旬，上午十点钟左右的时候。

我已经在前面介绍过，在螳螂的巢中，只有一小部分可以当做出路，供螳螂幼虫出入。这一部分指的就是窠巢里面那一带鳞片的地方。仔细地观察一下你就会发现，在每一个鳞片下面，都有一个稍微透明的小块儿。有两个大大的黑点藏在这个小块儿的后面。这两个黑点不是别的，是那个可爱螳螂幼虫的两只眼睛。在那个薄薄的片下面，幼小的螳螂幼虫静静地伏卧着。现在的它已经有将近一半的身体解放出来了，不过这得需要你仔细看才能发现。接下来，让我们看看这个小东西的身体是什么样的吧。它身体的颜色是黄色中带有红色，脑袋很大。从幼虫外面的皮肤来看，我们就能很容易地就能分辨出那对黑色的大眼睛。幼虫的小嘴紧紧地贴在胸部，腿紧紧地贴在腹部。如果不考虑它那些和腹部紧贴着的腿，单看其他部位，会让人不由得联想到蝉最初离开巢穴时的状态。那种状态和此时的螳螂幼虫像极了。

为了图方便，也是安全起见，在降临到这个世界的起初，幼小的螳螂会穿上一层结实的外套，这一点同蝉一样。如果幼虫打算在巢中将自己的小腿完全地伸展开来，那是不可能的。因为巢中的小道非常狭窄和弯曲，根本没有足够的空间让它能够完全伸展身体，更不用说高高翘起那尚缺乏杀伤力的长矛，竖立起那灵敏的触须了。如若不然的话，它会把自己的道

昆虫记

路完全封死，以至于无法前行，也就不可能从通道中爬行出去了。因此，在这个小动物刚刚降临到这个世界上的时候，它只能被团团包裹在一个襁褓之中，外形看上去像是一只小船。

自从小幼虫降生并出现在巢中的薄片下面以后，它的头便一直膨胀，用不了多久就会像一粒水泡那样。这个小生命很有力气，出生后不久它就开始靠自己的力量生存。它不停地扭动着身体，努力地把自己的躯体解放出来。每当它做一次动作，它的脑袋就会稍稍变大一些。这样一来，它胸部的外皮就被撑破了。接下来，它打算乘胜追击，便更加剧烈地摆动着，频率变得更快。它使出浑身解数，拼命地挣扎，一刻也不停地弯曲扭动着自己的躯干。看来，它是下定决心要摆脱掉这层束缚了。它急着想看一看外面那个缤纷多彩的世界。在它的努力之下，腿和触须首先得到了解放，并最终实现了自己的目标。

这些小螳螂有几百只之多，它们在本身就不太宽敞的巢穴之中团团地拥挤在一起，这种场景看上去非常壮观。螳螂的幼虫首先暴露出它的是它的那双小眼睛，它们终于冲破外衣的束缚，冲出了襁褓的紧裹。在变成螳螂之前，我们基本上见不到这些幼虫单独行动。相反，就像存在着一个指挥它们统一行动的信号一样。这个信号被非常快的传递出来，几乎在同一时间，所有的卵都孵化出来，一起冲破外衣的束缚，把身体从硬壳中抽出。可以想象，在那一刹那之间，如同开万人大会一样，无数个幼虫一下子集合到了螳螂巢穴的中部，这个不太大的地方被挤得满满的。它们显得很狂热，看上去很兴奋、很急切，可能是因为马上就要见到阳光了吧！之后，它们有的不小心跌落，有的使劲地爬行到巢穴附近的枝叶上面。几天之后，当你再去观察巢穴，又会发现一群幼虫。它们同前辈们做着相同的工作，直到最后走出巢穴。就这样，繁衍不停地继续下去。

不过，能够来到这个世界上并非就是幸运的。它们来到的这个世界充满了危险和恐怖，也许它们自己还没有意识到这一点。我曾经很多次见到螳螂卵的孵化过程，有时候是在门外边的围墙内，有时候是在树林中的那些幽静的地方。当看到一个个小幼虫破壳而出的时候，我多想好好地保护这些可爱的小生命，让它们能够平安、快乐地生活在这个这个世界上。但是，很不幸，我的想法太天真了。那种螳螂幼虫被杀戮的事情时常发生，光是我有印象的就见过二十次。这些小幼虫还不知道什么叫危险，在它们乳臭未干，还没来得及体验一下生活的时候，便惨遭杀戮。年幼生命结束的时候，甚至还没有体会过生活，真是可怜啊！虽然螳螂产下的卵数量众多，但是从另一个角度说，这些卵的数目又是那样的少。因为这些卵有一群强大的敌人，强大到无法抵抗。这些敌人早已在巢穴门口埋伏多时，一旦幼虫出现，便会毫不犹豫地加以杀戮。

对于螳螂幼虫而言，蚂蚁应该算是最具杀伤力的天敌。蚂蚁会不厌其烦地在螳螂巢边闲转，这种事情不用刻意去发现，几乎每一天都能见到。这些蚂蚁非常有耐心和信心，一旦时机成熟，它们便立即采取行动。如果让我碰上，我每次都会千方百计地帮着螳螂赶走蚂蚁。但是，毫无作用，我拿这些蚂蚁无可奈何。因为这些蚂蚁的时间观念很强，总是先人一步将有利的位置占据。尽管它们早早就等候在大门口，但是它们没法深入到巢穴的内部去。这是因为蚂蚁对螳螂巢穴四周的厚壁束手无策，这层硬硬的厚壁十分坚固，以蚂蚁的智慧，不可能想出冲破这一层壁垒的办法。于是，它们只得埋伏在巢穴的门口，静候着它们猎物。

这样看来，螳螂幼虫处于非常危险的境地。蚂蚁守候在巢边，不肯轻易放过一顿美食。只要螳螂幼虫走出自家大门，马上就会受到蚂蚁的攻击，葬送生命。蚂蚁会扯掉幼虫身上的外衣，毫不手软地将其切成碎片。你可以在这场战斗中看到，那些小动物和那些前来俘房食品的强盗们展开激烈的搏斗。双方的实力相差悬殊，螳螂幼虫只能用乱摆身体来进行自我保护，而蚂蚁们凶猛、残忍。尽管非常弱小，但这些小动物们还是在坚持挣扎，不放弃任何一丝求生的希望。但是，与那些凶恶、残忍的强盗来说，这种挣扎收效甚微。用不了多久，这场充满血腥的大屠杀便宣告结束。经过这场残杀，有幸逃脱的寥寥无几。其他的都被蚂蚁吃掉了。就这样，一个家族就被蚂蚁毁了。

有件事情非常奇妙，我在前面提过，螳螂这种动物十分凶残，它的凶残不仅体现在用锋利的武器去袭击其他的动物，而且还会吃掉自己的同类，并且在咀嚼自己的同胞骨肉时，没有一丝的不安。现在，这种可以被称为昆虫中的魔鬼的螳螂，在它生命的初期，自己也要牺牲在敌人的魔爪之下，这个敌人居然是昆虫中个儿头最小的蚂蚁，这难道不奇妙吗！让人不得不佩服大自然造物的神奇！这个未来的恶魔，现在只能眼睁睁地看着它自己的家族被毁掉，自己的兄弟姐妹被吃掉，目送亲人离开这个充满危险的世界，却对此无可奈何。

不过，这样的情形不会持续太久。因为，只有那些刚刚从卵中孵化出来的幼虫才会遭此毒手。一旦当这些幼虫躲过这个劫难，用不了多长时间，便会变得非常的强壮。这样一来，它就具备了自我保护的能力，不再是任人宰割的可怜虫了。

等它再长大一些，就会是另一番景象。到时候它会从蚂蚁群里迅速穿过，那些原先肆意行凶的凶手，现在都纷纷跌倒下来。当年的弱者已经长大，没人敢再去欺负它。螳螂在行进的时候，摆出一副骄傲的态度和不可一世的神情，它的双臂放在胸前，随时准备进攻和防御。这群小小的蚂蚁早已经被吓倒，再也不敢轻举妄动，还有一些甚至老远就望风而逃了。

但是，螳螂的敌人有很多，并不是每一个敌人都会像蚂蚁一样被吓倒。比如说，有一种蜥蜴就很难对付，它体形不大，身体呈灰色，居住在墙壁上面。这种小蜥蜴对还没有长大的螳螂全然不在意，它用舌头去进攻螳螂，并将小螳螂一个一个地舐起，很多幸运躲过蚂蚁虎口的小螳螂都被它吃掉。对于小蜥蜴的大嘴来说，吞掉一个小螳螂绰绰有余。从它的面目表情可以很清楚地看出来，它对于螳螂的味道非常满意。蜥蜴的眼皮在每吃掉一个螳螂之后总要要微微一闭，表现出一种很满足、很舒服的表情。但是，对于那些尚幼的螳螂来说真是不幸啊，可谓是"才出龙潭，又入虎穴"。

螳螂幼虫不仅仅是在孵化后要面对危险，甚至在卵还没有孵化出来以前，就有一种危险笼罩着它们。这个危险是指一种小个儿野蜂，这种野蜂生有尖锐的刺针，足可以刺透螳螂那由泡沫硬化以后而形成的巢穴。没有受到任何邀请，这位不速之客就擅自把卵产在螳螂的巢穴中。这些卵会比这巢穴主人的卵提前一步的孵化出来。到时候，螳螂的卵受到骚扰就很正常了，侵略者会毫不客气地将其吞食掉。假如说螳螂产下一千枚卵，那么，到最后能躲过劫难，免遭噩运的，大概也就只有一对罢了。

于是，一条生物链便形成了。螳螂吃掉蝗虫，蚂蚁又会吃掉螳螂，而蚂蚁又被鸡吃掉。但是，等到了秋天的时候，鸡长大了，我又会把鸡做成美餐吃掉，这可真是有趣！

如果人类食用了螳螂、蝗虫、蚂蚁，或者一些个儿头更小的动物，应该可以增加人类的脑力。它们能提供给我们的大脑某种有益的物质，用的是一种非常奇妙，但是又见不到的方法。这些物质进入人体之后，便化为了我们人类思想之灯的油料。这些能量一点一点地传送到我们身体的各个部位，流进我们的血脉里。我们的生存就是建立在它们的死亡之上。这个世界本来就是一个轮回，无穷无尽地循环着。一些物质完结以后，在它的基础上，会生出其他物质；从某种意义上讲，各种物质的死，就是各种物质的生。这是一个很深刻的哲学道理。

很久以前，螳螂的巢被人们习惯性地看做是一种充满迷信的东西。在我们这里，螳螂的巢，被人们视为一种丹灵妙药，用来医治冻疮。人们如果发现了一个螳螂的巢，就会把它劈成两半，把挤出的浆汁涂抹在痛楚的部位。在农村人眼里，螳螂巢身上仿佛有神奇的魔力一样。然而，是否真的对冻疮起效，这个我从没有感受过。

除此之外，人们传说螳螂巢还对一种病非常有效，那就是牙痛。假如你有一个螳螂巢的话，你就不用再害怕牙痛了。通常情况下，妇女们会在夜里到野外去寻找它，然后小心翼翼地收藏在橱子角落里，或者缝在一个口袋里，以防不备之需。如果附近的邻居们有人牙痛，就会跑来借用。妇女们管它叫做"铁格奴(Tigno)"。

有时你会见一个脸肿了的病人对另一个人说："我现在痛得厉害呢！请你借给我一些铁格奴用好吗？"另外一个人便会赶快放下手里的针线活儿，跑到家里，从墙角里翻出这个宝贝东西来。

主人会很慎重地对朋友说："随便你怎么用，但是千万不要摘掉它。我只有这么一个了，而且，现在又是没有月亮的时候，不好到野外去找！"

十九世纪的英国有一位医生兼科学家。他曾经说过一件让我们觉得荒唐可笑的事情。那就是，如果一个小孩子在树林里迷了路，找不到方向了，那么他可以去询问螳螂，螳螂会给他指出道路。他还说道："螳螂会伸出它的一足，指引给他正确的道路，基本没有出错的情况。"

第十四章　椎头螳螂

生物最初起源于大海。世界上的物种，人们至今无法统计出它们的数目；有很多奇形怪状的动物，人们无法判断它们的类别。海洋深处就生活着许多动物的祖先，所以我们常说：海洋是一个丰富的宝库，人类离不开海洋。

相对海洋来说，陆地上那些奇形怪状的动物已经不多了，大部分都灭绝了，少数遗留下来的大多是一些昆虫类的动物。比如说，会祈祷的螳螂，关于它的情况我在前面已经讲过了。另一种则是椎头螳螂。

这种昆虫在幼虫时代非常怪，以至于整个地区内没有其他动物能与它相比。它的形状非常奇特，和任何昆虫都不一样，是那种细长、摇摆不定的形状。初次见到这种昆虫的人，绝对没人敢去碰它。我邻居家的小男孩在看到它这副怪模样之后，把它称为"小鬼"。他们甚至把它的来历和妖魔鬼怪扯上了关系。虽然它们不太喜欢成群结队，但是从春季到五月间，还有秋季都可以见到它，有时在温暖的冬天它们也出没。

它们喜欢住在能被太阳晒到的草丛中，有石头可以遮风的矮树丛也不错。总之不能是那种背阴、通风的地方，因为椎头螳螂非常畏惧寒冷。

我要尽全力描述出它的样子：它的尾部常常向背上卷起，成一个钩的形状；叶状的鳞片铺垫在它们身下，这些鳞片成三行，并列排着；它的四条腿又细又长，像高跷一样；每一条腿上大腿与小腿相连的地方长着一把刀片，弯弯的刀片就像屠夫手中切肉用的那种刀一样；它还长着又长又直的胸部突起，这些突起是圆形的，但是很细，像一根草一样，末梢处还有利器，类似于螳螂的那种猎具，也是用来狩猎的；它的牙齿非常尖锐，像锯齿一般；上臂与前臂形成一把老虎钳，上臂的钳口中间有一道沟，两边各长着五根长刺，还有一些小锯齿。前臂的钳口也有一道沟，不过没有长刺，只有一些排列整齐的、很细密的小锯齿。

当它休息的时候，这把老虎钳就会合上，前臂的锯齿嵌进上臂的沟里。纵观它的整体，锯齿、老虎钳、沟槽一应俱全，就像一台复杂的机器。但是如果把这台机器放大的话，就会让人联想到血腥的、可怕的刑具。

它的头也十分怪异，面孔是尖形的，胡须长而卷曲，两只眼睛又大又突出，两眼之间还长着锋利的短剑，它的前额上带着一顶奇怪的尖帽子，像高高的僧帽，又像左右分开的精美头饰。这顶奇怪的帽子让它看起来像是古代的占卜家。它为什么要装扮成这幅奇怪模样呢？一会儿我们就知道了。

此时它的颜色还是普通的灰色，等它发育之后，就会出现灰绿、白、粉红三种颜色相间的条纹。

如果你们在丛林中相遇，它会摆出一副恐吓你的姿势：它四只长足稳稳地站住，身体不停地摇晃，头上的僧帽也被它不停地摇摆着，尖脸上突出的双眼凝视着你的一举一动。从它的姿势、神情上我们完全可以感受到它的傲慢、强大、不可一世。它真的是这样的吗？当然不是，这只是个花架子，如果你试图去捉它，它立刻会收起这副姿态，逃之夭夭。

逃跑的过程中，只见它大步迈进，刚刚还挺起的胸部低了下去，身上的那些工具会帮它握住小树枝。尽管如此，只要你稍加用心，还是很容易就能捉住它，然后放进事先准备好的铁丝笼子里。

刚开始，我不知道喂它们什么好。这些"小鬼"只有一两个月大，我从捉来的蝗虫中挑选最小的喂给它们，它们不但不吃，还被蝗虫吓得要命。蝗虫是一种既没有思想，又老实、温和的动物。即使是这样，当蝗虫靠近它时，它也会防御、抵抗，它会把前额上的尖帽子低下来，像剑一样去刺蝗虫，蝗虫只得走开。

可以看出，原来它那个奇怪的尖顶帽子是一件防御武器。椎头螳螂就是用它来跟对手抵抗，就像雄羊会用前额去冲撞对手一样。

昆虫记

喂它蝗虫失败以后，我又给它喂苍蝇，这次椎头螳螂一下子就接受了，立刻把它当成了自己的盘中餐。它摆好了姿势等待苍蝇的靠近，等苍蝇走到自己攻击范围之内的时候，只见它胸部一弯，猛然使出自己的老虎钳，转眼间，苍蝇已经被它用老虎钳紧紧夹住。整个过程比猫捉老鼠还要迅速。

原本我以为这种相貌凶恶的昆虫会有很大胃口，没想到它竟然是一个节食主义者。就连一只苍蝇都会被它吃上一天，或者好几天，之前我还担心这只苍蝇够不够它吃一顿。

它们的食量像病人一样少，简直不符合它们魔鬼的形象。没想到过了一段时间之后，它们连一只苍蝇也吃不掉了，完全处于断食状态。这种状态会一直持续到第二年春天。到那时，它会进食少量的米蝶和蝗虫。胃口总在变，但是有一点一直没变，那就是它在攻击俘虏的时候总是攻击对方颈部，这一点和螳螂一样。

被关在笼子中的椎头螳螂有一种习性非常特殊，那就是自始至终保持一个姿态。这种姿态看上去很奇怪：它一动不动地将自己倒悬在铁丝上，爪子紧紧地抓住铁丝，牵引着身体，容易让人联想到倒挂的金丝猴。它们整个身体的重量全部集中在抓铁丝的四只爪上。如果它们想移动一下身体，就会伸出一件像是鱼叉的工具，用它握住另一根铁丝，然后使劲地往自己怀中拉，这样，身体就被拉了过去。这个过程中椎头螳螂一直是背部朝下的倒悬着。成功转移到另外一根铁丝上之后，这件鱼叉就会缩回到胸前。

如果让我们长时间做这种倒悬的姿势，我们肯定吃不消，肯定会得高血压或者脑溢血。但是椎头螳螂却习以为常，它能连续十个月保持这种姿势，不得不让人叹服。

苍蝇停留在天花板上的时候，也是在倒悬。但是它不可能永远待在上面，当它累了需要休息，饿了需要进食的时候，它就会下来。等养足了精神，补充好了体力，它才会再上去。

椎头螳螂则正好相反，它连续十个月以上的时间都待在上面。没有休息，任何猎取、吃食、消化、睡眠等活动都是在倒悬的状态下进行，直至最后死亡。当它上去的时候还是一个小孩子，而落下来的时候已经老了，它把自己的一生都倒悬在了半空中。

不要以为这是它们的天性，它们的这种不正常的表现只是在被囚禁的时候才会有。它们平时在野外很少会这样做，大部分时间都很正常的站在草上，而不是倒悬在半空中。

类似这种奇怪的动作，在昆虫界还有一些，有的甚至比这个还要特别。有一种特别的黄蜂，它的前脚是红色的，被成为"泥蜂"。每年八月的时候，这种泥蜂在我的家乡非常普遍，它们总是选择薄荷草当睡床。在那种窒闷的傍晚，天空中酝酿着一场暴风雨，暴风骤雨即将横扫这里，就在这紧急的关头，我们发现泥蜂还在那里安详熟睡着，让人觉得奇怪。

当然，这还不是最奇怪的，如果你观察它晚上的睡姿就会明白。它晚上的睡姿是这样的，它用颚咬入薄荷草的茎内，整个身体横在空中，腿折叠着，身体的重量全部靠强有力的颚支撑住。这种杂技般的睡觉姿势实在是够特别。按照这种情形来推测，我们以往关于休息、关于睡觉的一些观念将被推翻。

任凭狂风暴雨将树枝、草木摇晃，这位睡姿奇特的睡眠者不为所扰，依旧睡得安详，尽管它的床现在已经被摇摆成了吊床，它顶多会伸出前足抵住枝干罢了。可能泥蜂的颚非常有力，就像鸟能用爪子抓住树枝一样，这种力量比风的力量还要强大。

等椎头螳螂发育完全大约要到五月中旬，那时的它无论从体态，还是从服饰、着装上来看，都会比螳螂优秀。一些儿童时的怪相还会继续保留下来，比如说，胸部还是那样垂直，膝盖上还保留着武器，还有下身的三行鳞片等。它现在看上去比以前文雅多了，这完全是因为它的着装：翅膀是灰绿色的，肩头是粉红色的，下身有白色和绿色的条纹装饰，在加上它那矫健的飞行姿势，简直就是一位绅士。

同蛾有些类似，雄性的椎头螳螂会把自己打扮得更花哨，看上去像一位花花公子。到了春天，农夫们总会把它误认为是秋天的螳螂。

它们拥有一张相似的外表，导致人们认为它们的习性也是一样的。这都是人们的猜测，因为它们都属于昆虫，而且外表几乎一样。所以，人们没有经过观察和研究，就猜测它们的生活习惯也是一样的。

甚至，人们会认为椎头螳螂要更凶猛一些，这都是因为它的那些锋利

昆虫记

的甲胄。但是，这是一种错误的观念，这种误解对于椎头螳螂不公平，没有调查就没有发言权，没有仔细观察和研究，妄加猜测得出的结论是靠不住的。

椎头螳螂其实是一种比较友好的动物，尽管它老是摆出一副作战的姿态，但它并不是那种凶狠、好斗的凶手。当我把它们一起放入铁丝罩中的时候，无论是六只，还是一对，它们都是那么友好，一刻也没有忘记自己的绅士身份。

不仅是幼虫状态，等它们发育成熟的时候更是如此，它们每天进食都挺少，几只苍蝇便够它们吃的，因此不会有为了食物发生的争吵。相反，它们的那种互相体谅，互相谦让，互不侵犯，简直可以拿来当做大国的学习典范。

好斗是很多昆虫的性格，食量大的动物会为了争夺食物打斗，吃饱以后还会为了运动消化打斗，同时还起了健身的作用。弱肉强食的昆虫更是不用说，它们争强好胜，从不吃亏。见到自己喜欢的东西，无论如何都要搞到手。螳螂就是一个典型，它见了蝗虫不分青红皂白就扑上去。蝗虫也不甘示弱，转眼间，就开始了一场打斗。蝗虫用自己的利齿对抗着螳螂的双夹，场面十分精彩。

在这一方面，椎头螳螂绝对是个和平主义者，它不会为了食物同邻居打斗；也不主动用自己的外表去恐吓别人；它不会像螳螂那样突然张开翅膀，以威胁对方；也不会像毒蛇那样，吐出长舌头，喷出毒液；更不可能做出螳螂那种吃掉自己兄弟姐妹，甚至丈夫的举动。这种惨无人道的事情，它是从来都不沾边的。

看来，尽管椎头螳螂和螳螂在外形、内部器官上几乎完全一样，但是，它们的性格与此无关，截然不同。为什么会有如此大的差异呢？可能是因为食物的差异吧。

淳朴的生活会使得动物的性格变得温和，不管是人还是昆虫都是这样，因为淳朴的生活会营造出一个和平共处的环境。如果贪欲多了，就会变得残忍。比如，贪吃的人又吃肉，又喝酒，浑身散发出野性。相比，那些有自制力的隐士就温和、平静多了，它们平时吃面包、喝牛奶，过着简单、淳朴的生活。椎头螳螂就是这样一种昆虫，它温和、善良。而螳螂则刚好相反，螳螂是一位十足的贪吃者。

　　尽管我解释的已经很清楚了，但是，还会有人继续追问：这两种昆虫在体型、构造上完全一样，那么生活需求也会相同，那为什么一位温顺善良，而另一位暴戾贪吃呢？这种现象在一些其他昆虫身上也有体现，我们得出的结论是，嗜好和习性不仅仅取决于外在的形状、身体结构，更重要的是取决于内在的本能、天性。

第十五章　伟大的父亲：西西斯

在昆虫的世界中有许多伟大的母亲，我们已经见过了一些。现在，让我们关注一下昆虫中伟大的父亲吧！

除了高级动物中会有好父亲之外，低级动物中的好父亲并不多。低级动物中，大部分父亲对家庭和子女都是漠不关心的。如果是在哺乳动物和鸟类中，这种父亲是要遭到唾弃的。况且，照顾一下子女并不会占用它们多长时间。但是，如果是发生在昆虫中，就不会受到谴责。因为只要在合适的地点、合适的环境，这些新生的昆虫自己便会健康成长，很多时候不需要任何的帮助就能自己得到食物。比如说：粉蝶将卵产在菜叶上，它这样做本身便是为了保护家族的安全，所以说，根本不需要父亲做什么。产卵的时候，父亲也只是在一旁看着，显得有点多余。

许多昆虫的养育方法都非常相似，并且简单。盛放卵的地方，往往是用可以食用的材料做成的。或者，是那种一出生便能找到东西吃的地方。这样的话，父亲就更显得多余了，所以说，很多昆虫从生到死没有感受到来自父亲的一丝温暖。

这种情况的例子我们以前讲了很多，蜜蜂就是这里面最典型的一种。蜜蜂会给自己的子女筑起蜂巢，或者挖掘好巢洞，还在里面储藏了大量的蜂蜜和野味，用来作为幼虫的食品。筑巢和采蜜都是十分艰辛的工作，往往要耗费掉一只蜜蜂一生的时间，但是这种工作却全部是由母亲独自承担。就在它们拼死拼活忙碌的时候，那些父亲们则在室外悠闲地晒着太阳，它们就在一旁看着自己的伴侣辛勤地工作。

它们为什么袖手旁观呢？事实上它们就是这样。刚才我们提到过，鸟类在这方面是典范。雄性蜜蜂为什么不学学燕子夫妻呢？在衔泥筑巢和捉虫喂幼鸟上，夫妻两人都十分卖力。像这样的事情，雄性昆虫一点也没做。它们不知道会为自己找什么样的借口，但是，无论什么样的借口都是没有说服力的。因为对于它们的身体条件来说，采集一些叶子碎片，采集一些棉花，采集一些湿泥，完全不是一件很困难的事情。它本可以卖力地收集筑巢的材料，然后雌性的只在家干一些技术性的工作。但是这是不可能的，它们并没有什么原因，只是不愿意去做而已。

大多数的昆虫都不知道尽一个当父亲的责任，这是令人感到很奇怪的，尤其是作为男人。哪位做父亲的不是为了自己的子女好？但是为什么它们就无动于衷，几乎不用为家庭出力。这种奇怪的现象是很难解释的，就像我们经常会遇到这样的问题：为什么这种昆虫拥有这种技能呢？为什么别的昆虫没有呢？就像无法去解释本能一样，我们也无法解释这个关于昆虫中父亲问题的难题。

当我们看到父爱在昆虫身上是多么稀缺的时候，清道夫甲虫让我们眼前一亮，它们就拥有这种高贵的品质。照顾家庭对于很多清道夫甲虫来说是两个人的事情，往往是夫妻一起承担。比如说蜣螂夫妻，在给自己的幼虫准备食物的时候，主要出力的就是父亲。

它们有着家族成员共同劳动的好习惯，这一点也是值得其他昆虫学习的。尤其是在父亲普遍自私自利的昆虫界。

除了蜣螂夫妻的例子之外，经过我长期的观察，我还能举出另外三种夫妻合作的昆虫，这三种昆虫无一例外的全部属于清道夫甲虫。

第一个要说的就是锡赛弗斯虫，它在那些滚粪球的昆虫中个头最小，但热情却是最高的。它非常麻利，经常做一些危险动作，比如肆无忌惮地翻跟头，它在倒下的地方重新爬起来，接着再翻一个，看上去像是在跳一种激烈的舞蹈。人们给它起了另外一个名字叫西西弗。

有一点大家都明白，那就是一个人由可怜变得出名，是要付出很多努力的。在古希腊神话中，西西弗被迫把一块大石头滚向高山，每次到了山顶之后，这个石头就又会滚落到山脚下。他只有将石块安全稳定的推上山顶，才能结束苦难。

昆虫记

我很喜欢这个神话。我们当中很多人也像西西弗一样，就拿我来说，我过去五十年都是在辛苦的攀登高山，我的时间和精力都耗费在怎样把巨石在山顶摆正，这块巨石指的就是每天生活所需的面包。这块巨石很难摆稳，并且经常移动，让我痛苦不堪。

人们把这种昆虫也称为西西弗，就是觉得它在无休止地与命运抗争。不过，它自己却没有感觉到这种困难，在陡峭的山坡上，它快乐地滚着粪球，有时是准备自己美餐一顿，也有时候是给孩子准备的。在我们住所附近，很少能见到它们，我之所以能得到这么多西西弗来观察，完全是依靠我的助手——保罗的帮忙。

保罗是我的小儿子，今年七岁。对于我抓捕动物，他总是热心地参与。和同龄小孩子相比，关于昆虫的知识他知道的最多，无论是蝗虫、蟋蟀、螳螂，还是蝉，尤其是清道夫甲虫。他能在二十步以外的地方清楚地辨别出哪是甲虫的巢穴，哪是普通的土堆。这样好的眼力让我羡慕不已。它的耳朵也很灵敏，就连螽斯那细微的歌声都能听得见，这让我自叹不如。我们经常在一起合作，他把自己听到的和看到的都告诉我，我也会把我所知道的告诉他。

小保罗有个笼子是专门用来养虫子的，现在里面有一只正在做巢的甲虫；他还有一块属于自己的小花园，面积实在是太小，只能在里面种些豆子，他急切地想知道地下的根有没有生长，于是隔三差五地将豆苗拔出来；他还有一块小林地，小到只能种四棵手掌高的小槲树。这些都是非常有意思的课余生活，对他学习水平的提高是有帮助的。

临近五月的一天早上，我和保罗起的都很早。我们连饭都没有吃，就急着出门了。我们来到了山脚下，那里有一片草场，时常会有牛羊路过。我们就在那里寻找西西弗，我俩的热情都很高，尤其是保罗。最后的收获还真不算少，足足找到了好几对。

为了使它们安居下来，我得准备一些东西：一个铁丝罩子、沙土做成的床、充足的食物。为了给它们弄到喜欢的食物，我也变成了清道夫。这些动物个头还不如一颗樱桃核大，形状也很奇怪：身体又短又肥，尖尖的尾部，脚很长，有点像蜘蛛，后腿更长，并且呈弯曲状，那是为了方便挖土和搓球。

没过多久，它们就该履行建造家园的职责了。它们勤奋地为子女准备着食物，无论是前期的搓卷工作，还是后期搬运到挖好的地穴中，整个过程中的父亲同母亲同样热心、同样卖力。它们从食物上割下小块，然后夫妻合作，一起拍打、挤压，最终形成了一个小球，大小像豌豆那样。

　　它的工作方法同神圣甲虫是一样的，都是在工作场地现场将材料加工成圆球，无须借助任何工具，也无需离开原地。等到要搬运的时候，它就已经是一个标准的圆球了。球状是食物保存和搬运最方便的形状。现在，我们又多了一位善于制造圆球的大师。

　　不久之后，这个球就做成了。为了保护里面柔软的物质，免得太干燥，还需要在外面包上一层硬壳。这需要它们用力地原地滚动，才能做成这层外壳。我们可以从身材上区分正在搬运圆球的它们，大一些的那个是母亲，它全副武装，将前足放在球上，长长的后腿放在地上，它是倒着走的，使劲将球向后拉；个子小的那个自然就是父亲，它在相反的方向，头冲着下面，使劲向前推。它们运球的动作同神圣甲虫也是一模一样的，只不过目的不一样，神圣甲虫是为了自己挥霍享受，而西西弗则是为了给子女储备食物。

　　这对夫妻就这样行走在大路上，它们一直往前走，没有固定的目标，也不去理会前面的障碍物。母西西弗走在前面，由于是倒退着走路，肯定免不了遇到障碍。但是它们即使看到前面的障碍物了，也不会绕行。它们有一次甚至想翻越我给它们准备的铁丝笼子。这是一项不可能完成的任务，只能白白浪费它们的时间。母亲在前面用后足抓紧铁丝网，前足紧紧地将球拉过去，这样一来，球就被它抱了半空。后面的父亲感觉球被悬空了，自己使不上力气去推，但是它不会放开抱着圆球的手，于是它也一起被悬在空中，球的重量加上后面西西弗父亲的重量，现在全靠西西弗母亲自己支撑。它是不可能自己长时间保持这个动作的，等它支持不住的时候，就撒开了抱住圆球的前足，结果圆球加上后面的那只西西弗就一起滚落到地上。它们并没有放弃，西西弗走下铁丝网，两人再齐心协力重复一遍刚才的动作。在经过好几次失败之后，它们才放弃这种想法。

　　在平地上运输，它们照样要面对很多困难。那些隆起的石碓无处不在，每次碰上它们几乎都是人仰马翻。若是其他昆虫，肯定会非常懊恼。

不过对它来说，这并不算什么，因为它经常翻倒。人们甚至认为，这是它喜欢的一个动作，它是故意翻倒的。不管是不是有意的，反正圆球在这个过程中外壳更坚硬了。看来，这种反复的跌倒，爬起，再跌倒的过程是必不可少的。

它们若是认为工作已经结束了，母亲便去附近找合适的地方来储存食物，父亲留下来看守着这个球。若是母亲短时间回不来，父亲就爬到球上去，用灵巧、修长的后腿小心翼翼地搓着这个球，看上去像是在修补着一些细节，又像是非常无聊，以此解闷。它触摸、揉搓自己的这个圆球的时候，显得非常认真。无论谁见了，都能从它那副高兴的样子里看出它的满足，让人觉得非常温馨。

它高高地举起自己的球，向每个人炫耀，仿佛在说："看啊！这是我做出来的面包，是我给自己的孩子亲手制作的。"这个时候，母亲已经在觉得合适的地方挖了一个浅浅的坑。它们齐心协力将圆球运到坑边。母亲接着之前挖的地方继续把坑挖大、挖深，而父亲则在一旁紧紧地看守着小球，一步也不离开。在洞挖好之前，这位父亲不一会儿就要左右摇晃一下这个球，以免被寄生虫趁机侵袭。尽管这个球只在坑边放一小会儿，等坑挖好就将它下到坑中，但是，有很多蚊蝇和一些其他动物会来趁火打劫，不能掉以轻心。

洞穴挖好之后，它们两个要齐心协力将圆球放入土穴中。此时，母亲要下到洞穴里用足使劲将球向下拉，父亲在上面拉住球轻轻地向下放。这个过程中还要注意不能碰到一些沙土，免得将洞穴堵住，母亲还要同时用足清除坑中的障碍物。最后，圆球和两只西西弗都进入到了洞穴中。它们还需要在洞穴中工作一番，大约需要几个小时，或者半天。

我们在洞外仔细等待了一会儿之后，发现父亲独自从空穴中爬了出来，站到了洞穴边上的沙土堆上。而母亲通常要等到第二天才能出来。这段时间父亲也不离开，就在那里一边打瞌睡，一边等它的妻子出来。第二天，妻子出来后喊醒自己的丈夫，两人一起回到原先工作的地方，继续搓球。

虽然这种勤奋、恒心只是甲虫的天性，但我还是非常佩服的。尽管并不是所有的甲虫都是如此，也有一些是轻浮的、没有恒心的。但是，西西弗所做的一切已经让我对这个群体非常感动了，尤其是关于热爱家庭这一方面。

下面我们就去看一下它的洞穴。这个洞穴并不深，洞内的墙边留有一个供母亲转动圆球的空隙。我现在明白为什么父亲那么早就跑出来了，里面的空间实在是太狭小了，只能容得下一个身位。因为最后剩下的都是些修饰性的工作，可能母亲在这方面更擅长一些，所以父亲退了出去，留下母亲单独在里面工作。

我们在打开的洞穴中再次观察这个圆球，这时的它经过了精心的打磨，已经成了一件艺术品。它的形状同神圣甲虫制作出的梨形球一样，但是要小的多，直径有0.5～0.75寸。因为小，所以看上去非常圆。当然，为什么它能制作出如此精准的圆是无法解释的。

我还发现了一个有意思的问题：我的铁丝笼子里面养了六对西西弗，它们一共做了五十七个圆球，每个球中都有一个卵。平均下来，每对西西弗将会有九个孩子还要多。这个数量比神圣甲虫要大得多，为什么会这样的？我认为原因很明显，那就是西西弗在劳作的时候，是夫妻二人齐心协力、共同努力的结果。

第十六章　我的学校

好多人认为一个人的性格、才能和爱好主要是先天形成的，遗传是主要的成因。对于这种智慧来自祖先的说法，我不完全赞同。我想通过我个人的经历来说明，我的性格和对昆虫痴迷的爱好并不是继承自我的哪个祖先。

对于我的外祖父和外祖母来讲，他们对昆虫没有半点好感。我对我的外祖父没有什么印象，也了解不多，只是知道他曾经过着非常苦的日子。至于他与昆虫之间能发生什么事情的话，我觉得顶多是前者不小心将后者踩死。外祖母是地地道道的家庭主妇，她每天忙于应酬家务，并且不识字，所以不会去对昆虫之类的产生兴趣。她可能在洗菜的时候会发现上面有一只昆虫，不过，她应该不会拿回屋里仔细观察，而是直接扔掉。

我对祖父母比较了解，因为我小的时候家里太穷，父母无法维持生计，便把我送到了祖父母那里去生活，当时我只有五六岁。祖父母的家在一个偏僻的小村庄里，他们都是文盲，从没翻过一本书。祖父整日下地劳作，还养了一些牲畜。他对这些牛呀、羊呀了解的比较多，除此之外，就再也不知道什么了。如果他知道有人整天跟在几只小虫子后面观察研究的话，他肯定会认为这个人疯了，如果他知道这个人并不是别人，而是他的小孙子的话，他肯定遏制不住自己要给我一个巴掌。在他眼里，这可能是最不学无术的行为了。

祖母是个勤奋而又慈祥的人，她整日忙着操劳家务，洗衣服、做饭、纺纱、喂鸭子、做点心等，一刻也不肯歇着。

到了晚上，她会在炉火旁边给我讲故事。她的故事中经常会出现一只狼，还有一个勇敢的英雄。虽然我在现实生活中找不到这只狼，也没见过这个英雄，但是我还是深深地为这个故事着迷。我的祖母对我的影响很大，比如说，帮助我消除忧伤，培养良好的工作习惯，培养了我坚毅的性格。但是，她并没有培养我对昆虫的热爱。

我的父母对昆虫也是一无所知，没有半点兴趣。母亲没有上过学，父亲虽然接受了两年教育，只能够简单的读写。他们为了维持生计，不得不整天拼命地工作，连休息的时间都少得可怜，更不用说什么观察动物了。如果你要问他对我研究昆虫有什么看法的话，我会记起那件事情，当时我正在玩弄一只昆虫，最后决定将它用钉子钉在墙上。父亲从一旁走过，看到我把木墙上扎了一个洞，二话没说，就给了我一拳。

我从很小的时候，便养成了对任何事物抱有怀疑的习惯。其中有一件事，我记忆犹新。当时大约五六岁，我光着脚跑到野外去玩耍。我还记得那些脚下粗糙的石子，和系在腰间的手帕。我的手帕因为经常丢，所以就不再放入口袋，而是系在腰间。其实我也不怎么用，当有需要的时候，大部分是用袖子代替手绢。

当时太阳照在我的脸上，我觉得非常温暖、非常陶醉。我在享受阳光的时候，不禁想到一个问题：阳光让我们身上每一个器官都感到很舒服，那么，我们身体上哪个器官能感受到这些阳光呢？请大家不要笑我幼稚，我当时轮番用眼睛、鼻子、嘴巴等器官去感受太阳光，在用嘴时，便屏住呼吸，闭上眼睛；在用眼睛时，则闭上嘴。最后我发现，能感受到阳光的是眼睛，而且只有眼睛。我为自己的发现兴奋不已。等到了晚上，我把这个发现得意的说了出来。结果可想而知，众人被我笑得趴在了地上。

记得还有一次，当时是黑夜，我们一群人在树林里玩耍。突然，传来了一阵柔美的音乐，我立刻被吸引住了。是什么在叫？是小鸟还是小虫？其他人说可能是一只狼，我们仔细辨别了一下，这个声音是从那堆木头后面发出来的，于是我就守在那里，希望见一见只出现在祖母故事中的狼。我守了大半天，结果什么也没出现。

第二天，第三天我又去守望，想搞清楚这个声音到底是谁发出的，是不是狼发出的。我的付出获得了回报，原来这位歌唱家并不是狼，也不是鸟，而是一只蚱蜢。尽管蚱蜢的腿非常鲜美，但是，我守了三天只获得了两根又小又细的蚱蜢腿，好像有点不值。我并不这么认为，我觉得自己最大的收获不是蚱蜢腿，而是通过自己的努力增长了知识。我知道了蚱蜢也会唱歌，而且十分动听。但这次我没有告诉别人，我怕他们再趴在地上笑我。

有许多漂亮的花绽放在我们的房子旁边，这些花就像是一张张脸，朝着我们甜甜地笑。再后来，等花谢掉之后，那里长出了一堆堆的樱桃。这些樱桃又大又红，我忍不住摘了几颗放到嘴里。味道并没有看上去那么好吃，而且果肉内没有核，它们到底是不是樱桃，是什么品种的樱桃，这些问题都留在了我的脑子里。夏天就要过去的时候，祖父用铁锹把这里的泥土都翻了一遍，从中抛出了许多不规则椭圆形的根。我认识这种东西，这就是我们经常吃的马铃薯。我一下子明白了，原来这并不是樱桃树，我吃的当然也不是樱桃。这件事深深地印在了我的脑子里，至今没有忘记。

我对陌生的动植物就是这样的好奇，我的眼睛一刻也不停地发现，观察着新事物。我的研究对象包括花、叶、种子、各种虫子，等等。尽管我当时只有六岁，在别人眼中还是一个什么都不懂的孩子。但是，我有我自己的一套方法去怀疑、观察，这都是出自我对大自然的热爱。很明显，这种热爱并不是谁遗传给我的。

到了我七岁该上学的时候，我又回到了父母的身边。我觉得学校生活没有意思，不如自由自在地在大自然中快乐。我当时的老师正好是我的教父，我们那间教室勉强称得上是教室。除此之外，你也可以称它为厨房、餐厅、卧室，反正干什么都在这一间屋里面。此外，这间教室里并不是只有学生，还有一些鸡行走在其间，有时候还用来圈猪。总之，它的用处实在是太多了。不过，在当时那个年代，学校基本上都是这样的。

这间屋子里有一张很宽的梯子，通过这个梯子可以爬到二楼上去。二楼有什么呢？我从来没有上去过，不过，我见过老师从上面取下喂驴的干草，还见过他从上面取下喂猪的马铃薯，我猜这可能是一间储藏室。

这间教室唯一的窗户朝南，又矮又小，能勉强钻过一个人。阳光通过这个窗户照进屋里的时候，屋里才显出一点生气。老师的桌子便在这个窗户下。通过窗口，你能看到大半个村落。

窗户对面的墙上有一个壁龛，一把铜壶放在里面，闪闪发光的铜壶中装满了水，如果谁渴了的话，就自己去倒水喝。铜壶上面的架子上有几只闪闪发光的碗，那些碗不允许随便动，因为那是举办盛会的时候专用的。

教室墙上挂满了图画，在太阳光投射到上面的时候，显得格外不协调。在一面墙上有个大壁炉，是用木料和石头建造的。现在这座壁炉成了一个简易的卧室，里面放着一个塞满糠的垫子，外面用两块可以滑动的木板做成的门。这是主人两口的卧室，在里面睡觉绝对舒服。到了冬天，任外面狂风吹，大雪飘，里面非常安静、舒适。除此之外，教室里还堆放着一些杂物：三根腿的凳子、盛盐的陶罐、沉重的铁铲、破旧的风箱等。我们想取暖的话，就得自己带木柴来生火。

我们只是沾光而已，这个炉子的主要任务不是给我们取暖，而是给猪煮猪食。老师和他的妻子会坐在最温暖的地方，我们则围着锅子而坐。锅里咕嘟咕嘟地煮着马铃薯，不断地往外冒着热气。有的人趁着老师不注意，偷偷地从锅里夹出一个马铃薯，然后夹在面包里吃掉。要是说学校教给我们什么的话，其中之一便是随时随地吃东西，无论是写字的时候，还是听课的时候，不是剥栗子便是啃面包。

除了吃东西和读书之外，我们还有其他乐趣。有一个庭院在教室的后门外。那里有老母鸡和它的小鸡仔，还有活泼的小猪。有人想溜出教室便会走后门，门被他们敞开之后，满屋的面包、马铃薯的香味就传到了后院。小猪被这些香味吸引过来，纷纷进入教室。当时我属于最小的一个年级，我们的位置是在铜壶底下的靠墙边，小猪进门后首选便是要通过这里。小猪一边跑着，一边发出"呼哧呼哧"的声音，两颗眼珠子又黑又亮，粉红色的小鼻子凉凉的，卷着的小尾巴甩来甩去。它们用鼻子拱着我们，仿佛在问我们要吃的。很快老师便过来把它们都赶出去，把门狠狠地摔上。

说完了小猪，再来说说小鸡。小鸡仔经常跟着老母鸡来教室做客。我们大方地把面包搓下很多碎屑撒在地上，然后看它们一点一点地啄尽。

这就是我们的学校，我们在这里能学到些什么呢？像我一样年龄较小的学生，每人都会发一本小书。这本书的封面上画着一个十字架和一只鸽子，十字架是由字母按顺序拼成的，鸽子画的不敢恭维，只是一个看上去像鸽子的轮廓。我们学习主要就是靠这本书，老师会给我们讲解。教室里面高年级的学生问题比较多，老师顾不到我们这些小孩子。给我们一本书，只不过是让我们看上去像个学生而已。我们自己在座位上翻看着这些书，偶尔还会请教一下前面的高年级的同学，他们的水平也不怎么高，经常被我们为难住。我们的上课被琐碎的小事打碎成无数片，一会儿小猪进来了，一会儿小鸡进来了，一会儿师母进来煮马铃薯，我们的注意力一次次地转移到这些事情上面，可想而知，学习一塌糊涂。

高年级的孩子会经常写字。他们就着从狭小窗户透进来的光，伏在教室里唯一的一张桌子上写字，这个位置是教室里面最优越的位置。教室里面有那么多杂物，但是没有什么教学设备，甚至连墨水都没有，所有文具都是自备。当时的文具盒是上下两层的纸板匣，上层用来放鹅毛笔，下层的格子里装着墨水，当时的墨水都是那个烟灰和醋和成的。

我们的老师有一项绝技，那就是写花体字。他先把笔尖修成自己需要的模样，然后根据我们的要求，在纸的顶端写上好看的花体字。在写字的时候，他的手不停地抖动、打转、飞舞，一个个花一样美丽的字从笔尖下流淌出来。这些用红墨水写成的字在我们眼中简直就是一个奇迹，而创造奇迹的只不过是一支普通的笔。

我们当时学的最多的是法文，读的文章都是从《圣经》上摘录下来的段落。为了能够发音准确地唱好赞美诗，我们还拿出很长时间来学习拉丁语。

我们当时没人知道什么"历史"、"地理"之类的东西。对于我们来说，地球是方的还是圆的，根本就无所谓。

至于语法，我估计我们老师自己都解决不了这个问题，所以干脆把这门课给删除了。

相对于"数学"来说，我更愿意把我们的那门课叫"算术"。因为我们只学一些加减乘除，还谈不上什么数学。每周最后一节课便是算术课，先是一个成绩优秀的学生起来把一些运算口诀背一遍，然后我们大家一起背一遍。与其说是在背，不如说是在吼，可能是因为这是全周最后一节课的原因吧，大家都很兴奋。如此洪亮的声音突然想起，往往会吓得教室里的鸡和猪迅速地跑出去。

有人说我们老师很勤奋，学校管理的也不错。前者我同意，后者我不敢苟同。他整天非常忙碌，他替别人看门，还有一个大鸽棚需要照顾，收获干草、苹果、栗子和燕麦也都离不开他。他是如此忙，以至于不能拿出时间来好好教学。夏天的时候，他常常让我们帮他干活。那时候我们常常在干草堆上上课，有时候还会停课去帮他打扫鸽笼，清除雨后跑出来的蜗牛，等等。不过，我们并没有不高兴，反而很乐意做这些事情。

　　我们老师那双灵巧的手不仅会用来写花体字，还会剃头和打钟。我们这里的许多大人物的头都是我们老师剃的，比如市长、公证人还有牧师等。

　　在打钟方面，他也颇有造诣。每当他去教堂里面为婚礼或者洗礼打钟的时候，我们就停课一天。暴风雨前也要打钟，为的是驱除雷电和冰雹，我们同样会得到一天假。

　　他还参加唱诗班，还需要管理教堂顶上的钟，总之是非常忙。去教堂阁楼上的钟房是他最愿意干的事情，除他之外没有人会到那个地方去。钟房里面有一个大匣子，里面装满了齿轮和零件，他非常愿意和这些零件待在一起。

　　我就在这样的环境中生活着。这样的老师、这样的教室，它们对我热爱昆虫的兴趣培养没有起到任何作用。我不得不将昆虫暂时从我脑子中忘掉。但是，对昆虫的热爱早已埋伏在了我的血液里，我身体的每一寸肌肤里，它们随时会被唤醒。甚至我看到书的封面上那只不协调的鸽子都会联想到大自然，至于书里面的ABC我则没多大兴趣。那只鸽子的圆眼睛似乎含着笑意，翅膀上的羽毛数量被我数过无数次。这些羽毛带着我的思维飞出了教室、飞向了蓝天、飞向了原野。每天学习累了，我便合上书看着这只小鸽子，它能帮我缓解压力，我真应该好好谢谢它。

　　在室外活动的时候我便有机会接触到昆虫，所以我特别希望老师带我们出来上课。有一次，老师安排我们去清除黄杨树下的蜗牛。面对着这些小生命，我怎么也下不了手。我把捉到的蜗牛放在手上看，它们是那样的美丽。各种颜色的蜗牛都有，无论是黄色的、白色的、褐色的，还是淡红色的。我把其中漂亮的挑选出来，装进了衣兜里，留着以后慢慢欣赏。

　　我能够认识青蛙，还要多谢老师安排我们帮他晒干草。这些青蛙为了

昆虫记

把虾从巢中引出来，不惜以自己当诱饵；我还在赤杨树上捉到了青甲虫，它的美丽简直无法形容；在帮老师收集胡桃的时候，我认识了蝗虫，它们的翅膀张成一把扇子；我还学会了从水仙花中吸蜜，在花冠的裂缝处有小滴的蜜汁，得用舌尖轻轻地吸，用力过大可能会导致头疼。这种白色的花让人赏心悦目，花朵颈部有一圈红色，看上去像是洁白的玉颈上戴了一串红项链，格外惹眼。

总之，无论在何处，我骨子里的那种对昆虫、对大自然的热爱都会随时被调动起来，我沉浸在其中自得其乐。对于昆虫，对于大自然的热爱也是越来越深。

这些爱好对我认识字母有很大的帮助。起初我的学习成绩一点都不好，我的课本被我看得最多的便是封面上的那只鸽子。后来，我父亲把我从学校接回家里学习，从此我开始了真正的读书。这一次用的课本很正规，上面的字也印的很大。课本里面的纸五彩斑斓，上面画满了小动物，旁边写着这些动物的名字，图文并茂。我就是靠这本课本学会了字母，比如说：第一个动物画的是驴子，它在法文中的名字是Ane，就这样，我认识了A；第二个图形画的是牛，牛在法文中被称为Boeuf，于是，我学会了B；还有，鸭子是Canara，火鸡是Dinod，这样我就认识了C和D。其余的字母我也是通过这种方法学会的。正确的学习方法，让我有了明显的进步。没过多久，就能很轻松地去读那本印着鸽子封面的书了。我的父母都为我的进步感到诧异，其实它们不知道这一切都是动物的功劳。是书上的那群动物让我掌握了字母、掌握了语法，对学习产生了兴趣。看来，我和动物还真是有缘分。

后来，我又遇到一件高兴的事。父亲为了让我学习语法，给我买了一本《拉丹寓言》。尽管这本书非常便宜，纸质非常粗糙，但是，里面有好多有趣的插图。这些图不是太清楚，但我还是从中辨认出了喜鹊、青蛙、猫、兔子、乌鸦、驴子、狗等动物。这些动物在这本书中全部变成了人，不但会走路说话，还有丰富的表情，这都大大刺激了我的阅读欲望。我当时认识的单词很少，但是我慢慢捋顺着，最终知道了全篇的含义。拉丹自然也就成了我的好朋友。

十岁那年，我在路德士书院读书。我的成绩还不错，尤其是作文和翻译，经常会得很高的分数。这所学院的气氛属于那种古典派，很容易听到一些神话传说。这些故事我也很喜欢，但是更令我着迷的是那些野外的事情。比如，莲花和水仙花有没有生长出来；榆树上的那个鸟巢中，有没有正在孵卵的梅花雀；被风吹动摇摆不定的杨树上，是不是有一种金虫在无畏地跳跃，我真正关心的是它们。

好日子没有长久，我们家突然要面临一种很艰难的困境，吃饭都成了问题，更不用说读书了。我只得告别同学，离开学校。那个时期非常难熬，像是突然掉进了地狱。我没有想太多，只希望这种日子快点过去。

按理说，在这种悲惨的日子里，我应该是没有闲心再去观察昆虫了。但是事实不是这样，我心里依然挂念着那些小动物。比如我第一次抓到的那只金虫，现在我还记得它全身都是褐色的，上面点缀着白色的点。这些白色的点多么像穿过黑暗的一束阳光，照得我说我心里暖暖的。

可能是老天对我偏爱有佳，不久之后我又进入了另外一所学校：伏克罗斯的初级师范学校。那里会提供一些免费的食物，尽管只是一些干栗子和豌豆。这所学校的校长非常开明，他给我们制定的规定是：只要完成学校布置的课程，其余时间随便干什么。当时我的成绩非常好，这也就意味着我有更多的时间随心所欲。那些空余时间基本上都被我拿来观察动植物了。当别人在背书的时候，我就在边上观察金鱼草的种子、夹竹桃的果实，还有一些昆虫的翅膀等。

就这样，我慢慢地培养起了对自然科学的兴趣。那个时候，一般的学者都看不起生物学，学校里面也不开设这门课程。当时，拉丁文、希腊文和数学是必修课。

我在学校里面主要的研究方向是高等数学。没有老师的指导，只能自己硬啃。这种奋斗非常艰苦，我竭尽全力地坚持着，从没有想过要放弃，最终取得了回报。这种方法后来又被我拿来用到学习物理学上面，我自己制作了一些简单的实验仪器，最终也获得了成功。到此为止，我都没有想过要从事生物学。

毕业之后，我被分配到了埃杰克索书院，担任物理教师和化学教师。学校所在地离大海很近，这让我兴奋不已。海洋对我来说是那样的新奇，又是那样的陌生。单是海边的一片贝壳，就能让我钻研上半天。相对那些

昆虫记

枯燥的几何定律、化学实验来说，大海这片乐园更有吸引力。我将生活分成了两部分，一部分用来教学，另一部分用来去海边探宝，海边的植物与海里的生物都是我研究的对象。

未来是不可以预测的。比如说我，年轻的时候致力于研究数学、物理学，结果这些东西后来对现在的我来说一点用也没有。相反，我年轻的时候竭力回避生物学，而到了老年，研究动物竟成了我生活中最大的乐趣。

我在埃杰克索书院教书的时候，认识了两位生物学家：瑞昆和莫昆·坦顿。当时因为没有旅馆，所以他们跟我住在一起。在一起相处时间长了，他们知道了我的兴趣爱好。有一天，莫昆·坦顿对我说："你很喜欢蜗牛，不过，你这样看只能看到表面现象。这些动物的内部结构你也应该有所了解。下面就让我们看一看它们的内部构造，相信你会对它们有新的认识。"

他把蜗牛放在一个盛着水的碟子里，用一把剪刀和两根针将蜗牛解剖。他一边解剖，还一边给我讲解，告诉我各部分器官的名称。这是我一生中的第一堂生物课，也是最难忘的一次。它教会了我观察动物的时候不能局限于外部。

我的故事讲得差不多了。大家可以看出，我从很小的时候，就表现出了对生物的热爱。同时我还会主动去观察它们。这种性格和爱好是谁赋予我的呢？我也搞不清楚。

天赋对于人和动物都是平等的，比如说：有的孩子有音乐天赋，有的孩子有雕塑天赋，还有的孩子可能有算术天赋。昆虫也是如此，有的蜜蜂能剪出圆圆的叶子，有的蜜蜂会筑起漂亮的蜂巢，蟋蟀会唱歌，而蜘蛛会织网。这些天赋都是哪里来的？是天生具备的，除此之外，没有什么理由可以解释。拥有天赋的人被人们称为天才，同样，拥有天赋的昆虫则是动物中的天才。

第十七章　潘帕斯草原食粪虫

在我小的时候，我疯狂地迷恋上了罗宾逊，整日幻想着周游世界。我渴望到处走走，无论是陆地还是海洋，只要是我没去过的地方我都感兴趣。不同的地域、不同的环境、不同的气候，生活着不同的动物和植物，这些都让我神往。幻想毕竟是幻想，当我睁开眼睛的时候，还是要面对现实。那就是生活枯燥乏味，整年都难得有机会外出。我生活的环境中四周都是石墙，没有印度的热带雨林，没有巴西的亚马逊原始森林，更没有在安第斯山脉上空飞翔的大兀鹰。

怨天尤人是没有用的。不过，要想解放思想，了解世界，并不一定非得去环游世界。卢梭的植物标本采集于一棵普普通通的树上，不过是自己的金丝雀经常在上面停留罢了；他的朋友在一颗草莓中发现了一个世界，并将其记录了下来，他就是著名的作家圣皮埃；还有作家麦斯特尔，他在书中把沙发想象成马车，在自己的居室内环环游了一圈，做了一次长途旅行。

这种从微观中看世界的方法很简单，我也会；不过，用不着马车，因为它不适合穿行在布满荆棘的路上。我要旅行的地方是荆棘篱笆环绕着的院子，我将它看做是一块辽阔的土地。行程十分漫长，以至于我不断地停下来问路。给我指路的是住在这块土地上的昆虫居民，它们十分耐心、十分友好。随着旅程的积累，我得到的知识也越来越多。

我将这个院子称为昆虫小镇，我对这片土地和上面的居民都了如指掌。无论是螳螂如何休息；宁静的夏夜里，意大利蟋蟀将在哪片草丛中歌

昆虫记

唱；黄斑蜂将如何蹂躏那片野草；还是切叶峰如何用自己的嘴巴在叶面上切下一片圆形的叶片。

在院子里旅行就像是近海航行，已经不能给我带来满足感了。我需要跨越篱笆，来一次出海远航。结果收获非常丰富，在篱笆外几百米的范围内我就发现了大量的昆虫，有蜈螂、螽斯、蚱蜢、圣甲虫、天牛等。越来越多的昆虫被我发现，其中很多是我第一次见到。现在的我更像是人类的大使，在与昆虫王国的众部落建立关系。如果想彻底搞明白这些昆虫的起源，恐怕需要付出一生的时间。我就掌握了关于它们的许多资料，而这并不需要我去环游世界，只需要在我的院子里就能得到。

周游世界是无法保证对某项事物仔细观察的，因为你需要注意的对象太多，这会让你分心。昆虫学家如果有机会外出旅行的话，可以采集到许多标本，这对了解昆虫的种类很有帮助。但是，并不是所谓的观察和研究。这些旅行中的昆虫学家是不可能在一个地方停留太久的，因为他们没有足够的时间和精力。这也就导致他们无法完成对一种昆虫的观察；他们也并不为此感到遗憾，它们可能认为不停地奔波才会有所成就。好吧，就让他们满世界去转吧，把那些需要静下心来，长时间潜心观察研究的事情交给我这种人来做吧。

这也说明了一个问题，那就是为什么除了这群昆虫学家的著作以外，很难再找到其他风格的昆虫史。他们的昆虫史只是记录了某种昆虫的外貌特征，关于它们的习性、本能等一无所知。这也难怪，世界上有那么多不同的虫子，它们生活的秘密确是不容易搞懂。即使我们搞不明白，我们至少可以将本地的某种昆虫，同不同气候环境下其他地方的这种昆虫进行比较，研究一下同一种昆虫在不同环境下的变异。

那么多愚蠢的人在到处旅行，浪费着大量的机会。想起这些，我就感到遗憾，也令我更加无比的渴望旅行。我甚至开始幻想，我想象自己得到了《一千零一夜》中的那张魔毯，他可以带我去任何我想去的地方。如果美梦成真的话，那真是棒极了！哪怕是只给我一张往返票，只给我留出一个最靠边的位置也行！

世界上的事情是不可预料的，我的旅行美梦居然成真了。朱杜里安是我的一位好朋友，我们是在基督学校认识的教友，现在他在布宜诺斯艾利斯的教会分校工作。这次旅行便是多亏了他。这个人非常的善良、谦虚，如果他帮助了你，千万别跟他道谢，要不然他肯定会发火。起初我总是让他帮忙，我在法国发出指令，他在阿根廷寻找目标，然后把观察到的事情告诉我。就这样，我们通过信件联系，他就像我的眼睛的延伸。

在这位朋友的帮助下，我终于拿到了"魔毯"的票，踏上了旅程，来到了南美的潘帕斯草原。我此行的目的是对比研究法国的一种食粪虫同阿根廷的一种食粪虫，看一下它们之间谁的技艺更高超。

非常幸运，在工作刚刚展开的时候，就让我碰到了米隆食粪虫。它浑身上下都是黑色。雄性和雌性之间的差距很大，雄性的头顶呈短角状，扁平、宽阔、齿状边沿，而且前胸突出，像是一把匕首。而雌性，只是在头顶上有几道褶皱而已。不过，无论是雄性还是雌性，都在头顶上长了一对小尖角，这件工具既帮助它们挖掘，也帮助它们切割。它们的身体呈四方体形，非常端庄，让我不禁想起了生活在法国蒙彼利埃附近的一种橄榄树虫。

按照一般人的想法，形体相似的动物应该拥有差不多的技能。这么说的话，橄榄树虫能制作短粗的血肠状产品，那么米隆食粪虫也应该能制作出差不多的产品。结果是这样吗？事实与此恰恰相反。看来，遇到涉及动物天生本能的问题，光看外表是不行的。米隆食粪虫的特长是制作葫芦状的粪球。这种技能圣甲虫也会，不过，米隆食粪虫更擅长。它的作品不仅个头更大，而且形状更规则。

人不可貌相，昆虫也是如此。别看米隆食粪虫体型笨重，但是它创作的作品十分精致典雅，让人对它刮目相看。最令人叫绝的是作品中蕴涵的几何原理，简直无懈可击。葫芦形状透露着美感，同时体现着稳重、力量。印第安人有一种容器是制作成葫芦状的，不过和米隆食粪虫的作品比起来，还是有很大差距，后者的要精湛得多。有人觉得米隆食粪虫制作的葫芦像是一个水壶，而且还是细篾编制的水壶，为什么呢？因为葫芦的颈口是半开的，并且葫芦体上刻满了精美的纹饰，给人感觉像是交织在一起的细篾。其实，这不过是制作过程中足爪留下的印迹而已。

米隆食粪虫那笨拙的外形，更衬托出这件工艺品的别致与精美。这验证了一个道理，事情的成败与否，决定性因素不是工具，而是执行者本

昆虫记

身。无论是食粪虫，还是人类，这个道理都适用。对于虫子们来说，成为一个优秀的工匠的决定性因素是自身的本能，我们把这种本能称之为天分。

在米隆食粪虫的眼中，没有不能克服的困难。就连人类它们也瞧不起，就拿人类给它们起的名字来说，它们觉得其中透露着愚蠢。食粪虫，顾名思义，靠食粪为生，整日与粪便打交道。可是现实中不是这样，它们是靠动物死尸的血脓生活。我们往往会在动物尸体下面发现它们，而不是粪堆里。它们与其他靠动物尸体为生的昆虫一起共处，比如葬尸虫之类的。前面介绍的那只精美的小葫芦，就是我在一只死去的猫头鹰身下发现的。

有些人认为米隆食粪虫是跨界天才，它身上既体现了食尸虫的饮食趋向，又有金龟子滚粪球的技能。我对这种说法不敢苟同；要知道，大自然中的昆虫种类繁多，习性、嗜好更是千奇百怪，这些不能仅凭着外观去臆想、推测。

在我家附近也有一种食粪虫，确切来说是属于食粪虫类的，它是我们当地唯一的此类昆虫。巧的是，它也热衷于开发动物尸体。它的身体呈椭圆形，经常关注着哪里又死了一只鸡，哪里又死了一只兔子。不过，它不仅仅是热爱腐肉，对粪便也是非常喜欢；与其他食粪虫一样，它也经常会在粪球上大摆筵席。我觉得它们可能有两份食谱：成年的食粪虫吃粪球，幼虫则享用腐肉的血脓。

像这种同类昆虫，饮食不同的现象，在昆虫界还是很常见的。比如说：膜翅昆虫，它们自己靠采集花蜜为生，却捕食其他昆虫，回去喂食自己的幼虫。同样一种昆虫，胃也应该是一样的。那为什么有的需要吃肉，有的则需要喝蜜呢？看来，它们在生长发育的过程中，消化系统肯定会发生转变。这一点上和人类有些相似，人老了，就对大嚼大咽失去了兴趣。

接下里，我们仔细地观察一下米隆食粪虫制作的工艺品。那些小葫芦，在被我发现的时候都已经干透了，外表是淡淡的咖啡色，硬度不比石头差。经过仔细观察以后，我没有在放大镜中发现任何木质，无论是外表还是里面，一点儿都没有。如果发现了木质，就说明这个葫芦的原材料是粪便，或者是把粪球深加工以后得到的；但是，明显不是。除此之外，那又会是什么呢？这种材料的辨认令我感到非常棘手。

我把小葫芦拿起，轻轻地摇了一下，发现里面有动静。我又拿到耳边摇了一下，听到里面传出微微地撞击声，就像是干果里面的核松动了一样。里面藏的会是什么呢？是死去的虫子吗？可能是死去的虫子萎缩、干硬了，我对自己的想法很有信心；结果出人意料，我感觉自己仿佛被戏耍了。那么，里面到底是什么呢？

我将小葫芦用刀子划开，没想到葫芦表层下面的内壁非常厚，并且质地均匀。我手边的三只小葫芦中，内壁最厚的达两厘米。内壁里面便是葫芦中空的部分了，我在里面发现了一个球状物，大小刚好填满葫芦腔，并且和四周的内壁没有任何粘连。我明白了，刚才听到的撞击声，就是这个球状物与内壁碰撞发出的。

这个球状物的表层看上去跟它的外壳一样，应该是同一种质地。我将这个球形内核用硬物砸开，清除掉表皮碎片后，发现了一些湿泥团，里面掺杂着金黄色的小碎块，绒絮团、动物毛皮还有细肉渣。

我借助着放大镜，将湿泥团中的杂物碎屑都挑选出去，然后用煤火去烧烤这团湿泥。起先这团湿泥被熏得乌黑，随后开始发鼓，接着冒出了刺鼻的烟气，同焚烧动物是一样的气味。可以断定，这团湿泥浸满了动物的血脓。

我决定用同样的办法去检验一下葫芦形外壳。起初外壳也是变黑了，不过没有内核黑得那么厉害；随后释放出了少量的烟气，并没有刺鼻的气味；燃烧后的葫芦形外壳变成了一堆红色的黏土，没有一点儿动物尸体的残渣。

通过这个小实验，我们了解到了米隆食粪虫制作食物的方法。它们为自己的幼儿准备的第一顿大餐是肉饼。首先，它们从尸体身上割下肉，并剁成碎末。用的是头顶上的两把解剖刀和前臂上的锯齿刀。切割的时候，不可避免地会带着一些动物的皮毛、骨渣，等等。就这样，它们把剁好的肉馅做成肉饼，然后储藏在内核中。

糕点师傅会精心地装扮蛋糕，各种花饰、各种条纹装饰，都会被熟练应用到自己的作品上。米隆食粪虫对这些烹饪的后续工作一点儿都不陌生。它别具匠心地制作了一个葫芦形的外壳，用来盛放自己的作品，外壳上面还刻满了装饰花纹。

这个外壳在制作过程中没有用到半点肉汁和血脓，几乎没有任何营养，我觉得它的作用并不是用来充饥的。幼虫快要变成成虫的那段时间，胃口非常大，见什么都吃，球形内核的壳，还有内壁上刮下的粉屑，它都吃。但是，直到幼虫变成成虫，从壳中走出的那一天为止，葫芦形外壳都是完好无损的。由此可见，葫芦外壳的作用：在初期，为里面的肉馅保鲜。后期，为里面的幼虫充当保护伞。

葫芦都是分上、下两个隔室的，球形内核位于葫芦下面的大隔室。两个隔室之间有一层隔板，是用黏土制成的。米隆食粪虫的卵位于上面的小隔室，并在里面孵化。我是偶然发现上面的小隔室内有卵的，但那些卵已经死去，并且风干了。幼虫孵化出来以后，要钻透两个隔室中间的隔板，才能钻到下面的大隔室内去进食。若是没有钻过去，则会被饿死。

幼虫刚刚出生就面临着巨大的考验，它们要找准时机，靠自己的努力钻透隔板。大部分幼虫还是能如愿到达底层的大隔室的，它们可以尽情享受那些美餐，这是它们的母亲为它们准备的，也是它们通过自身的努力得来的。我们会在中间的隔板上发现一个小洞，那就是幼虫当时的通道。

葫芦形的外壳加上坚实的内壁，使得里面的两个隔室密封性良好，这就保证了在幼虫孵化出来以前，肉馅饼不会变质。这样的环境，也保证了在小隔室内的卵的安全。至于具体的孵化过程，我还从来没有见到过。看来米隆食粪虫深谙建筑的构建体系，并且知道食物接触空气会变质，这些问题都被它逐一解决了。那么，幼虫的呼吸问题它是如何解决的呢？

它解决幼虫的呼吸问题采用的方案，同样让人叫绝。它在葫芦的中轴线的位置建造了一条呼吸通道，这条呼吸通道非常细，得用最细的麦秆才能插进去。这条通道将小隔室与外界联系起来，外开口就开在葫芦突起的末端，从外面看，像是还没有完全开放的喇叭花。可能有人会担心，若是有敌人顺着这条通道进入到小隔室怎么办？那样幼虫岂不是危险了。米隆食粪虫早已想到了这个问题，它不但把这条通道修建得非常细，还在其中设置了许多尘土颗粒，这些颗粒不会影响幼虫呼吸，但是可以防止敌人入侵。我对米隆食粪虫的智慧赞赏不已，真是绝妙！这些建筑中的设置看似天真，看似随意，但是透露着主人的深思熟虑。

很难相信，这么复杂、精妙的建筑竟是出自一种呆头呆脑的虫子。它是如何做到的呢？我之前对潘帕斯草原上的昆虫都是通过别人的眼睛了解的，我并没有亲眼看到过，现在我只能通过手中的成品，来推测一下它的制作方法。我亲眼见过很多种昆虫筑巢和为子女制作食物，因此我觉得自己的推测出入不会太大。下面便是我的推测。

米隆食粪虫发现了一具动物尸体，尸体上淌着的血脓已经将身下的土壤浸湿，变成粘在一起的黏土。它上前收集这些湿土，有时候会收集很多，有时候则很少，这主要看当时被浸湿的土壤有多少。这些湿土就是它的建筑材料，材料越充足，筑建起来的葫芦外壳就越大、越结实。有时候，甚至会出现内壁厚达两厘米，外壳比鸡蛋还要大的小葫芦。但是，体积太大并不一定是好事，施工者自身的能力是有限度的，产品越大，质量就会越粗糙。如果是收集到的湿土比较少，建筑材料出现了紧缺也没关系，它会只把收集到的湿土用在最需要、最关键的地方。这时，他会拿出足够的时间和精力，将这个小个儿的葫芦精雕细琢，打造得像一件艺术品。

米隆食粪虫需要做的第一步，可能是先把湿土揉成一个球；接下来，它会用头上的铲子和前爪将这个圆球揉压成酒杯状。这是我根据蜣螂和金龟子的一贯的做法推断的。它们都是先把圆球压成碗状，或者酒杯状，并将卵产在其中，最后将开口合起来，最终加工成椭圆形或者梨形。

此时的米隆食粪虫不过是一个制陶工而已，它收集各种黏土，并不仅限于尸体底下的，那些浸着肉汁、血脓的土壤原本就没有多少营养。

接下来，它将变成一个大厨。它手臂上的锯齿刀上下飞舞，从尸体身上割下一些小的肉块，有时候还带着皮毛与骨渣；然后它将其中营养高的部分挑选出来，剁成肉馅。它从尸体地下取来浸满血脓的湿泥，掺入剁好的肉馅，揉成一个球。这个美味的食物球是那样的诱人，全部的制作材料都是就地取材，绝对新鲜。在这方面，它比其他粪虫类要高明得多。这些球的个头几乎一样大，因为它们是按照未来幼虫的需求多少来制作的，每只食粪虫产卵数量大致相当，所以食物球的大小也十分接近。葫芦形外壳是后来制作的，它的大小与球的大小无关。

米隆食粪虫将制作好的食物球放入口杯状的黏土中。这个过程中，食物球不会受到挤压，因此它不会粘到口杯内壁上，日后没有牵制，可以灵活转动。接下来，它的身份再次变回制陶工。

米隆食粪虫努力地把黏土口杯的杯沿向中间推压，让开口逐渐合拢，并最终把肉馅圆球包裹在里面。这样，肉馅球上面的那层黏土也肯定会比别的地方要薄。幼虫日后就是从这层薄壁中穿过来，抵达食物储藏室的。在薄壁上面，食粪虫将用黏土制造一个半圆形的球状物，内部是空心的，并将卵产在其中，这就是那个小隔室。

整个制作肉馅球和制造葫芦形外壳的工作过程都需要十分灵巧，掌握好分寸十分关键。尤其是最后一步压出葫芦末端突起的时候，要一边挤压黏土，一边留心那条极细的呼吸通道。如果出现计算失误，哪怕是在挤压的时候多使了一点儿力气，也会将这条呼吸通道堵死。

无疑，建筑呼吸通道是这项工作中最艰难的一个步骤。即使是最熟练的制陶工，要想完成这样一项工作，恐怕也得借助一根针，到最后，等全部工作结束，再将这根针抽出。米隆食粪虫在工作过程中并没有借助任何工具，它本身就是一台精准全自动仪器，这条呼吸通道被它一次性修好。

主体都修建好了，剩下的工作是装饰外表。这个工作需要极大的耐心。装修后的葫芦身上多了许多指纹形图案，既古朴，又美观。在当年发现的远古人类使用过的大肚瓮上面，也有这种指纹形图案，真是巧合。

至此，全部过程都结束了。米隆食粪虫将离开这具尸体，并寻找下一处尸体，继续在它下面制作小葫芦。它在一个巢中，只安放一个小葫芦，这一点，同其他粪类虫一样。

第十八章　昆虫的着色

南美洲潘帕斯草原上有一种食粪虫非常漂亮，当地人都称它为"米隆食粪虫"。按照昆虫学专业的分类，它的学名应该是"亮甲虫"。这个名字对它来说一点儿都不夸张，体现出了它的阳光、灿烂、英武。虽然终生与腐尸、粪便之类的污秽之物打交道，但是它的外表却是非常光辉，身体上就像镀了一层金属。从不同的角度去看，发出的光泽也不一样，有时是绿宝石一样的青光，有时候是红铜般的紫光，甚至有人称它是一位珠宝匠。

尽管衣着朴素，但是它身上的饰品却非常奢华。有的金龟子胸前佩戴着佛罗伦萨青铜制品，另一种则将鞘翅涂抹成红色。它的身体大部分是黑色的，腹部的颜色则是紫色，非常搭配。

大自然中爱美的昆虫非常多，它们装扮自己的习惯也各不相同。在佩戴首饰方面，能与亮甲虫相媲美的还有步甲、吉丁、叶甲、金匠花金龟等，它们的水平都不在亮甲虫之下，甚至还要高明。若是将它们的饰品都聚到一起，估计任何一位珠宝大师都会眼花缭乱。还有的昆虫偏爱某种颜色，比如说生活在恺木、柳树上的单爪丽金龟，它通体湛蓝，比晴空还要柔美。同样喜欢蓝色的还有一些蜂鸟和蝴蝶，不过它们都是只在颈上或者翅膀上用上一点，起点缀作用。

它们身上的这些珠宝和钻石都是哪里来的呢？是从矿里掏来的吗？还有涂在身上的那些颜色，这给研究颜料化学的专家们提供了一个很好的课题。尽管如此，还是没有多少人愿意去研究它，因为这太难了。科学家们总是破解不了这些昆虫给自己着色的秘密，我想这个问题在将来一定会解

昆虫记

决的，尽管只是一部分。之所以说只是一部分，是因为生命的秘密不可能全部都被人类的实验室破解。我下面就讲述一下我观察到的一点儿东西，希望能对将来的破解工作有所帮助。

首先我们观察的是泥蜂和水龟虫的幼虫，它们都是以父母准备好的猎物为食。按理说，它们的体内会生成一种物质，那就是酸。可能是尿酸，也可能是某种其他的酸。结果这种酸只在泥蜂幼虫的体内发现了，而水龟虫体内却没有找到。

泥蜂幼虫此时还太小，在它的这个生长阶段，体内的消化、排泄管道还没有完全投入使用。它至此还从来没有从体内排泄过任何东西，因为它尾端的消化系统通道还没有打开。因为无法排泄，所以自身产生的尿酸便堆积在一块脂肪内，后来越积越多，这块脂肪变成了一个大仓库。这个仓库中的不仅有生命系统产生的废料，也有供应生命系统运转的原料。

与之完全相反的是，水龟虫幼虫体内的消化、排泄通道从一开始便畅通无阻。尿酸类的物质产生后，很快便被排出了体外，不会储存在体内。

尿酸是否在体内堆积，这对于昆虫的研究来说非常重要。但这并不是我们研究的重点，我们要探讨的是关于昆虫着色的问题。我言归正传，我们将目光转回泥蜂身上。泥蜂的身体是半透明的，从外面很容易就能看到它的消化道，因为整个身体里面，只有这条消化道是有颜色的。它在吃蟋蟀的时候，食道呈暗红色，还鼓鼓囊囊的。在食道的下面隐约可以看到一个尿酸囊，呈椭圆形，暗白色。从外面可以看到尿囊内的细密颗粒，这便是日后用来制作美丽外衣的原材料。

幼虫时期体内是否有尿酸囊很重要，这决定着这只昆虫日后懂不懂得打扮自己。那些尿囊内的颗粒让我想起了黄斑蜂，它还在棉絮袋内的时候，就懂得为自己制作首饰，用的也是身体表层的细密颗粒。

利用自己体内产生的废物来装扮自己，代价小，而且很见成效。很多昆虫都是这样做的，那些一开始体内消化排泄系统正常的昆虫中，也有好多采用这种方法装扮自己。猎食性的膜翅昆虫便是如此，它们的幼虫便是用尿酸为自己制作斑斓的服饰。对于那些没有尿酸囊的昆虫，它们使用另一种方法，照样为自己准备制作出了新衣。它们的方法也很简单，就是去收集其他昆虫排泄出的废物，然后将其吃掉，经过消化得到自己需要的成分。这是真正的化腐朽为神奇。

我们将一只毛虫的表皮揭开，用放大镜去观察。皮下各个部位的颜色不同，有的地方是黑色的，有的地方是黄色的，还有的地方呈红色，这些都是一些黏状分泌物。我们从这些五颜六色的黏膜中取出一点儿，让它跟硝酸反应。这是为了检测一下黏膜中是否含有色素，无论是什么颜色的色素。结果两种物质在经过了沸腾、发泡的反应之后，得到了红紫色的铵。这说明，毛虫之所以拥有那么漂亮的衣服，原因也和尿酸有关。那些微量的尿酸，就存在于毛虫皮下的脂肪组织里。

皮层下黑色的部位非常复杂，各种化学处理都不能使它有所改变，即使是硝基镪水都难以将它侵蚀。而那些色彩斑斓的部位被处理后变得透明，像是被漂洗过了一样。这样我们就明白了，毛虫外表那美丽的颜色可以分为两部分，其中一部分是黑色，它是染制的，颜色已经和肉体结合在一起；另一部分是那些五彩的颜色，它们是涂抹上去的，用化学制剂轻轻一擦，就能将其除去，就像是涂了一层油漆一样。那些红黄白色的油漆在被去除后，会在半透明的玻璃上留下尿类石灰浆，这些物质用肉眼是看不见的。

下面再去看看蜘蛛目昆虫，看看它能为我们提供什么样的实例。有一种特别善于装扮自己的蜘蛛叫彩带圆网蛛。它那滚圆的腹部上面，装饰有三色条纹，黑色、黄色，还有白色。这些颜色都非常鲜艳，黑色如油漆一般，黄色如蛋黄一样明亮，白色则像雪花一样清新。别看只有三种颜色，但是它们排列的组合不断地在变化。到了腹部末端，只有黄色和黑色的组合，一条黑带生面并列着两条黄带，黄带延伸到身体两侧的时候，颜色也逐渐变成橘黄色。在它的胸前左右对应着两个奇怪的图案，形状看上去像鸡冠花，颜色很淡，看上去很奇怪。

蜘蛛腹部的这三种颜色有什么不同吗？若是你用放大镜去观察就会发现。黑色的部分不会发现什么异样，无论是质地，还是密度都正常；但是黄色和白色部位则不同了，你会发现一些网状的结构，组成网的这一根根线是由许多小颗粒堆积而成的。若想进一步观察，则要干点儿残忍的事情了。用剪刀将蜘蛛腹部一侧的表皮挑开，很容易就能将它背部的角质层完整地剥取下来，并且不会粘连上一丁点儿肌肉。把这张表皮放到光下去看，黑色和黄色的部位还是黑色和黄色，白色部位变得半透明。

在白色的横带底下，你会发现许多白色的微粒。这些微粒呈多角形，半透明状，排列的密度也不均匀，有的地方很厚，有的地方很稀薄。是它们组成了蜘蛛腹部上的那些白色饰带，这些饰带与其他颜色的饰带很搭配很协调，让蜘蛛看上去更美丽。

在玻璃试片上将各种颜色的微粒与硝酸融合，结果它们并不起反应，没有沸腾，也没有起泡。这说明它们当中不含尿酸。那可能是蜘蛛目昆虫身上的一种生物碱。它就是蜘蛛表皮底下的色素，是它生成了那些黄、黑、红、橘各色的黏性分泌物。总之，蜘蛛给自己着色的方法与毛虫不同，它是将动物体内的残渣氧化，生成了一种化合物，并利用这种化合物分泌色素。美丽的毛虫用尿酸来装扮自己，而彩带圆网蛛用的则是植株体内特有的尿碱。

经过上面对泥虫幼蜂、毛虫，还有蜘蛛的观察以后，我们知道：体内产生的废料，以及有机物残余的尿酸、尿碱都对昆虫的着色起到了重要的作用。

相对于那些虫体涂料来说，虫体染料更复杂。到现在为止，几乎找不到用来解释这个现象的观察领域，只能了解到一点儿关于染料色质演变的情况。潘帕斯草原上的食粪虫拥有红宝石光泽的外壳，这种体色是如何而来的呢？我们无法正面回答这个问题，还是先请教一下它们的同族吧，得到的答案可能让我们离事实真相更进一步。

埃及圣甲虫是南美食粪虫的亲戚，它们属于同一类昆虫。在埃及圣甲虫脱去蛹壳的时候，你会发现它的衣服有些奇怪。成虫的装束是一身乌黑，而此时的它，鞘翅和腹部呈白色，而头部、胸部和爪子则都是铁红色。这种铁红色在大戟毛虫的身上也会发现，不过同毛虫不同的是，它身上的这种铁红色不能与硝酸反应。后来，鞘翅与腹部的白色素逐渐变红，这说明染色素内部的分子结构发生了改变。

在短短的几天时间内，没有颜色的东西变成了有颜色的东西，肯定是内部分子结构起了变化。好比建筑一样，各种不同的建筑物用的沙石都是一样的，这些沙石的排列组合不断变化，就会组合成不同的建筑。

用不了多久，圣甲虫就变得全身通红，腹部和鞘翅上的白色也不见了。此后，它们的额套壳和前爪细齿上将会出现散雾状的褐色物质，这说明它们的劳动工具已经基本发育成熟了。这种褐色是硬度增强的体现，再以后，这种褐色将布满全身，并逐渐取代原先的红色，最后变成了乌亮的黑色。至此，变色的过程结束了。从无色变成红色，再变成褐色，并最终变成黑色，整个过程大约需要一周时间。这种黑色将伴随他们走过一生。

同埃及圣甲虫一样，金龟子、蜣螂，还有许多别的昆虫，都是这样变色的。由此推断，潘帕斯草原上的亮甲虫应该也是这么变色的，我对这点很有把握。当亮甲虫还在蚕蛹中的时候，你会发现，它的身体上除了腹部和鞘翅以外，其余地方都染着红色。这些红色光泽各不相同，有鲜红色，有暗红色，还有的地方是褐红色；它的腹部和鞘翅最后开始的时候是无色，但是用不了多久就会变得跟其他地方差不多。就像是一张白纸渐渐地吸满了墨水一样。金龟子当初的时候，把最后的颜色选为了黑色。亮甲虫可能犹豫不定，到最后索性一下子选了好几种颜色，有红色、紫色、金色等。就这样，亮甲虫身上的光变得很绚烂，将乌木、金属和宝石的光掺杂在了一起。

光对于昆虫们体色的变化有影响吗？它能加快或者延缓变色的速度吗？我想做个试验验证一下。蛹是非常娇弱的，阳光直射会要了它们的命。因此我准备了两片玻璃，并在中间加满了水，这样，等阳光穿过玻璃和水，就变得柔和多了。试验中，我将一部分金龟子、粪金龟和金匠花金龟接受弱光的照射；另一部分则置于黑暗中。实验结果是，没有影响。无论是放在光下，还是置于黑暗中，它们的体色演变几乎是同步进行的，既没有哪一方速度加快，也没有哪一方速度放缓。

这个结论在实验之前我就预料到了，光线对昆虫的变色基本上没有什么影响的。当其度过幼年期之后从树干中钻出，当金龟子、亮甲虫等从地下洞穴中来到地面，它们第一次见到阳光的时候，身上的颜色已经定型了，不会再改变了。无论阳光是多么灿烂，它们身上的饰品和光彩都将无增无减。昆虫体色的变化是一种化学反应，这个过程中是不借用光的。蝉也是如此，无论是将其放入黑暗中，还是置于太阳底下，从幼虫变为成虫的蝉都将脱下嫩绿色的外套，换上暗褐色的大衣。

昆虫将尿渣用来作为染料。即使是高等动物，也有许多在使用这种染料，在它们的体内都能发现。有一种小蜥蜴是大家最熟悉的例子，它生活在美洲。人们将它的色素与硝酸放到一起，经过反应后得到了尿酸。这种情况在其他一些动物身上肯定也会出现，尤其是爬行动物。

在这一方面，鸟类与爬行动物很相似。无论是野鸽、孔雀、翠鸟，还是红鹤，甚至是异域的鸟类，它们身上都长有色彩斑斓的羽毛，而这些多少都与它们的尿类排泄物有关系。为什么会这样呢？鸟类是高等动物，昆虫要比它低等得多，那它们的着色方法怎么会类似呢？大自然是万物的主宰，它就是这样安排的。它喜欢随时给我们一些惊喜，使我们在发现它的时候能沉思，能改变一些狭隘的价值观。这位主宰能将煤变成钻石，能将再平常不过的黏土变成宝石，也能把昆虫、爬行动物、鸟类的排泄物变成它们各自的精美服饰。这些精美饰品的来历让许多珠宝匠都一筹莫展，它们终究不会想到，它们的来历是"少许尿液"。

第十九章　白面螽斯

在我居住的区域里生活着一种白色面孔的螽斯，它可以算得上是蚱蜢类的首领了，无论是从外表上看，还是比歌喉。它那灰色的身体、强有力的大腮、宽阔的面孔，都透露出一股首领风范。

到了夏天最炎热的时候，在长长的草上、岩石下面、松树间都能看到它来回跳跃的身影。如果你想捉几只回去，也不是什么难事。

白面螽斯这个名字起源于希腊文字，在希腊语中的意思是"咬"，因为它喜欢咬东西，因此得名。

它的这个名字名不虚传，如果它抓住了你的手指你可要当心了，它会把你的手指咬的生疼，有时还会出血，这都是因为它长有强有力的颚。所以，当我在捉它的时候非常谨慎，以防它咬到我。我很清楚它两颊突出的大型肌肉是用来干吗的，是专门用来将捕捉到的坚硬的猎物切碎用的。

我把捉到的白面螽斯放到笼子里，结果发现它什么都吃，只要是新鲜的肉食，无论是蚱蜢还是蝗虫都可以。其中最合它胃口的是一种长着蓝色翅膀的蝗虫。

每次当我给他们喂食的时候都会有一阵骚动，特别是当它们非常饿的时候。白面螽斯受长颈的阻碍，行动不是很敏捷，只能一步一步地向前突进，看上去非常笨重。那些被投进笼子里的蝗虫，有的直接就被抓住了；也有的乱飞、乱蹦；还有的逃到笼子顶部，因为白面螽斯笨重的身体不可能爬到那上面去，所以可以暂时躲避它的攻击。不过，这只能拖延被攻击的时间，不能改变被吃掉的命运。当它们体力不支掉下去，或者被绿色植被吸引飞下去的时候，就会被埋伏在一边的白面螽斯捕获，成为一顿美味的大餐。

虽然这种螽斯智商很低，但是它的杀戮方法却非常科学。我曾经多次见过它的杀戮，它常常先袭击猎物的颈部，然后再咬住它们的神经，尤其是控制它们运动的神经。这样一来，猎物就失去了反抗能力。在这一点上，它同老虎、狮等猛兽一样，它们都是先去咬住猎物的喉咙，使得对手失去反抗力，最后再一点点慢慢享用猎物。

这种方法是比较聪明的，因为蝗虫的生命力很顽强，你必须等它死后才能慢慢享用。有几次我见到，蝗虫的头都掉下来了，还能乱蹦乱跳。我甚至见过一只蝗虫，身体都被吃掉一半了，还乱蹦乱跳地逃走了。

白面螽斯算得上是一种益虫，因为它对蝗虫，还有其他一些对农作物有害的虫类情有独钟，所以它对农业是有益的。

我还从白面螽斯那里了解到了关于幼小螽斯的几件事，真的应该很感谢它。

我们知道，蝗虫、蟑螂产下的卵装进硬末做成的桶内，蝉产下的卵装进树枝做成的洞穴里，而白面螽斯的卵放在哪里呢？答案是，这种螽斯将卵像植物种子一般种进土壤里。

在母螽斯的尾端有一个特殊的器官，是用来在地上掘洞用的，然后它会在这个洞内产下一些卵，这个器官还会将洞穴内四周的土变得疏松，用土将洞穴掩埋，并把表面弄得平整，看不出有洞穴的痕迹。

这个时候它会休息一下，一般它都是到附近去散一会儿步，然后回来继续工作。它清楚地记得刚才自己工作过的地点。在一个小时之内，它能完成五次这样的工作，包括散步在内，而且，每次打洞、产卵的位置都靠得比较近。

等它收工以后，我去观察那些小洞。洞里面没有小室或者壳，只有卵安静地躺在里面。这些卵大部分是紫灰色，形状与棱差不多，数量大约有六十个。

我现在想仔细观察螽斯的卵是如何孵化出来的，于是便在八月末的时候，把许多卵从土穴中取出来，放进一个铺着细沙的玻璃瓶中。它们在这个玻璃瓶中将要度过八个月的时间，这期间它们不必担心气候变化，也不用担心烈日炎炎。

六月的时候，瓶中的卵还和九个月前一样，既没有发皱，也没有变色，完全没有开始孵化的征兆。六月的时候，在野外会经常看到小螽斯，有的甚至已经长得比较大了。为什么野外的小螽斯都孵化了出来，而瓶内的却没有动静呢？究竟是什么原因使得它们停止了孵化的脚步。

最后我明白了，原来这种螽斯将卵埋在土中是有它的道理的。埋在土中的卵会经受大自然的雨雪风霜，而我的瓶子内却是四季干燥，这些卵可能像种子一样，是需要水分才能生长的。因此，我要试试给它改变一下环境。

我从瓶子中取出一部分卵，将它们放入玻璃管中，然后再在上面撒上一层潮湿的细沙，并将管口用湿棉花塞好，这样里面就会一直保持湿润的状态。我现在干的这些工作，怎么看都像是植物学家在做种子实验。

我的希望终于要实现了，在玻璃管湿润的环境中，那些卵有了要孵化出来的迹象。这些卵不断胀大，外面的壳眼看就要破开了。两个星期中，我一直守在这些卵旁边，生怕错过看到小螽斯出壳时的情景，我完全忘记了疲倦，只想着快点解开缠绕在我心头的疑惑。

我心中一直有一个疑惑。在野外，这种螽斯的卵被埋在地下约一寸深的土中，外面草上那些新生的小螽斯我们都见过，它们都生有两根非常细的胡须，还有两条长长的腿。我的疑问就是，这个昆虫刚出生的时候非常柔弱，它是怎样从地下的土中钻出来的？它的触须是那样的娇弱，可能一粒沙子都能使它折断，它的大腿是那样的累赘，并且脆弱，轻轻一碰就可能脱落，怎么看它都不像是从土中钻出来的。

我们已经知道蝉和螳螂的卵从巢中孵化出来的时候，都是穿着一种保护膜，就像是一件大衣一样。因此我猜测，小螽斯从沙土中钻出来的时候也会有一层保护膜。

事实证明了我的猜测，刚孵化出的白面孔螽斯和别的昆虫一样，也穿着一层保护膜。它的保护膜就是一个鞘，幼虫就躺在鞘中，看上去十分瘦小，呈肉白色，六个足平置胸前，向后伸直，它的大腿被绑在身旁，而最容易受伤的触须，被紧紧地压在鞘里面。

它的颈向胸部弯曲，眼睛是一个大大的黑点，面孔十分肿大而且毫无生气。它现在十分脆弱，甚至能看到突出的筋脉在不停地跳动，一张一合。有了这些筋脉，螽斯的头部才能灵活地转动。幼虫用颈部推动沙土，在上面挖出一个小洞穴，然后移动自己的背，向前推土，每前进一步都是那样的艰难。

这个柔软的小家伙，一出生就要同土壁作斗争。它的身上还没有什么颜色，筋脉在体内纠结，肌肉也不够强壮，这种同硬石的斗争就像是愚公移山，不免让人觉得它可怜。不过，皇天不负苦心人，它最后居然成功了。

这天早晨我发现，通往地面的通道终于被它打通，是一个小小的孔，约有一寸深，不是直的，直径约有一根柴草那么粗。在这个疲倦的昆虫到地面上来之前，它需要休息一会儿。因为体力消耗得太大，需要恢复一下才能进行最后一搏，那就是冲破包在外面的那个鞘，将这件以前保护自己，现在束缚自己的外衣脱下来扔掉。

就这样，大自然中又多了一个小螽斯，它的肤色在出来后第二天就由灰色变成了黑色，它的面孔还是那么成熟，直到发育成熟之后也不会变，大腿下面，长有一条细细的、白色的斑纹。

面对着这条冲出地面小螽斯，我不禁感慨：你要面对的这个世界太凶险了！你的那么多兄弟姐妹们都倒在了寻找自由的路上，有的是因为疲倦不堪死去，有的是面对着困难主动放弃，最后活活饿死。

如果要不是我给它们创造一个湿润的环境，恐怕它们的生存还要艰难，因为外面的泥土更加的粗糙，并且都被太阳晒干了。

我给这个长有白条纹的黑鬼喂食莴苣，它们大口地咀嚼着，吃的很欢。有时还在笼子里面欢快地跳跃，看来养活它们是一件很容易的事情，它们的要求一点儿都不高。

尽管如此，它们对我来说已经没用了。我已经得到了问题的答案，它们用实际行动告诉我：蚱蜢在离开产卵的地点时，要将最重要和最脆弱的部分，如它的长腿和它的触角等，用一件保护层包裹起来。

我对它们再无所求，于是便恢复了它们的自由，把它们放回了大自然，还把它们曾经住过的房子——玻璃管送给它们作为纪念。

第二十章　绿螽斯

　　现在是七月，虽然还没有到最热的时候，但是气温高得吓人，酷暑仿佛提前来临。这几个星期以来，人们被这种高温折磨得非常难受。

　　那天是国庆节，晚上人们聚集在小镇上狂欢。有人在地上生了一堆火，孩子们围着火堆欢快地跳舞。嘈杂的人群中还不时地传来鼓声。当时已经是晚上九点了，空气中有些凉爽。我躲在黑暗的角落里，一边享受着凉风，一边倾听着田野里的歌声。比起广场上的热闹，这里的歌声更显得壮丽。广阔的原野上，一曲歌唱丰收的大合唱，体现出了大自然的朴实、安宁。

　　渐渐地，蝉停止歌唱。它们已经唱了整整一天，白天还有阳光给他们补充能量，可现在是晚上，它们该休息了；它们并没有休息多久就遭到了袭击，我们从厚厚的树叶中听到了哀号，是那种急促刺耳的惨叫声。是谁袭击了蝉呢？是绿螽斯。绿螽斯是夜间大盗，非常厉害，同时非常的残忍。刚才那只遇袭的蝉，一转眼间就被它剖开了肚子，并把里面的内脏全都吃掉。若是得手了，它们便会先奏一首，以示祝贺，也是为接下来的大开杀戮壮一下胆。

　　我家附近的绿螽斯不多，几乎见不到。去年的时候，我想研究一下它，可是总也找不到，最后不得不去旺杜峰寻找，在一位护林员的帮助下才好不容易捉到两对。

　　好机会并不会一开始就落到某人头上，它总是试探性地去捉弄每一个人，只有那些意志坚定的人才会被它选中。我便是如此，去年的时候我找

昆虫记

不到它们的身影，可是我没有放弃。结果，今年的夏天里，到处都是它们的踪影。尤其是到了晚上，矮树丛中充斥着它们发出的声响。即使不出院子，我也能很轻松地捉到它们。我想，这就是说老天对我的眷顾。我告诉自己，机会来了就要抓住。我捉了许多对螽斯，将它们安置在钟形的金属笼子中，笼子坐落在盛放着沙土的瓦罐上面。

这种昆虫浑身绿莹莹的，只有腰间系着两条白色饰带。我敢说，它们肯定是蝗科昆虫中最漂亮的一种。看看它们那苗条的身材，又大又薄的翅膀你就知道了。它是令我如此着迷。日后我将从它身上学到什么呢？这还不得而知，眼下最重要的就是如何养活它们。

我给它们准备的食物是莴苣叶。它们没有嫌弃，趴在上面啃咬起来。不过，看上去仿佛没有食欲。我很快就知道了它们的心思，它们并不是什么素食主义者，它们需要进食其他昆虫。可是，一般是谁来充当这个倒霉鬼呢？我偶然发现了这个秘密。

一次我起床很早，当时天还没有亮，我在门前来回踱步。"啪"的一声，有个什么东西从树上落到地上，传来"吱吱嘎嘎"的声响。我过去一看，原来是一只螽斯正在与一只蝉搏斗，蝉已经陷入了绝境，被螽斯紧紧地抓住，同时，螽斯正在一点点儿的掏空蝉的腹腔，后来又掏空它的胸腔，整个过程中蝉毫无还手之力，只是爪子还偶尔的在空中划一下。

我推测：在黎明即将到来的时候，螽斯偷袭了一只正在休息的蝉；这位歌唱家可能正在做美梦呢，它一定不会想到今天的演唱计划彻底泡汤了。被袭击者刚开始还能反抗几下，后来便彻底失去了反抗能力，两位抱作一团从树上滚下。这种捕猎场景我日后又见过多次。

有时候，勇敢的螽斯堪比天上飞的雄鹰。螽斯会把蝉追得到处跑，情形跟老鹰在天空中追赶云雀差不多。不过，老鹰追的都是比自己小的鸟类，而螽斯却正好相反，蝉的个头要比螽斯大得多。但是，螽斯一点儿都不惧怕比自己强壮的蝉，出击从不犹豫，下手也毫不心软。螽斯取胜的法宝就是自己那强劲的下颌，用它来划开对方的胸腔、腹腔几乎没有失手过。而蝉则十分可怜，浑身上下没有任何武器，只有挨宰的份儿。

最难做到的是接近对方，这也是螽斯为什么总是选择在夜晚偷袭蝉。那些蝉，只要在夜晚被螽斯打上主意了，基本上就活不到明天。按理说，歌唱了一天的蝉本应该在夜里好好休息，为自己第二天的演出积蓄力量，但是，依旧有蝉在夜里鸣叫，这时只有一种情况，那就是它们被披着一身绿色的强盗偷袭，不出一会儿，它们便被夺去了性命。

自从我知道了螽斯的喜好，后来我便喂它们蝉吃。看来它真的是很喜欢，大约二十天后，笼子中几乎没有了立足之地，被吃剩的蝉的脑袋、翅膀、爪子、被掏空的腹腔等被扔得到处都是。它们只吃蝉的肚子，虽然营养不是很高，但是蝉的身上也就只有这里非常软，方便下口。

除此之外，螽斯为什么偏爱蝉的腹部可能还有一个原因，那就是蝉的腹部中储存了一些糖浆，这些都是蝉从鲜嫩的树皮中收集来的甜汁。螽斯可能对这种甜品情有独钟，所以它只对蝉的腹部感兴趣。

我想改善一下螽斯的饮食结构，同时探测一下它们在饮食方面，还有没有别的嗜好。我为它们准备了许多种果品，有梨、葡萄、甜瓜等，都是甜味的，结果它们非常喜欢，每一种都被吃得一干二净，就差伸出大拇指来称赞了。它们对甜品的喜爱可以堪比英国人，英国人总是忘不了往牛排上面抹果酱。

并不是所有的螽斯都能吃上美味的蝉肉。除了我们这里以外，北方也生活着许多螽斯，它们那里并没有蝉，那么它们用什么来代替这种美味呢？

为了找出答案，我做了一个实验。我将细毛腮角金龟投进了笼子里，螽斯们立刻围了上来，将这种鞘翅昆虫吃得只剩下脑袋、翅膀和足爪。接下来，我又往笼子里投入了另一种腮角金龟，名字叫松树腮角金龟，这种肥美的昆虫同样受到了欢迎，被吃得只剩下一些身体残片。

这些实验说明，螽斯嗜血成性，几乎没有它不喜欢吃的昆虫，尤其是那种外表没有硬壳保护的。同样是喜欢吃蝉，它比螳螂好伺候多了。螳螂进食非常挑剔，它只吃自己捕获的猎物，尤其是蝉。如果肉食吃多了，螽斯还懂得调节，比如多吃一点水果甜品，如果实在是没有，青草、菜叶也可以。

尽管我提供的食物五花八门，能满足它们各方面的需求，但是，同类相食的事情不可避免。尽管它们没有螳螂那么野蛮，会将自己的情人都吃掉。如果笼子中有哪只螽斯身体虚弱，倒下了的话，同类们一点儿都不含糊，像是共同对付猎物那样，一起将它吃掉。可以肯定，它们吃掉对方不是因为食物缺乏。只能说，这是一种癖好，有那么一类昆虫，都有这种吃掉同类中的弱者的癖好。

钟形笼子中的螽斯生活的非常和睦，它们从来不争吵，只是偶尔在食物的分布上有少许争执。我切了一小块梨投入了笼子里，一只螽斯立刻飞了上去，它觉得这是自己最早发现的，只要它不愿意，谁也不能来分享。其他的螽斯也陆续赶来，不过都被它用脚从梨块上面踢了下去。看来私心是无处不在的。等它吃饱之后，它才从梨块上下来，让下一位继续。结果下一位也是个这样的主儿，不允许它人与自己共享。就这样，一位一位地排队、接班，笼子中所有的螽斯都来吃这顿筵席。吃完以后，它们整理一下仪容，用沾了口水的爪子将额头和眼睛都擦拭一遍；接下去它们便各忙各的，有的停在破麻布片儿上，有的卧在沙子上，一动不动。白天里，它们大部分时间都用来休息。

太阳一落山，笼子里的螽斯们便来了精神。它们最活跃的时间是在晚上九点钟左右。那时，螽斯们爬上爬下，整个场面既匆忙，又混乱。还有的沿着笼子边缘疾走，还有的原地跳跃，所有的螽斯嘴里都发出"吱吱"的尖叫。你以为它们都疯了吗？不是这样的，疯狂暴躁的只有雄性螽斯，而雌性的则慢慢悠悠地散着步。此时对于螽斯们来说，最重要的事情便是交配。

我对这件事情也非常关注，希望有机会能亲眼目睹，最终，我的愿望得到了满足。不过，还是错过了一些环节。由于它们的婚礼拖得时间太长了，我没能看到最后一幕，要想看到那一幕，除非等到凌晨或者黎明。

这个婚礼真是漫长，我看了大半天只不过看到了其中的一个片段而已。一对热恋中的情侣，耳鬓厮磨地站在那里，它们在用脸和触角交流，你碰我一下，我碰你一下，好不甜蜜。隔一段时间雄性螽斯就会鸣叫一次，我以为那是这个环节的结束的标志，很遗憾，它们继续亲热，仿佛刚刚结束了一个回合而已。这个场面一直持续到十一点，它们毫无倦意，但是我实在是撑不下去了，只好去睡觉。

到了第二天中午的时候，我发现在雌性螽斯的产卵管下方，有一个口袋挂在那里。这个口袋是乳白色的，形状像是一个细颈瓶，隐约可以看出，这个口袋被隔成了几个囊泡。这个口袋给雌性螽斯的行走带来了不便，它被拖在地上，沾满了沙粒和尘土。雌性螽斯受孕靠的就是这个细颈瓶，不过一会儿，它就会将这个细颈瓶吃掉。它首先是将里面的物质吸干，最后咬住囊泡，经过反复的咀嚼，将其全部吞下。这个乳白色的口袋从出现到消失，只存在了不到半天的时间。

通过螽斯我们可以看出，蝗科昆虫的世界是多么的奇异。生活在陆地上的动物中，没有谁比它们的历史更悠久。它们对于我们想了解过去非常有帮助，因为它们仍旧沿袭着古老的习俗。这一点儿上，其他许多昆虫也是如此。

第二十一章 蟋蟀

蟋蟀的名气是和蝉一样大，它的住所和它的歌喉是它拥有如此高的名气的原因。这两项缺一不可，毕竟，只拥有一项绝技的昆虫实在是太多了。拉丹在寓言中提到了很多动物，但是关于蟋蟀的只有寥寥几句，看来，蟋蟀的天分和才气还没有被他注意到。

不过，有位法国的作家倒是写过一篇关于蟋蟀的寓言。可惜的是，这篇寓言没有写出蟋蟀的真实面貌，他在这个故事中写到：蟋蟀对自己的命运并不满意，因此，它总是在叹息。这种认识完全是错误的，这一点可以用事实来证明。我相信，只要是对蟋蟀的生活有所观察和研究，哪怕只是表面的观察，你都会感觉到蟋蟀的天性，它对于自己舒适的住所，对于自己天才的歌喉都是那么满意而又愉快。

在这个故事的结尾，作者也不得不承认蟋蟀对自己的生活很满意。结尾是这样的："我那舒适的家，是个快乐窝，隐居在其中，能得到快乐的生活。"

我的一位朋友曾经给蟋蟀作了一首诗，我感觉这首诗很真实，真实地描写出了蟋蟀对于生活的那种热爱。

让我们来看一下这首诗：
有这样一个关于动物的故事，
一只蟋蟀走出屋子，
站立在门边，

悠闲地享受着阳光，
旁边的蝴蝶是那样的趾高气扬。

飞舞的蝴蝶，
连尾巴都那么傲慢，
蓝色的半月形花纹，
排成长长的一列，
还有星点与长带，
飞行者骄傲地来回盘旋。

蟋蟀这位隐士道："飞走吧，
整天徘徊在花海里，
无论是菊花，
还是玫瑰，
都比不上我那低凹的家。"

说话间，
一阵风暴袭来，
飞行者被雨水打翻，
它的衣服变得肮脏、褴褛，
它的翅膀被烂泥涂满。

蟋蟀藏匿着，
雨水淋不着，
它冷静地看着这一切，
发出歌声，
它毫不理会风暴的威严，
狂风暴雨都躲着它。

离开这个世界吧！

昆虫记

不要沉浸在它的快乐和繁华，

一个低凹的小家，

是那样安逸，

这会让你不再去忧虑。

这首诗非常好，我们从中认识到了一只快乐、可爱的蟋蟀。

我经常在蟋蟀的家门口见到它，它们不停地卷动着自己的触须，看上去非常悠闲。它这可不是闲得无聊才这么做，卷动触须可以让它们的前身感到凉爽，后身感到温暖。我没有发现蟋蟀对于天上飞着的那些五彩斑斓的蝴蝶有任何的嫉妒。相反，蟋蟀对它们有一些怜悯。这种怜悯就像是那种生活舒适、有温暖家庭的人，对于那种无家可归的流浪汉流露出的那种感情。不像有些作家写的那样，蟋蟀从不叹息、从不诉苦，它是一个天生的乐观派，对于自己舒适的家，还有身上那把简易的小提琴，它非常满足。有时候，你会感觉到蟋蟀是一位哲学家。它仿佛能看清楚世间虚无缥缈的假象，能避开不理智的追求，淡定自如。

我写下这些文字，就是想让大家了解蟋蟀的优点。蟋蟀等待这一天已经很长时间了，自从拉丹将它们忽略以后，它们就一直期待着有个人来介绍它们，不要让它们感到被人类忽略。

我的身份是自然学者，因此我观察事物的侧重点也和大家不太一样。前面两篇寓言故事中，最重要的就是蟋蟀的房子，它的巢穴，寓言中的教训也是通过这一点来体现。

寓言作家在诗中谈到蟋蟀的居室是那样的温馨、舒适；而在拉丹的寓言中，也赞美了蟋蟀的家庭。所以说，蟋蟀的住宅是最能勾起人们好奇心的。诗人们往往很少去观察真实的事物，它们有的甚至只写不存在的东西。但是蟋蟀的住宅却吸引了他们的注意，能够做到这一点，非常了不起。

无论是在筑巢还是在家庭方面，蟋蟀确实很出众。不过，这和它的勤奋、努力是分不开的。所以，安定、温暖的家对它来说也算是一种回报。当面对着恶劣的气候和环境的时候，很多昆虫只能躲避在简陋的临时住所里，它们的家来得容易，日后丢弃也不觉得可惜。

不过，这些昆虫中也有一些另类，它们会给自己制造出各种五花八门的家。比如，有的用棉花做成口袋，有的用树叶做成篮子，还有用水泥做成的塔，等等。还有很多昆虫长期潜伏在一个地方，等待时机，捕杀猎物，这个潜伏点便成了它们的家。虎甲虫就是其中的典型代表，它常常挖一个垂直的洞，然后把自己塞入其中，只留下青铜色的小脑袋留在洞口。如果其他的昆虫对这个大门感到好奇，或者被它迷惑的时候，危险就降临了。虎甲虫会毫不犹豫地掀起大门，冲出洞穴捕捉猎物。它的动作非常迅速，猎物往往措手不及，不一会儿，猎物就被拖入洞中，不见了踪影。

蚁狮也是这种情况，它在沙子上面打出斜斜的隧道，专门诱捕蚂蚁。如果有蚂蚁误入歧途，来到了这里，就会不由自主地顺着斜坡滚落。蚁狮早就在洞中等候，看到有蚂蚁跌落，就将它乱石砸死。

无论是虎甲虫还是蚁狮，它们的安身之处只是一些临时性的避难所或者陷阱，不是长久居住的地方。

真正的居所是昆虫辛苦努力建造出来的，一年四季中昆虫对它都非常依赖，不会因为气候、天气、外部环境的改变，而随便放弃。无论是万物复苏、生机盎然的春天，还是滴水成冰、寒风刺骨的冬天，它们都不会随便搬到别处去住。这才是真正的家，从长远的角度去考虑，建的既舒适又安全。而不像前面提及的那两位，是为了捕食和狩猎而建。

蟋蟀的家就是为了安全和温馨而建，它们往往会把一些有阳光的草坡作为自己的场院，在那里当一个安逸的隐士。当其他的昆虫过着流浪的生活，不得不躲在墙缝、石块、枯叶、或者枯树皮中的时候，它们肯定会为没有一个固定的住所，没有一个安定、温暖的家而感到烦恼。这个时候，拥有固定住宅的蟋蟀就显示出了它的优越性，还有它那长久的眼光。

一个稳定的居所真的就那么难吗？谈不上多么难，但是对于一些动物来说，绝对不是一件简单的事情。对于蟋蟀、兔子，还有人类来说，这已经不是什么难题了。在离我住所不远的地方就有狐狸和獾猪的家，那只是一些岩石中的洞穴，并不是它们自己修建的，看上去十分混乱。对于这种动物来说，只要有个洞能遮风挡雨就足够了。相比之下，兔子就聪明多了，如果没有合适的洞能让它们居住，它们会选择合适的地点自己打洞。

然而，蟋蟀比它们都要聪明，还不是聪明一点。那些随便找个洞穴或者其他隐蔽场所就安家的行为，在它看来是非常不理智的，他对这种做法非常轻视。它自己会非常谨慎地选择建巢的地点。那些阳光充足、排水方便的地方往往能得到它们的青睐，会优先考虑。蟋蟀将会亲手筑起自己的别墅，无论是客厅还是卧室，都不例外。蟋蟀宁可亲自动手，也不会去住那种天然的洞穴。那些洞穴没有安全保障，非常草率，其他条件也不好。蟋蟀是那种非常挑剔的完美主义者。

蟋蟀的建筑艺术十分高超，除了人类以外，我实在想不出还有谁能够与它媲美。即使是人类，在原始社会也是住在天然的山洞里，同大自然中的野兽进行着搏斗。直至人们在建筑上有了进步，发现了沙石、灰泥混合凝固之后会变得非常坚固，发现了用黏土抹墙的技巧之后，才搬出了山洞，开始自己建筑房屋。这样说来，蟋蟀建造房屋要在人类之前。这只是它的一种本能而已，但是，为什么大自然把这种本能唯独赐给了蟋蟀呢？

它的智力那么低下，但它却能造出完美、舒适的房子。大自然赐予它们这项才能是出于对它们的偏爱吗？当然不是。蟋蟀在掘土、凿洞方面没有什么过人之处。它的建筑之所以让人们感到惊奇，其中一个原因便是它工作时使用的工具，这个工具太柔软了。

那么，蟋蟀建造一间如此坚固的房子，是不是因为自己的外壳过于柔嫩，需要保护？答案是否定的。因为与蟋蟀同一种类的那些昆虫，皮肤也都是柔嫩、敏感，但它们并不害怕在户外待着，暴露于大自然中。

那么，它特殊的建筑才能，是不是与自身的结构有关系？它身上是否有一个特殊的器官？其实不是。在我居住的地方周边，一共生活着三种不同的蟋蟀，它们同田野里面的蟋蟀非常相像，无论是颜色、相貌，还是身体结构。最初的时候，我经常把它们同田野中的蟋蟀搞混了。然而，即使如此相像，这三种蟋蟀竟然都不会像野外的蟋蟀那样筑巢。其中的一只身上长着斑点，它只是把家安置在潮湿的草堆里面；另外一只蟋蟀显得很孤独，它独自在土块上跳来跳去，也不见它回家，像是一个流浪汉；波尔多蟋蟀更有趣，它毫无顾忌地闯入到我的屋里，甚至连个招呼都不同我打，标准的不请自来。从八月到九月，都能听到它躲在阴暗的角落里唱歌。

不要再去猜测蟋蟀高超的建筑才能来自何处了，这些自然的本能，我们从来是找不到根源的，它也是不需要有什么理由。无论从蟋蟀的体态、身体结构，还是它工作时用的工具上面，我们都不可能得到问题的答案。

我现在知道的四种蟋蟀中，只有一种会筑巢。这说明，关于蟋蟀的本能的来源，是一个非常复杂的问题，我们对此知之甚少。

几乎每个人都知道蟋蟀的家，大部分人在小的时候，都曾经观察过蟋蟀的房子。这个小动物非常敏锐，无论你走路多么小心，脚步放得多么轻，它都能感觉到有人来访。随即，找一个更安全的地方躲藏起来。所以，当你到达蟋蟀房前的时候，总是发现人去楼空，让人失望。

我想，如何把这些小东西从藏匿的洞中诱惑出来，这一点，凡是经历过的人都知道。你可以把一根草伸进它的洞内，轻轻地搅动。里面的蟋蟀不知道外面的情况，可能是被搔痒了，也可能是被惹怒了，怒气冲冲地冲出房间，来到走廊上。起初它很迟疑，待在过道里不肯出来，只是轻轻地晃动着自己那两根触角，仿佛在接收情报一样。等它觉得没有危险了，便会走到有光亮的地方。只要这个小东西一出来，便很容易被抓到。它的头脑过于简单，智商太低，所以很容易被骗出来。可是，如果让它跑了，它就会吃一堑，长一智，提高了自己的警惕性，不再随便上当。这个时候，你就要想想别的办法了。比如说，你可以用水把他们从洞中灌出来。

这些童年的趣事让我想起了那个年代，真是值得回忆和羡慕。当时我们经常去草地去玩，在那里捕捉蟋蟀之类的昆虫。然后把它们带回家，放到笼子里面养起来。并去采来一些新鲜的莴苣叶子，给它们当食物。这种童趣至今难忘。

还是谈谈眼下的情况吧。为了能够更好地研究它们，我四处搜寻着它们的巢窠。我的另一个同伴是小保罗，它像我小时候一样，用一根草棒伸进蟋蟀的洞内去搅。在这一方面，他非常出色，可以说是专家级的。他努力了很长时间，终于有所收获。他激动地叫了起来，脸上写满了兴奋。他抓住了一只小蟋蟀。

我赶紧拿出准备好的袋子，对小保罗说到："快把它放进来。来吧，快跳进去吧，我的小俘虏。我在里面准备了丰富的食物，你可以在里面安心的居住。不过，你可要知恩图报啊！把你知道的事情，把我正在苦苦追寻的问题答案通通告诉我。噢，对了。在此之前，把你的家先给我们展示一下吧！"

昆虫记

如果你不去注意的话，你不会知道在那些草丛之中隐藏着一个隧道。这种地方排水性很好，即便是刚刚下过瓢泼大雨，地面也立刻就会干。这条隐蔽的隧道顶多有九寸深，有一个手指那么宽。隧道有一定的倾斜度，有时候是垂直的，有时候是弯曲的，这跟随隧道所在地形的情况和性质而定。不过，有一点是相同的。那就是，无论哪只蟋蟀的洞穴，都会把洞口用一片草叶遮掩一下，只露出半个洞口。蟋蟀在出来进食的时候，绝不会去动门口的这片草，这个道理同"兔子不吃窝边草"是一样的。它总是把宽敞的门口收拾得干干净净，因为那里是它的舞台。每当宁静的夏夜来临，蟋蟀就会带着它的四弦提琴来到这个舞台上，开始演奏美妙的夏夜之音。

它的屋子里面很朴素，有的地方还暴露着墙体，但是并不粗糙。这所房子的主人有的是时间，可以好好地去修补一下这些粗糙的地方。卧室在隧道的底部，那里的装饰比其他地方要稍加精细，地方也比别处显得宽敞。这个住所可以说很简单、很整洁、很干燥，非常讲究卫生。如果我们考虑它筑巢的工具是那样简单的话，这所房子可以说是一个伟大的工程。那么，这个房子是如何修建的呢？是何时修建的呢？这个问题，还得从蟋蟀刚刚产卵的时候说起。

在产卵方面蟋蟀和黑螽斯很像，它们都是把卵产在土里，深约0.75寸，这些卵的总数大约有五六百个，被排成一片。蟋蟀的卵外形奇特，像是一种精密仪器。等孵化后，它看上去像一只长瓶，呈灰白色，顶端有一个圆孔。

蟋蟀的卵产下来两个星期之后，就会有幼虫出现，它们十分幼小，还待在褓褓中。外面那层紧紧的衣服，让人辨别不出它们的相貌。你可能还记得螽斯孵化时的情景，同蟋蟀一样，它也是穿着一层紧紧的衣服。蟋蟀和螽斯是同类动物，但是，显然螽斯的那层紧紧的衣服要起到更大的作用。因为，它的卵在孵化出来之前，要在地下停留八个月之久。这八个月内，头上的土壤都变硬了，它们必须经过殊死拼搏，才有可能见到阳光，因此，一件能够保护它的长腿的紧身衣就显得格外重要。但是，对蟋蟀来说，它的作用就不是那么大了。因为蟋蟀的整体比较短粗，在地下也只不过是待几天而已，而且出来的时候不需要穿越硬土层。这就显得蟋蟀的紧身衣有点多余，蟋蟀也这样认为，于是就把它脱掉并扔到壳里去。

等蟋蟀从褪褓中出来的时候，我们就会发现，它的身体几乎全是白色的。这时，他要面对第一项挑战，那就是同眼前的泥土搏斗。它用自己的腮和腿去清除眼前挡道的泥土，把它们用腮咬住扔到一边，或者是用腿踢到身后。不一会儿，它就来到了地面，开始享受阳光。此时的它是那样的弱小，甚至还不及一只跳蚤。

过了二十四小时，它身上的灰白色变成了黑色，只留下一条白色的肩带围绕在胸部。它身上的黑色和发育完全的蟋蟀没有什么区别。

上面提到过，蟋蟀一次产的卵有五六百个之多。它为什么要产这么多卵呢？原因很残酷，那就是它们中的大多数都会被杀掉，只有靠数量的优势才能生存下来。那些小型的灰蜥蜴和蚂蚁是主要的刽子手，大部分屠杀都是它们策划并实施的。蚂蚁非常的凶残，经常把我家附近的蟋蟀吃的一只都不留。只要它看到小蟋蟀，就上前一口咬住它的脖子，狼吞虎咽地吃下去。

唉，我们以前还将蚂蚁看做是一种很高级的昆虫，还有那么多赞美它的书。这些赞美声也一直回响在人们的耳边。这个可恨的刽子手还受到自然学者的崇拜，名誉也是日益增加。让我们不得不感慨，原来动物同人一样，损害别人是增加自己名声最好的方法。

就像那些甲虫，虽然它们从事的是清洁工作，但是丝毫不能引起人们的关注；相比之下，吸血的恶习倒是无人不晓；还有那些佩戴着毒刺，暴躁的黄蜂；无恶不作的蚂蚁。蚂蚁经常跑到别人家里将人家房屋上的椽子咬坏。最可气的是，当它在做坏事的时候，一点罪恶感也没有，还仿佛是在吃大餐一样高兴。

蚂蚁将我花园中的蟋蟀全部杀干净了，我不得不跑到别处去抓几只回来研究。八月的时候，地上铺满了落叶。我在树叶下的草上发现了一些幼小的蟋蟀，它们的个头已经长大了，身上的颜色是通体的黑色，白色的肩带已经消失不见了。这个时候的它们四处流浪，没有安定住所，一片枯叶或者一块石头都可能是它们临时的住所。

许多蟋蟀躲过了蚂蚁的迫害，但是又陷入了黄蜂的魔爪。黄蜂专门猎取这些无家可归的流浪者，然后将它们埋入地下。其实蟋蟀完全可以避免

昆虫记

黄蜂的威胁，只需要提前几周做好防护工作。但是，它不会想到这一点，它还是按照以往散漫的方式生活，仿佛不惧怕死亡一样。

那蟋蟀要等到什么时候才肯筑巢呢？一直要到十月，气候变得寒冷，蟋蟀才开始考虑结束流浪生活，准备筑巢。观察笼子里的蟋蟀筑巢之后，我们发现，这并不是一项多么难的工作。它们选择的掘洞地点不是那种裸露的地面，而是有东西掩盖的地方，比如说，一片莴苣叶下面，或者其他东西下面。这样做是为了保护自己的巢穴不被发现。

在它工作的时候，我就在一边悄悄地观察。它前后腿都紧紧地蹬着地面，把较大的石块用嘴咬去。它还把清扫的灰尘推到后面，并将其倾斜地铺开。这样，蟋蟀是如何筑巢的我们就一清二楚了。

它们工作的效率很高，在笼子中，它往往要在土中待上两个小时才会出来一次。它隔一会儿身子冲着里面倒退到进出口一次，他在不停地打扫着尘土。要是它觉得疲劳了，就会在门口休息一会儿。休息时，它头冲着外面，一副疲惫不堪的样子，触须也无力地摆动着。过了一会儿，它又钻进洞中，继续修建巢穴。它们的休息时间随着开工天数的增多，也逐渐增长，有时候，我都会等得不耐烦。

看来蟋蟀已经把筑巢最重要的一步完成了。洞已经有两寸多深，虽然距离最后完工还有很大的距离，但是，足够蟋蟀暂时容身。接下来的工作，蟋蟀就可以慢慢干了。它也不再着急，今天干一点，明天干一点。随着时间的流逝，天气越来越冷，蟋蟀的个头也越长越大，这个洞也会随着变大、变深。即使是在寒冷的冬天，如果阳光明媚的话，也可以看到有蟋蟀在洞中掘土。春天到了，万物复苏，在这样本该享乐的季节里，蟋蟀仍然不肯歇息。它不断地做着对洞穴的修理和装饰工作，这种工作会断断续续一直持续到它们死去。

蟋蟀第一次亮出它的歌喉是在四月底的时候。最初的表演只是独唱，声音还略显羞涩，用不了多久，独唱就会变成一股合奏，就连没有生命的泥土、小草都被它那美妙的演奏打动。我觉得它应该算是春天里面最有实力的歌唱家。春天里，百灵鸟那优美的歌声从天上传到地下，穿过了荒芜的原野，穿过了荒废的土地，穿过百里香和薄荷繁盛的花丛。地上的蟋蟀听到之后，也禁不住放开歌喉，高歌一曲，以求相应相合。

蟋蟀同百灵鸟的合奏听上去很单调，而且没有配合的默契。但是，你细细地感受一下，这种单调同春天里面万物复苏带来的单调的喜悦协调的很好，与种子的发芽，新长出的叶片协调也很好。在这二人的合唱中，我觉得蟋蟀更胜一筹。光是蟋蟀那不间断的音节，就让百灵鸟自叹不如。到最后，原野中就只剩下了蟋蟀自己的歌声，它发出的赞美是那样的朴实，它是那样的不知疲倦，这些歌声陪伴着它们度过了每一刻寂寞的时光。它们的歌声既是对大自然的回报，也是对自己的伴侣的回报。

为了科学研究，我向蟋蟀要求借它的乐器看看。仔细地观察一番之后，觉得它没有什么特别之处，非常简单。它同螽斯身上的乐器的原理是一样的，是一只带有钩子和振动膜的弓。除去后面和转折包在体侧的一部分之外，蟋蟀的右翼鞘差不多完全遮盖着左翼鞘，在这一点上，它与它的那些同类朋友截然相反，无论是蚱蜢、螽斯，还是其他同类都是左翼鞘盖着右翼鞘。

这两个翼鞘是完全一样的，关于它们的结构只知道一个就行了。它们平铺在蟋蟀的背后，在侧身处，它们紧紧地包裹着蟋蟀的身体，后背与侧身交接处弯曲成直角，上面还有许多漂亮的细脉。

你试着小心翼翼地揭开这两个翼鞘，向着光亮的地方去看，你就会发现它的颜色是淡淡的红色。它前面的部分大，成三角形状；后面的部分小，成椭圆状，前后部分只有两个地方连接着。就是靠这两个地方发声，这个地方的皮是透明的，略带一点灰色，结构上比其他地方的要紧密一些。

有五六条黑色的条纹，长在前一部分的后端边隙的空隙中，看上去像是梯子的台阶。这些条纹会互相摩擦，这样一来，它们与下面弓的接触点的数目就会增加，震动也随着增强。

在下面的部分，有两条脉线围着空隙，其中的一条呈肋状。切成钩的样子的就是弓，大约有一百五十个齿长在上面，都成三角形，整齐得就像卡着模子做出来的。

由此可见，这件乐器的确是非常精致。弓上面的一百五十个齿，要卡在上面翼鞘的梯级里面，然后，四个发生器会同时振动，其中下面的一对发生器是直接摩擦，上面的一对是摆动摩擦。这些摩擦和振动的频率非常快，所以，你在数百码以外就能听到它们的歌声。

同蝉那清澈的鸣叫相比，蟋蟀的声音一点都不逊色，甚至比蝉的声音更细腻。它的声音之所以好听，是因为它懂得调节音调。蟋蟀的翼鞘很开阔，因为它是冲着两个方向伸展的。这无形中形成了一种制音器，不管翼鞘升高还是降低，都能改变发出的声音的强度。由于蟋蟀身体非常柔软，可以随意地调节翼鞘与身体的接触程度，这也就使得蟋蟀的声音有时婉转动听，有时高亢激昂。

蟋蟀身上的两个翼鞘是完全相同的，我们可以很清楚地看到上面的，也就是右翼上的弓和四个发音地方是如何工作的。那么，左翼上的呢？左翼上的弓虽然也长满了齿，但是它不同任何东西接触，只是一件摆设品，永远派不上用场。如果把它拿到上面呢？让上下的翼鞘换一下位置，发音器的功能都是一样的，只不过以前用的是右翼上的，现在要尝试一下左翼，演奏出来的曲子应该还是一样的。

起初，我以为蟋蟀的两张弓都是有用的，没想到事实不是这样。我又想，至少也有蟋蟀用左翼上的弓演奏，就像有的人是左撇子一样，事实证明，我又错了。我观察过的蟋蟀中，无一例外都是只用右翼上的弓。

我甚至想人为地改变它们的这种天性。我用一把钳子，非常轻巧地将蟋蟀的左翼鞘拿到上面来，盖到右翼鞘上面，其余的部位都毫发无损，肩上没有脱落，翼膜也没有皱褶。这件工作没有想象的那样难，只要你有一点技巧加上耐心就能做到。

我耐心地等待着，我希望我的实验能够取得成功，无论是哪边的翼鞘在上面，它都能快乐地演奏。不久之后，我便失望了。蟋蟀自己调节了状态，把右边的翼鞘又拿到了上面。我不甘心地再三将它调整过去，但是，最后蟋蟀的顽固取得了胜利。

后来，我改变了一些认识，我觉得这种实验应该在蛴螬刚刚退去外壳的时候做。那时候的它还是一只幼虫，翼鞘也是柔软的、崭新的，形状就像四个极小的薄片。短小的外形，朝着不同方向平铺，这两点让我想起了面包师穿的那种短马甲。

不久之后，一只蛴螬便在我面前脱去了外壳，变成了一只小蟋蟀。它那柔嫩的翼鞘慢慢地长大，这个时候，两边的翼鞘还没有接触，看不出哪边会在上面，哪边会在下面。几分钟之后，两片翼鞘开始接近，右边的看样子压到左边的上面。这个时候，我果断出手，进行自己的试验。

我的工具是一根草，我用这根草慢慢地将左边翼鞘调整到上面，轻轻地盖到了右边翼鞘上面。虽然蟋蟀看上去有些不乐意，但是并没与挣扎或者反抗，我的实验得以成功。此后，它就在这种状态下慢慢地长大，它也习惯了自己与其他蟋蟀的不同。我非常希望听到它演奏，如果成功的话，它将是蟋蟀家族中第一位用左边翼鞘上的弓演奏的。

等到第三天，它不负众望地开始演奏。起初，我只是听到几声摩擦的声音，就像机器没有磨合好，正在调试一样。然后便发出了正常的声音，同其他蟋蟀一模一样。

我以为自己成功了，非常的兴奋。但是等我仔细的一看，便傻眼了。它还是用自己右边的翼鞘上的弓演奏，而且一直是这样。看来，我过于自信自己改变大自然规律的能力了。蟋蟀的举动狠狠地嘲笑了我一番，笑我自不量力。它努力拼命地想把被我放到下面的翼鞘拿到上面来。由于太过用力，它甚至把肩膀都脱臼了。最终，它还是如愿以偿地按照原本面貌调整了两个翼鞘。我想造就一只左手琴师的梦想正式告破。

关于乐器我们已经讲了不少了，下面就让我们欣赏一下它的音乐吧！蟋蟀从不躲在屋子里面唱歌，它会走出房门，来到门口的平台上表演。翼鞘发出的振动声非常柔和。它的音调能拖很长，仿佛能无休止地延伸到很远的地方，除了长之外，它的音调还很圆满、很响亮。它的歌声既是在打发无聊的夏日时光，也是在给自己寻找快乐，它歌颂着大自然的一切，阳光、青草、巢穴，都是它歌颂的对象。它用自己的弓表达着对大自然，对生命崇高的敬意。

到了后来，它的演奏不再是单纯表达喜悦和感恩，逐渐开始为同伴演奏。但是，有时候付出不一定会有收获，它并没有得到同伴的感激，而是一场争斗。它们的争斗往往很激烈，输掉的一方将离开这里，否则将被弄成残废，甚至还有被吃掉的危险。其实这个时候，它们已经到了生命的尽头了，即使不被吃掉，它们也活不过六月。听说它们被喜欢音乐的希腊人养在笼子里，专门给他们演奏。这件事我有点怀疑，它们的声音略带烦器，时间久了，人的耳朵肯定受不了。希腊人可能是喜欢到田野中去听一

昆虫记

下它们的演奏，而不是放到耳边，整日欣赏。

蝉是不能放到笼子里去养的，它们是喜欢高飞的动物，即使你把洋橄榄和榛系木一同放入笼中，把环境装扮得跟树上一样，它们也活不过一天。

有人认为蟋蟀也会同蝉一样，受不了笼子的束缚。如果你是这样想的，就大错特错了。蟋蟀非但不讨厌笼中生活，还会感到很快乐。它本来就很容易满足，现在长期住在别人家中，还每天都有人送来吃的，它别无所求，感到很快乐。每天几片莴苣叶子，就能让它忘掉目前住在拳头大的笼子里。如此说来，雅典人将它们装入笼子，挂在门前是很有可能的。

其实，这样做的不仅是古希腊雅典城里的孩子，我们这边的小孩，还有南方的小孩也都喜欢这样做。如果是在城里的孩子手中，蟋蟀会显得尤为珍贵。蟋蟀从主人那里得到了不少恩惠，和不少美味佳肴。但是它们不会白吃白拿，它们会用自己的方式来回报主人，那就是给他们唱歌。蟋蟀往往能同养它的主人产生感情，以至于在它死后，主人会感到非常悲哀。

我提到过我的家附近有三种蟋蟀，它们有同样的乐器，唱出的歌也非常像，但是它们的身材各不相同。其中个头最小的就是波尔多蟋蟀，它的歌声也很细微，必须停下手中的一切，仔细听才能听得到。

田野里的蟋蟀，喜欢在一个阳光温暖的春日里歌唱，等到了夏日的夜晚，我们听到的歌声则是出自意大利蟋蟀。这种蟋蟀非常瘦弱，身上呈淡淡的白色，这种颜色与夏日里的夜光非常协调。它喜欢待在高处，比如一些灌木和比较高的草上，它们也很少到地面来活动。从七月到十月，它们甜蜜的歌声将陪伴人们度过炎热的夜晚。

这里的人对蟋蟀的歌声都很熟悉，它们知道这些乐队可能就藏在灌木的叶子底下。它们发出的那种非常柔和，节奏很慢，并加以轻微颤音的"格里里，格里里"的声音，非常有趣。如果没偶遇外界的打扰，它们将一直保持一种声音，但是，只要有一丁点儿动静，它们就立刻转变腔调，唱起另外一首歌。

有时候，你从声音上判断它离得你很近，但是，一瞬间那声音又变得仿佛很远。如果你朝发出声音的那个方向走过去，却又找不到它，声音又会从原来的地方传来。这声音到底是来自左边还是右边？前边还是后边？

让人搞不清楚，没法判断声音的来源。

为什么会这样呢？这种幻声是由两方面造成的。第一，蟋蟀能够通过调整下翼鞘被弓压迫的部位和调整翼鞘，来调高或者调低发出的声音。抬高翼鞘，就会发出比较高的声音；低下翼鞘，声音就变低。第二，蟋蟀会利用这种技能来迷惑敌人，淡色的蟋蟀还会用颤动板的边缘压住柔软的身体，目的都是将来者搞昏。

我知道的昆虫中，歌声最动人、最清晰的就要数蟋蟀了。八月的夜晚，夜深人静，我常常俯卧在草地上，嗅着迷迭香的香味，听着蟋蟀的音乐，那种感觉至今难忘。

我的小花园成了意大利蟋蟀聚集的场所，红色的野玫瑰、薄荷、野草莓树，还有小松树等，都成了它们的演奏场所。那些清澈而富有美感的声音，从一棵树上传到了另一棵树上，余音缠绕在树枝间。意大利蟋蟀就像贝多芬一样，演奏出了一曲动物版的"欢乐颂"。

头顶山是高高的天空，曾经有天鹅飞过，身边有昆虫美妙的音乐围绕着我，高低起伏。我已经完全陶醉在那美妙的演奏中，倾听着那些卑微的生命，倾听着它们的快乐，这一切让我忘记了天地，头上的星空冷冰冰的，丝毫不能打动我。那是因为，它们没有生命，它们缺少温度。

生命就是大地的灵魂，有生命才有活力，我要好好感谢一下蟋蟀，是他让我充分体会到了这一点。这也是我不喜欢仰望星空，喜欢被蟋蟀的音乐包围的原因。一个微粒，哪怕是再小，只要它有生命，它就会有快乐和痛苦，我就会对它感兴趣，我对任何生命都无比热爱。

关于观察蟋蟀的产卵，我还有自己的一段特殊经历，写在最后与大家分享。

如果你想了解蟋蟀产卵，不必像进动物园一样花钱买票，你要做的就是要有足够的耐心。在伟大的博物学家布封眼中，拥有这种耐心的人凤毛麟角，他称这种人是天才。我倒觉得没那么夸张，我觉得耐心是一名观察者需要具备的最基本的条件，也是一种很可贵的品质。我们在四五月间从野外抓来蟋蟀，将它们一雄一雌的配对，然后将每一对单独住在一起。它们居住在花罐中，地下铺着底土。它们的食物是新鲜的莴苣叶，每隔一段时间都会更换一次。为了防止它们跑掉，也同时为了观察，用一块透明的玻璃将罐口盖住。

这种观察方法看似很简单，但是很有效，许多重要的信息就是通过这种方法观察获得的。如果需要的话，我们还可以用一些辅助工具，比如说金属笼子之类的，这个我们会在下面讲到。为了能够看到蟋蟀产卵，我们全程保持高度的警惕，密切关注着蟋蟀的动静。

坚持不懈地观察终于有了收获，这是在六月的第一个周中。我看到雌性蟋蟀待在原地，一动不动，并将产卵管插进身下的土中。我承认自己在一边偷窥有些不礼貌，但是这只蟋蟀一点儿都不介意。产完卵之后，它把产卵管从土中拔出，并用脚扒拉了几下身下的土，像是在消除痕迹，以免被别人发现；它稍加休息，又赶到了另外一个地方，重复刚才的工作，向地下产卵；它东插一下，西插一下，将能利用的地方全部都排下了自己的卵。这种产卵工作一直持续了很长时间。为了不错过什么，我连续观察了好几天。

几天之后，我把蟋蟀的卵从土中扒出来。可以看到，卵的颜色是黄色，那种稻草的黄色，形状是圆柱体，有三毫米长。这些卵离土壤表层大约两厘米，虽然在土中彼此之间距离很近，但是并不接触。蟋蟀一次到底产下了多少卵呢？这个统计起来有些麻烦，在整个地表的下面都发现了卵，借助着放大镜一粒粒将它们找出，然后数一下。最后我们知道，一只蟋蟀一次产卵过程中，总共会产下大约五百粒卵。这个家庭的规模是如此的庞大，要想都生存下来是不可能的，肯定会有许多成员被裁掉。

蟋蟀的卵本身就是一个微妙的机械系统，每一粒都是如此。卵的外壳顶端有一个很规则的圆孔，将来幼虫破壳而出的时候，卵上面的封盖会裂开，不过，它们并不是很随意地裂开，也不是被里面的幼虫顶开的，它们是沿着一道原本就有的纹路自动打开，这个过程非常奇妙。下面就让我们来看一下这个孵化过程。

卵被产下来半个月之后，你就可以透过卵壳隐约看到里面的幼虫了。卵壳的前端隐约可以看到一对大圆点，黑色中透着一点红，那是幼虫的眼睛。如果你仔细观察的话，你会在圆柱体卵的顶端发现一个小小的环形圆圈。以后卵壳的封盖就将会从这里打开，幼虫从这里走出。幼虫那细小身体，在卵中若隐若现。这是一个非常关键的阶段，此时的观察非常重要，需要加倍的仔细，尤其是在上午。

　　机会喜欢眷顾有准备的人，运气则喜欢眷顾有耐心的人。我们的付出得到了很好的回报。我目睹了幼虫是如何来到这个世界的。卵壳顶端的环形纹路已经变得十分清晰，里面的幼虫只需轻轻地一碰，这个封盖就会沿着纹路与卵壳分离，落在一边，里面的幼虫随即从这个孔中钻出。这个过程，就像是一件玩偶在打开礼物盒的那一刻从里面弹出一样，让我们感到惊喜。

第二十二章　松毛虫

我花园中的那几颗松树每年都搞得我疲惫不堪，因为每年都会有松毛虫去树上筑巢，它们还吃掉几乎所有的树叶，我不得不在每年冬天去毁掉它们的巢。

并不是我吝啬，实在是这些毛虫太过分了。再不把它们赶走，它们就要把我赶走了。要是放纵它们的话，我恐怕就再也听不到风吹松树发出的那种动听的声音了。尽管对它如此厌恶，但是并不能阻止我对它产生好奇。为了能够了解它，我把松树任凭它们占领，只想获得关于它们所有的信息。

在我停止对它们的围剿之后，没过多久，就有三十多只松毛虫在树上筑了巢。这种松毛虫还有一个名字叫"列队虫"，这是因为它们总是一只跟在另外一只后面列队爬行。每当看到它们在我眼前爬来爬去的时候，我就有一种迫不及待地了解它们的冲动。

接下来描述的就是我对它们的一些了解。

首先要说的是它的卵。八月上旬的时候，我在松树的树枝上看到挂着很多白色的小圆柱。这些小圆柱大约有一寸长，形状像个手电筒。而且看上去白里透红，像极了一种丝织品，上面还堆叠着一层层的鳞片，像是房顶上的瓦似的。这些小圆柱便是松毛虫产下的一簇卵。

把外面那层鳞片似的绒毛刮掉，就露出了里面的卵。你会发现，一个巢内大约有三百颗卵，这真是一个大家庭啊！这些卵看上去像珍珠一样，而且排列得非常整齐。

比这些珍珠似的卵更让人感兴趣的是它们的排列图形，它们排列出的图形是那种非常规则的几何图形，让人既惊奇又不解。小小的蛾怎么懂得如此规则的几何图形呢？然而大自然就是这样神奇，它会给每一项事物都安排一种规则。就好比花瓣有花瓣的形状，蝴蝶身上有精美的图案。事无巨细，大自然都给出了最合理的安排。到底谁是整个世界的主宰者呢？不是人类，而是伟大的大自然。

九月的时候，这些卵就将孵化出来。到那时，你可以掀开小圆柱形外面的鳞片，先一睹它们的面容。你会看到许多黑色的小头，争相要爬到最上面，它们的身上呈淡黄色，脑袋是黑的，脑袋的体积有身体的两倍大。这些幼虫毫不恋家，它们出生后的第一件事情就是把挂住巢的松针吃掉。这样它们就能从原先的松针上掉到其他松针上，这时候，这些兄弟姐妹们就要分道扬镳了。不过，它们往往会两三个落到一起，不至于太孤单。这几个幼虫排着队在树枝上爬行，如果你此时去碰它们一下，它们会抬起头，摇晃着身体跟你打招呼，显得非常友好。

接下来，它们会用几片树叶做一个帐篷。等到天一热，它们便会躲进这个帐篷中。一直到天气变得凉爽的时候，它们才出来觅食。

吃掉松针、排队、不打招呼，还有制作防暑的帐篷，这些都是松毛虫在孵化出来之后一个小时之内要干的事情，它们是从哪里学到这些本领的呢？没人知道。

帐篷会越建越大，等到二十四小时之后，它已经有榛仁儿那么大了。等两周以后你再来看，它已经变得有苹果那么大了。不过，这还远远不够。要想抵抗即将到来的冬季，这个帐篷还要织得更大、更结实。织帐篷的同时，它们还会把越来越大的帐篷周边的松针吃掉。在解决住的问题的同时，还解决吃的问题，真是一举两得。还有一个好处，那就是不用去太远的地方觅食，就避免了危险，毕竟它们此时太脆弱了。

可是，帐篷周边的松针被它们吃掉之后，就没有东西能支撑这个帐篷了，帐篷自然而然也就塌了。我说过，松毛虫一点儿都不恋家。它们会迁徙到松树的高处，另外再造一个帐篷。它们只会往高处迁徙，有时候甚至能迁到松树的顶尖上去。

在不断迁徙的过程中松毛虫长大了，它们的外貌也发生了变化。六个

昆虫记

红色的小圆斑会出现在它们的背上，这些小圆斑周边还会长出刚毛，有的是红色，有的是绯红色。一些金色的小斑会分布在红色圆斑中间。身体两侧和腹部会长出白色的毛。

十一月的时候，冬季马上就要来临。松毛虫开始在树枝的末端筑巢，这些树枝都处在松树的顶端。它们首先会织一张网，用这张网把周边的松叶全部包裹起来。这样，又有丝又有针叶，巢才会更结实。完工的巢外形像一枚鸡蛋，体积约有半加仑。有一条乳白色的，中间夹着松叶的丝带位于巢中央。巢的门是一个个的小孔，位于巢的顶端，松毛虫便是从这里爬进爬出。它们还用丝结成一张网，给自己在巢外的松叶上做了一个阳台。松毛虫喜欢晒太阳，它们经常在这个阳台上像叠罗汉一样的晒太阳，这样做可能是为了避免被阳光灼伤吧！

松毛虫懒得打扫卫生，所以它们的巢中比较脏乱，无论是它们身上蜕下的皮，还有其他的各种垃圾都堆积在巢中。同巢的外表比起来，是标准的"金玉其外，败絮其中"。

整个夜里，松毛虫都躲在巢中。早上十点是晒太阳的时间，它们陆续从巢中出来，在阳台上叠成一摞，开始享受阳光。它们晒太阳要晒一整天，中途都是保持这个姿势一动不动，只是偶尔会摇摇头，显出一副舒适的模样。下午六七点钟，随着太阳下山，它们也结束一天的活动，纷纷爬进各自的屋里。

看似它们除了睡和吃就是晒太阳，其实不是这样，它们无论到哪里，都是一边走，一边吐着丝。这些丝伴随者随时随地掺入的松叶，使得巢越来越大。除了白天以外，每天晚上它们还会专门拿出两个小时来做这项工作。它们很明白，这已经不是悠闲的夏天了，很冷的冬天即将来临。所以它们每个人都既兴奋又紧张地忙碌着。

想要平静而又舒适地工作，就得孜孜不倦地工作。这一点无论是人类还是动物，都是一样的。松毛虫努力工作是为了有个舒适的环境冬眠，是为了能够来年从幼虫变成蛾；而我们呢？我们是为了能够得到最后的归宿。这些努力耗尽了时间，同时耗尽了生命，但是新的生命也由此而出。就让我们一起努力吧！

它们的用餐时间是在结束一天工作之后，地点是在位于巢下面的针叶上。它们陆续从巢中爬出来，红红的外衣，衬在绿绿的针叶上，看上去非常美妙。它们进食的时候非常安静，轻轻晃动的黑色额头在我的灯笼照耀下反射出黑色的光。它们吃完之后回到巢中，有的还要再工作一会儿。到深夜一两点钟，所有的松毛虫才会全部归巢。

松毛虫吃东西很挑剔，它们除了三种松叶以外，什么都不吃。即使是再香的树叶，它们也绝不会动一口。很多动物都挑食，人也是，不过像松毛虫这样挑食的还真是不多见。

蚂蚁会顺着来时的路回到巢中，松毛虫也是如此。它们边走路，边吐丝，回去的时候便顺着这些丝找到自己的巢。也有的时候会出现一点小意外，比如两只松毛虫的丝出现了交叉，它们便识别不出哪根丝是自己的，错走到别人的巢中。但是不用担忧，松毛虫之间非常友爱，绝不会出现丝毫争执。看上去大家对于这种错误早已经习以为常了。到了睡觉的时候，主人和不速之客便睡到一起，没有丝毫的生疏。主人对于这位不速之客其实是欢迎的，因为它们只要行动便是在吐丝、筑巢，这位客人在它的家里活动便无形中帮助了它筑巢。由于走错巢的事情经常发生，所以无私帮助别人建巢的事情也是每天都会发生。它们的集体观念很强，无论是在哪里都会努力地吐丝。如果它们只在自己家里肯努力工作，到了外面就一毛不拔，一点丝也不吐，那后果会怎么样？肯定是一事无成。它们正是靠着几百个个体一起工作，各尽其能，才筑起了又大又暖和的堡垒。每只松毛虫为自己工作的同时，也是在为其他松毛虫工作。对于其他松毛虫来说也是如此。它们不分你我，没有私有的概念，也就不可能发生争斗。这是多么幸福的一件事情啊！

有一个关于羊的老故事，说是一只羊被扔到了海里，其他的羊也都跟着跳到了海里。这是因为羊有一种盲目跟从的天性，无论前面的羊干什么，它都要跟着。亚里士多德曾经说过，这世界上再也没有比羊这种动物更愚蠢、更可笑的了。

这种天性不是羊的专利，松毛虫也具有，甚至比羊还要厉害。后面的松毛虫会用触须顶着前面松毛虫的尾部，这样依次排成一条队伍。前面领头的那只无论做什么动作，如何扭曲、摆动，后面的松毛虫都会把这些动作照做一遍。我们说过，松毛虫一边走路的时候，会一边吐丝。领头的

昆虫记

松毛虫吐出一根丝，后面紧跟着的那只毛虫会吐出第二根，并与第一根重合，后面的以此类推，等到了队伍最后面，这么多的丝已经结成了一根丝带，在太阳底下发出闪闪的光。相对人类用石子铺路来说，松毛虫这种铺路的方式要奢侈得多，它们结成的这条丝路柔软、光滑。

为一条路付出如此大的代价值得吗？它们为什么会总是这样奢侈？我觉得可能有两个原因：首先，吐丝是它们能够安全回到家的保障。它们大部分是在夜间活动，还要经过崎岖的路径，格外容易迷路，如果不是顺着自己的丝迹，它们就很难找到自己的家。

即使是在白天，它们也会长途跋涉。不是去觅食，而是去考察。它们大约会经过三十码的距离去另一个地方考察，为自己将变成蛾之前的那个蛰伏期选择场所。这样长途的旅行，沿途用丝来做记号就显得格外重要。

其次，当它们在树上觅食或者是从事其他活动的时候，沿着丝线可以顺利会合。它们出来活动的时候是集体出来的，回去当然也是集体回去。它们会顺着自己的丝线，找到那条主线，汇成一支大部队，怎么样来的，再怎么样回去。

每次松毛虫出来活动，总要有一个领头的，无论这支队伍规模大小。经过我的观察，它们的领袖不是选举出来的，也不是由谁指定的，而是随机产生的。并且，路上如果遇到一些意外，领袖还会随时换。举例说，如果一只行进中的松毛虫部队被打乱了队形，那么等它们重新首尾相接排列好，你会发现此时的领袖已经不是刚才那个了。可以说，每个领袖的地位都是暂时的。但是，它们只要在这个岗位上，便会发挥自己的作用，负起自己的责任。在队伍前行的过程中，首领会时常摇摆着上身。像是在刻意炫耀自己的领袖身份，这是可以理解的，毕竟从别人后面的跟屁虫变成了领军的人物跨越了很大的一步。再说，这个领袖的任期实在是太短了，指不定什么时候又要变成平民了。也可能它摆上身的动作不是在炫耀，而是在视察地形。毕竟后面的人都要跟着自己走，谁也不想做那只领着大家跳海的羊。它是在找一个可以觅食的好地方，还是可以晒太阳的好地方？还是犹豫该去哪儿？我们猜不透它那个又黑又亮的脑袋里在想什么，只能做一些推测。它也可能是在探路。

我见过最长的松毛虫队伍有十二三码，整个队伍中大约有两百只松毛虫。我见过最短的一支松毛虫队伍比较可怜，只有两只松毛虫。不过它们没有因为数量少就破了规矩，仍然是一前一后，亦步亦趋。看来松毛虫的队伍是相差悬殊，数量不一。

有一天，我想逗一下这些毛虫。我计划用它们的丝铺成一条路，然后让它们按照这条路的方向走。我铺的这条路并不是通向哪里，而是围成一个圆。我想，它们会不会就这样一直原地转下去呢？

我这个计划得以实现，全凭偶然。我的院子里有几个大花盆，那是我拿来栽棕树用的，一周大约有一码半长。毛虫们平时则喜欢在花盆的边沿上围着花盆转，在无形中为我做好了圆形的丝。

这一天，一大群毛虫又爬上了花盆的边沿，正好被我看到。它们爬得很缓慢，我在一边焦急地等待着它们快点画成一个圈。也就是指领头的毛虫绕过起点，在花盆沿上行程一周。大约十五分钟后，毛虫已经首尾相顾，围成了一个封闭的圆。这个时候，我把那些还想爬上花盆的毛虫赶走，免得它们上来破坏了队形、破坏了我的计划。我把地上毛虫与花盆上毛虫之间的丝用刷子刷掉，这样就阻断了它们之间的道路，使地上毛虫的爬不上花盆，花盆上的毛虫可以安心地绕圆。做完这些之后，我就开始仔细地欣赏起这些毛虫的表演。

这群毛虫围成了一个圆，没有起点，也没有终点，所以你看不出谁是领袖，你可以把其中任何一只当做领袖。可怜的是，毛虫并不知道自己在干什么。

每条毛虫都在行进过程中不断吐丝，这些丝也不断地使这个丝织的圆圈越来越粗。它们就这样绕着，我真担心它们会不会一直转下去，直至累死。

有一个关于驴子吃草的故事大家都很熟悉，讲的是一头驴子，人们在它左右两边各放了一堆干草，驴子犹豫不决到底先吃哪一堆好，最后竟活活饿死了。现实中的驴子当然不是这样，它们会毫不客气地把两捆干草都吃掉。这些毛虫会不会一边想冲出这个圆，一边却又不得不跟着前面的足迹继续绕圆？它们能冲出去吗？我推测它们会的，这可能需要一个钟头，或者是两个钟头，甚至更长时间。我也希望它们能够做到，我不愿意看着它们这样被继续欺骗下去。

167

昆虫记

事实没有我想的那么乐观，如果没有外界打扰，它们会一直转下去。它们忘了进食，忘了回巢吗？还是它们觉得自己正在赶着去进食、筑巢？反正它们的愚蠢令人无奈，我之前太高估它们了。

就这样，好几个钟头过去了，松毛虫们还在继续着绕圈行动。不过，它们的体力已经不如刚开始了，队伍开始出现走走停停。这时已经是黄昏时分，天气有些变冷，这对松毛虫的速度也是有影响的。晚上十点的时候，它们已经几乎是走不动了，脚步沉重，身体摇晃。这时，树上的毛虫开始陆续爬出巢，准备进餐。而花盆上的毛虫有点可怜，一边饿着肚子，一边转着圈。它们可能以为自己也要去吃东西了，虽然很累但是很兴奋。它们哪里知道，那些食物对它们来说就像卖火柴的小女孩眼中的火鸡，只是一个幻觉。不过它们还是有机会的，在花盆几寸远的地方，就有一棵松树，它们可以轻而易举地到上面去大吃一顿。但是它们离不开自己的丝，已经成了它们的奴隶。它们无视眼前的食物，一心沿着丝前行。我已经陪伴它们大半天了，终于失去了耐性，在十点半的时候起身回屋睡觉。我本以为它们在晚上可能会清净一些，我不希望一觉醒来之后发现它们还在那里。第二天早上我又去观察的时候发现它们还在花盆上，不过它们停止了前行，而且每只毛虫都蜷起身子，这都是因为天气太冷的缘故。等太阳把大地重新温暖之后，它们便苏醒过来，又开始了一天的绕圈之旅。

到了第三天，它们已经两天没有吃东西了，还在巢外度过了两个寒冷的夜晚。当我去观察它们的时候发现，它们已经停止了转圈，还分成了两堆，紧紧地挨在一起取暖。我很高兴，它们终于不再围成一个圆了，这样就有更多的机会从花盆上下去。可是不久之后，我就收回了我的高兴。当它们开始活动之后，又不自觉地围成了一个圆，开始了一天的兜圈子。这样一个逃离花盆的绝好机会，就这样被它们浪费了。

当天晚上，天气非常冷，这群毛虫拥挤在一块取暖。可能是花盆沿太窄，也可能是它们挤得太用力，有几只毛虫被挤出了这条丝路。等第二天醒来，这几只脱离丝路束缚的毛虫跟在一位领袖后面向花盆里面爬去。我数了一下，脱离大部队的毛虫一共有七只，其余的还在兜圈子。

这群脱离大队伍的毛虫并没有在花盆中发现任何食物，显得有些沮丧。只得按原路返回，重新回归到了大部队中，探险宣告失败。真是可惜，当初它们选择探险路线的时候，如果不是选择向花盆里面走，而是向花盆外面走就好了。

到了第六天，我发现其中的几只毛虫已经失去了耐性。它们不再愿意跟着大部队盲目地走，而是想自己寻找出路。这几只勇士在花盆沿上跃跃欲试，仿佛想跳下去。终于有一只想尝试一下，顺着花盆慢慢地滑下，但是在滑到一半的时候，它又顺着丝迹爬回到花盆沿上。不知道是胆怯了，还是不舍得放弃上面的弟兄们。尽管如此，花盆沿上的毛虫已经停止转圈，全力寻找冲出去的路线。最后，它们终于在第八天突破了封锁，在一位勇敢的领袖的带领下，走下了花盆，回到巢中。

它们在花盆上整整待了八天。这些天中，除了寒冷的夜晚以外，它们都在围着花盆绕圈。在走过漫长的道路之后，最终是寒冷打乱了它们的队伍秩序，迫使它们寻找回家的路。很多人都说动物是有理解力的，但是这些我并没有从毛虫身上看到。无论怎么说，它们还是逃脱了，没有饿死、冻死在花盆上。

松毛虫第二次蜕皮是在正月里。蜕皮之后，背上的毛颜色变成了淡红色，它就不再显得那么美丽了。不过，有失必有得，它也通过这次蜕皮添加了一种器官。蜕皮之后，松毛虫的背上多了八道裂缝，每一道都像嘴巴一样，可以随便张合。在这八道口子中都各长着一个小小的"瘤"。并且只有在口子张开的时候，才能看得到。那么这些长在背上的口子和其中的"瘤"到底是用来做什么的呢？是像嘴巴一样用来呼吸的吗？当然不是，迄今为止，还没有发现有什么动物是从背上呼吸的。这些器官的作用，可能与松毛虫的生活习性有关。

松毛虫最活跃的时候是在晚上。如果是遇到恶劣天气，比如说下雨、下雪、大风、降温等天气，它们会老老实实地窝在巢中。它们的帐篷不透水，可以保证它们的安全。

最令松毛虫感到惧怕的就是坏天气，无论是一阵雨，还是一阵雪，甚至只是一场大风，都会把它的心情弄坏。试想一下，当大家长途跋涉到另外一个地方准备进餐的时候，突然来了一场暴风雨，不但饭吃不成了，很可能命都会丢掉。因此，做好天气预报对它们来说至关重要。那它们有什么预测天气的办法吗？下面让我来告诉你。

昆虫记

一天夜里，我邀请几位朋友一起观看毛虫夜游。可是一直等到九点，都没见一只毛虫出来活动。我们感到不解，就在昨天和前天晚上，我还见到过它们。它们当时非常活跃，现在怎么会一只都不见了呢？是出去玩了，还是出了什么意外？我们等到十点、十一点，最后还是没见着，我们非常失望地离开了。

等第二天早上醒来，我才发现外面正在下雨，应该是从昨晚下起的，至今窗外还发出"滴答滴答"的声音。我突然想到，会不会是毛虫昨晚预感到了那场雨，所以没有出巢？我心里觉得这种猜测是正确的，不过我还需要仔细观察，收集更多关于此事的资料。

我开始关注天气预报与松毛虫的关系，我发现，只要天气预报里面说要变天气，比如大风、降温、暴雨、大雪等，毛虫肯定是会提前就躲在巢中一动不动。它们非常信任自己的巢，这些巢确实非常坚固，能抵挡住任何坏天气。它预测天气的天赋让我们全家都大吃一惊，它也成了我们家出行的天气顾问。在进城的前一天晚上，我们总要从松毛虫那里打探一点消息，以决定明天适合不适合进城。

我推测，这种本领的来源便是第二次蜕皮后得到的几个口子和里面的"瘤"，这种器官非常敏感，只要你稍微一动，它们便会合上。它们可能会检验空气，由此推测天气。

松毛虫会在三月做最后一次旅行，它们纷纷离开自己生活的那棵松树，列队前进。我在三月下旬的一个早上，看到了一群行进中的松毛虫。这支队伍有三码长，最少有一百多个成员。它们身上的颜色比以前更淡了。队伍在行进中碰到了不少麻烦，在过一条崎岖不平的路的时候，这支队伍一分为二，变成了两支，在各自的领袖带领下各奔东西。

它们要去做的事情非常重要。在行进了两个小时之后，队伍到达了目的地——一个墙角。我觉得这可能和这里的土壤松软有关。松毛虫队伍的领袖在这些泥土上探测着，偶尔还动手挖一下。松毛虫的盲目性我们在前面已经说过了，它们此时也是百分百地跟着领袖走，只要领袖选择好了合适的地方，它们不会有任何意见。最终，领袖依照个人喜好选择好了一块地方。其余的毛虫便走出队伍，乱哄哄地聚在这片土地上，与刚才井然有序的场景截然不同。它们扭动着身躯，用脚和嘴不停地挖着泥土，最终挖出了一个洞。它们钻进洞中，这个洞会很快坍塌掉，把它们埋藏在里面。可以说，松毛虫是自己把自己埋葬了。很快就平静了下来，没人知道地下藏着松毛虫。而松毛虫则在离地三寸的地下准备织茧。

两周之后，我们再把它们从地下挖出来。此时的它们已经被装进了一个丝袋里，这个又白又小的丝袋，上面还带着泥土。它们躲在地下多深要根据土壤而定，有时候它们甚至会下到地下九寸深。

毛虫变成的蛾子要等到七八月份才能出来。这些蛾子看上去非常柔弱，尤其是翅膀和触须，那么，它们是怎样从地下钻出来的呢？从三月到七八月，地上的泥土早已不再松软。这些风吹日晒的硬土是怎样被娇弱的蛾子凿穿的呢？它们有什么特殊工具吗？很显然，它的外形很简单，并没有什么特殊工具。为了破解这个谜团，我弄了一些还没有孵出蛾子的茧，并把它们放在了实验室的试管里。蛾在钻出茧的时候非常用力，像是冲刺的运动员。它把自己缩成一个圆柱形，翅膀紧紧贴在身上，像是围了一条围巾，触须紧紧地向后弯曲，贴着身体。此时的蛾子全身只有脚能动，它便靠着脚冲破泥土。

光是凭脚挖洞的话，还远远不够，蛾子还有其他的工具。它们的头上有几道很深的皱纹，你用手指就能摸出来。其实那不是皱纹，放到放大镜下你就会发现，原来那是一些鳞片。在这些鳞片中，就数头顶上的最中间的那片最硬。这些鳞片的作用就像是钻头，蛾子用它们开道，用脚扒土，很快就能挖出一条隧道，钻出地表。

在蛾子钻出地表之后，它先是缓缓地展开翅膀，然后伸展触须，最后把身上的毛发蓬松开。尽管它在所有蛾子中不算是最漂亮的，但它的外貌已经足够让人眼前一亮。它有灰色的前翅和白色的后翅，几条棕色的曲线镶在前翅上，颈部上有紧凑的鳞片，金光闪闪，腹部有淡红色的绒毛。

如果你用针去刺它的颈部，无论你的动作多么轻，都会有许多鳞片立刻飞舞起来，非常有趣。这些鳞片的用途我们在前面已经讲过了，就是用来制作那些盛放卵的小筒。

第二十三章　被管虫

当春天来临的时候，如果你的眼睛正常的话，你就不会将一种小东西忽略。它们的身影在破旧的墙壁上，扬起尘土的大街上，或者是那些空旷的场所都可以见到。

这个东西指的就是柴束，这原本是一种没有生命的东西，但现在它却在一跳一跳地向前走动，自由自在。这是为什么呢？是什么魔力让没有生命的东西能够跳动呢？

等到走近了细看，我们就不会觉得奇怪了。原来有一只毛虫在柴束里面，难怪它会动。这条毛虫非常漂亮，身上穿着黑白条纹的衣服。它在向前挪着步伐，不知道是在寻找食物，还是寻找一个安全的地点，以便它安全地化成蛾。这个问题相信我们以后对它有了更多的了解之后就会清楚了。

从它的步伐中可以看出它有点懦怯，还有点急切。它的服装是用树枝做成的，显得很奇怪，除掉头和长有六只短足的前部暴露在外面以外，身体的其余部分全被这件奇怪的衣服遮挡住了。它的胆子特别小，也可以说是出于自我保护的本能，只要受到小小的一点惊动，它就会藏到壳中去，一动不动地缩在里面，生怕被敌人袭击。这样，我们就彻底明白了没有生命的柴束为什么会走路了，原因就是藏在里面的毛虫。

毛虫是属于被管虫一类的。这些全身赤裸的被管虫非常害怕寒冷，为了防御气候变化，它们便用树枝给自己做了一个轻便、舒适、安全的移动茅屋。对于毛虫来说，它就像是一件保护衣，在变成蛾之前，毛虫一步也不会离开这间茅屋。

这让给我想起山谷里农夫的打扮，他们穿着羊皮做成的外衣，羊毛朝外，外衣用一根蓝草带子紧紧地扎住。这种打扮在深山中更常见。和这些农夫相比，被管虫的打扮要朴素得多，只是用一些柴枝简简单单地做成一件外衣，没有任何装饰品。

　　可以看出，这是一种不拘小节的动物。到了四月，我们家的作坊上面到处都有昆虫出没，其中就有很多被管虫，它们让我明白了许多关于被管虫的常识。如果它们进入了蛰伏的状态，这就说明它们很快就要冲出这层外衣，变成蛾子了。这对于我来说正好是一个机会，可以仔细观察一下它们的这层柴草外衣。

　　这些外衣的外形看上去千篇一律，都是纺锤形状，长约一寸半。位于顶端的细枝是固定的，而末端则是分散开的。对于被管虫来说，如果找不到更好的地方来保护自己，那么就要靠这层外衣来遮挡阳光，躲避雨水了，是名副其实的避难场所。

　　如果你以前没见过它，你会以为它就是普通的一捆草束。用草束来形容它可能会不贴切，因你很难在上面发现草。其实，它的主要材料是一些小树枝和树叶。除此之外，草叶和柏树的鳞片枝也可以拿来用。如果是材料实在不足的话，那些干叶的碎片和碎枝也会被拿来用。

　　总之，小毛虫的建巢要求不算太苛刻，一般碰到什么就用什么，只要这些材料轻巧、柔韧、光滑、干燥、大小适当就可以了。

　　在利用这些材料的过程中，小毛虫完全保持了材料原有的形状，一点儿也没有改变。有的材料太长，它也不会将它加工到适合自己的尺寸。甚至有时候造屋顶的板条也直接被它拉过来使用。它的工作完全是机械性的，就是把材料前端固定，简单得很。

　　毛虫需要穿着这层外衣自由地行动，这就需要在外衣前端有特殊的装置。如果没有特殊的装置的话，外衣表层的枝条又长又硬，而毛虫的头和足是那样的柔软，会让这位辛勤的工人没法工作，也就无法尽职尽责。

　　为了能够保证毛虫的头和足能从前端伸出来，并可以向任何方向自由地转来转去，这就需要柴束的前部必须柔软。

　　你会发现，在柴束顶端，也就是毛虫伸头探足的地方没有硬树枝，那些硬树枝在离顶端很远的地方就停下了。取而代之的是一种用碎木屑做成的领圈，这些碎木屑不但增加了材料的强度和韧性，还对柔弱的毛虫起到保护作用。它能够让毛虫放心地自由行动和弯曲，对毛虫来说，意义重大，必不可少。

触摸一下柴束的顶端内部，就是毛虫将头伸出来自由转动的地方，这里让人觉得很柔软。这个地方是先用纯丝织成网，然后再在外面裹上木屑制成的。这种绒状的木屑，是毛虫在割碎那些干草的时候得到的。

我轻轻地把柴束的外层剥掉，并撕碎，在里面发现了很多枝干颗粒，它们非常细，我数了一下，大概有八十多个。

在将整个柴束打开之前，只能看到它的前端开口处和中部，里面是完全看不见的。全部打开之后，便一目了然了。我在里面发现了一件内衣，这件内衣全部是用丝做成的，这种丝用手拉都拉不断，非常坚韧。内衣的内部是白颜色的，非常美丽，外部是褐色并且有褶皱，上面装饰着一些细碎的木屑。

现在整个柴束都被打开了，我们可以研究一下毛虫是如何制作这件精巧的外衣的。这件外衣是由三部分叠加在一起组成的，第一部分非常柔软，像绫子一般，可以与毛虫的肌肤紧密接触；第二部分是细碎的木屑，它们与丝裹在一起后使之更加坚韧；第三部分也就是最外层，是用小树枝和树叶做成的外壳。

虽然看上去各种被管虫都是穿着这种三层的衣服。但是，不同的种族间还是有区别的，这个主要体现在外壳上。比如，我在屋子旁边的大路上遇见过这样一个柴束，无论从形式上，还是从做法上看，它的壳比前边提到过的要高明一些。壳外用的材料五花八门，有空心树干的断片，细麦杆的小片，还有那些青草的碎叶等。上面提到的那种，在壳的前部，常常会有枯叶的痕迹，很影响美观，而这一个没有枯叶的痕迹。在壳的背部，也没有那种长短不齐的突出物。总之，这个柴束与其他的在整体上感觉差不多，最显著的差异就是看上去比较美观。

还有一种被管虫，它的身材比较小，衣服穿得也相对简单一些。冬天快要过去的时候你经常会发现它们，几乎哪里都有它们的足迹，无论是墙上还是树上，尤其是树皮多皱的老树上，比如洋橄榄树、榆树。它们的壳不但非常小，还非常简陋。它们经常随地捡些干草便黏合到一块，做成外衣。当然了，想要衣服穿得更经济、更便宜，还要看上去更漂亮、更美丽，那简直太难了。

为了更清楚地观察被管虫，更多地了解关于它们的情况，我们可以在四月的时候捉几条幼小的被管虫，把它们放在铁丝罩子里面观察。

这时的它们还很小，多数还是处在蛹的时代，等待着有朝一日能飞上蓝天。虽然很小，但是它们一点都不老实，有个别好动的甚至还爬到铁丝格子上去，像是在炫耀一样。它们会把自己的身体用一种丝质的小垫子固定好。要想看一下它们接下来会干些什么，就得耐心地等待，这种等待往往需要几个星期的时间。

等到六月底雄性的幼虫从它的壳里跑出来的时候，它就已经不再是什么毛虫了，而是变成了蛾子。

这个壳有两个出口，前面一个，后面一个。这两个口都是毛虫很谨慎、很当心地制做而成的。前面的那个口是永远封闭着的，因为毛虫要把这一端牢牢地钉在支持物上。因此，等毛虫孵化成蛾子，就只能从后面的口出来。并且在变成蛾子出来之前，毛虫需要在壳内先转一个身。

孵化出的雄蛾长着羽毛状的触须，翼边还挂着细须头，看上去非常漂亮。尽管黄灰色的衣服是那样简单，翼翅也只有苍蝇般大小。

至于雌蛾，不用说很难捕捉到，就连见上一面都很困难。因为它们的出生总是比别的昆虫晚几天，等到它们好不容易出来了，又会让人们大吃一惊，因为它的形状实在太丑了，简直就是一个怪物。如果是不经意把它摆到你的面前，你可能会被吓一跳，因为它那种凄惨的相貌谁都看不习惯，甚至连毛虫也赶不上。

它的背上不用说翅膀，就连毛也没长，光秃秃、圆溜溜的。让人不忍心去看。在它圆圆的体端，戴有一顶灰白色的小帽子。背部第一节上，中央位置长了黑斑点，这个大大的呈长方形的斑点是它身体唯一的装饰物。没人知道雌性被管虫为什么要放弃蛾类所有的美丽，而宁愿坚守自己怪物般的形象。

之所以出来的晚，可能是因为它在一边钻出蛹壳的时候一边产卵。这样，子孙后代就住进了母亲传给它的茅屋。它的产卵时间非常长，因为它的卵非常多，全部产完往往需要三十个小时以上的时间。

昆虫记

产完卵后，为了使其免受外来的侵扰，能够安全地生长，雌蛾将门关了起来。想要顺利关上门，就需要一些填塞物。虽然这位母亲已经是一贫如洗，但是它太爱自己的孩子了，它现在唯一的财产就是身上的那件衣服了。也就是说，为了让自己的孩子在里面安然无恙，不受外界打扰，它要用戴在它体端的那顶丝绒帽子塞住门口。

它所做的事情还远远不止如此，它还要把自己的身体拿来做屏障。最后，它把自己堵在了门口，并在那里死去，慢慢变干。为了下一代，它甘心付出自己的一切。此时，我们已经忘记了它丑陋的外表，被它伟大的精神打动了。

假如我们把外面的那层壳打开，我们会在里面发现一件外衣，这是当初储存蛹的时候用的。这个外壳，除了当初蛾钻出时用的那个小孔以外，完好无损。当初蛾从这个狭窄的走道中钻出的时候非常地艰难，因为它当时还背着笨重的羽毛和翅膀，这些都给它带来了很大的阻力。

面对着这么大的阻力，毛虫只能是笨鸟先飞，早早地就开始往洞口跑。在毛虫冲出洞口变成蛾的行程中，有一半都是它处在蛹的时候完成的。最终，凭借着不懈的努力，它终于突破外衣，来到了广阔的天地中，自由自在地飞翔。

我们都知道，母蛹是不长翼也不生羽毛的，因此它就没有这些烦恼。它裸露的身体呈圆筒形，看上去和毛虫没多大区别。这样的身体在狭小的隧道中爬行，一点儿都不费劲。后来在壳中发现的外衣就是它这时脱下的。

这个看似随意的举动其实是有深远的考虑的，体现了一个母亲对于自己儿女无私的爱。在产完卵以后，这个无私的母亲还不满足于把房子和丝绒帽子留给儿女，它贡献出了自己最后的一点家产，那就是身上的那层皮。"可怜天下父母心"这句话被它体现得淋漓尽致。

有一次，我从柴草的外皮里捡了一只装满卵的蛹袋，我把它们放到玻璃管中养了起来，以备以后观察。它们孵化的速度非常快，快得出人意料。在七月的第一个星期里，这些卵便孵化出了四十多只毛虫。我还没来得及注意呢，它们便来到了我的面前，突然之间我发现自己拥有了一个被管虫的大家族。

这些新生的毛虫还统统都穿上了衣服。这些衣服是由光亮的白绒制作而成，看上去像是波斯人的头巾，或者通俗地说，像是一项白色礼帽，只是缺少了帽缨子。

虽然比喻成头巾和帽子，但是它并不是戴在头上的，而是披在身上的，从前身披到尾端。这些毛虫把这个玻璃管当成了自己的豪宅，在里面肆无忌惮地跑来跑去。正好我想研究一下它们的这项帽子，我想知道它的构成和制作方法。

很幸运，蛹袋中永远装满了卵，永远不会落空。我在另外一个蛹袋中又发现了一个大家族。这个家族中卵的数量和前一个差不多，大约有五打或者六打。

这些卵中有的已经孵化出来并穿上了衣服，这对我的观察来说毫无用处，我将它们拿出来，只留下那些裸露着身体的新房客留在玻璃管里面。这些新房客身体全部是灰白色的，只有头部是鲜红色的。它们个头极小，全身约有一寸的二十五分之一那么长。

不需要太长时间的等待，第二天这些小家伙便走出了摇篮，它们成群结队地，慢慢地爬出蛹袋。当初它们的母亲在蛹袋当中弄破一个口，它们便是从这个口中钻出，所以不需要把自己的摇篮弄破。

无论是母亲留下的柔软的外衣，还是自己那暖暖的摇篮，对于这些怕冷的小动物来说都是很好的做衣服的材料。但是，它们谁也没有去用那些东西。

我故意在它们洞口放上了一个粗糙的柴枝壳，并且紧紧地贴着它们所在的蛹袋，为的就是让它们在刚刚接触到外面世界的时候，发现将要面对的环境与以前柔软的蛹袋截然不同，从而产生一种紧迫感。

如果让你进入一片陌生的环境中去打猎，你首先要做的就是穿好衣服来保护自己。这一点对于这些小动物来说，同样适用。当它们发现外面的世界是如此粗糙的时候，它们便会急着为自己制造一件衣服，好来面对这么复杂的环境。

做衣服的第一步就是收集材料，它们之中有的会发现一些已经分叉、裂开的细枝，并把那层洁白、柔软的内层撕下来。也有个别胆大的会钻进空茎的隧道，希望在黑暗中找寻一些材料。往往它们都会得到丰厚的回报，就是一些优等的材料，用这些材料织成的衣服雪白雪白的，非常漂亮。并不是所有的材料都是优质的，一些毛虫做出的衣服就是杂色的，因为其中加入了一些劣质的材料。

小毛虫的头很大，形状就像一把剪刀，而且还有五个坚硬的利齿，非常锋利。这把剪刀便是它做衣服用的工具，小毛虫用它来剪断各种纤维。

把这把剪刀放到显微镜下观察，我们会发现它的构造非常合理，就像机械一样，而且它的力量也强大无比。打比方说，如果羊的头上也长了这样一个工具，并且身体的比例与小毛虫的一致。那样的话，这只羊就不光能吃草了，甚至连树都能吃。由此可见，这把剪刀的厉害。拥有这把剪刀的小毛虫自然也不是等闲之辈。

被管虫的幼虫非常聪明，无论是它们制作衣服的过程，还是它们制作衣服时使用的方法，都能让人从中受到很多启发。它们是如此的微小，如此的纤弱，以至于当我用放大镜去观察它们的时候，都得小心翼翼，连大气都不能喘。不然的话，就会惊扰到它们，甚至会不小心把它们一口气吹跑了。

尽管它们是如此的渺小，但是它们拥有一手制造毛毯的绝活，而且技艺非常高超，称它们是专家一点儿都不过分。它们从一生下便成了孤儿，这群无人照料的孤儿竟然天生就懂得裁剪衣服，不得不说这是一个奇迹。在介绍这些新生的毛虫是如何去制作衣服之前，我想有必要再谈一谈关于它们死去的母亲的几点事情。

我已经介绍过蛹袋里的情况，那里面软乎乎毛绒绒的非常舒服，就像一张鸭绒被那样温暖。小毛虫钻出卵以后，为了适应外面残酷的世界，会先在这张鸭绒被上休息一下，取取暖，做好准备工作。

天下的母亲都是有共性的，这种共性就是对儿女无私的爱。这种共性都来源于它们的本能。野鸭为了自己的儿女和子孙后代过的舒适，会用自己身上的绒毛制作成一张床；兔子为了给新生的儿女做一张温暖的垫褥，母兔会毫不犹豫地剪下身上最柔软的毛；被管虫的母亲也在做着同样的事情。

这位母亲会用一种非常精致、美观的材料，为自己的子女做成温暖的外衣。把这种材料放到显微镜下观察，就在上面发现许多鳞状片体，这种材料是呢绒，是为自己的儿女制做衣服最好的选择。这位母亲要把房间布置得温暖舒适，因为小幼虫不久之后就会在这里孵化出来。它要让它们从一出生就感觉到温暖，要让这里变成它们自由玩耍的乐园。这里还可以成为它们进入残酷的社会前修养、积蓄力量的地方。它为了自己的儿女不辞辛劳，这一点儿上母蛾同母兔、母鸭从身上取下毛来是一个道理。

为了完成上面所说的那些任务，母蛾连续不断地磨擦墙壁，在狭窄的通道中跑来跑去，并翻来覆去地打着滚，它这样做的目的只是想把自己身上的毛弄下来，好给自己的家庭添一张舒适的床垫。它这种举动非常机械，看上去不像是有意识的举动。然而，我们没有理由证明这是它无意识的举动，尽管它看上去像是疯了一样，我们还是应该尊重这位母亲。

有些书上流传着一种非常荒诞的说法，那就是小被管虫出生以后，会吃掉自己的母亲。这种说法我至今不知道是从哪里传出来的，但是事实上，我从来没有见到过这种事情的发生。这位伟大的母亲为家庭和子女已经出了那么多力，做了那么多贡献，到最后自己只留下干干的、薄薄的一个条。即使是食用，也不够自己的子女每人分食一口。何况，这些小毛虫从来不会去吃自己的母亲。从它们穿上衣服，到开始吃食的这段时间内，我从来没有发现有任何一个毛虫去咬自己母亲的身体。

下面我要详细地讲一讲这些小幼虫的衣服。

卵是在七月初开始孵化的，刚孵出的小幼虫非常可爱，它的头部和身体的上部呈黑色，下面的两节带棕色，其余部位则都是灰灰的琥珀色。这些小生物十分敏捷，迈着短小的脚步跑来跑去，而且还非常快。

在刚刚孵化出来的最初一段时间里，它们还需要待在母亲用自己身上的绒毛堆成的毯子上。相比自己钻出来之前待的那个蛹袋，这张毯子要更加舒适一些。它们待在绒毛堆里并不是全都在睡觉，还有的在忙着锻炼身体、练习走路，为迎接未知世界做好准备。总而言之，在离开外壳以前，它们都不闲着，或是修身养性，或是增强体质。

尽管这里如此的舒适和奢华，但是它们从不留恋。一旦养足精神，就会爬出这层壳，走向更加宽广的天地。接下来要考虑的并不是食物的问题，而是穿衣的问题。看来这些小家伙挺注重自己的形象。它们积极地打扮着自己。

幼被管虫做衣服的材料来自它们的那个树枝外壳，也就是被我们称为茅屋和外衣的那个东西。它们从上面剥取材料，然后把这些材料加工成衣服。它们剥取的材料主要是小枝中的木髓，那种裂开的小枝更容易取到木髓，所以会受到它们的青睐。

它们制做衣服的方法让人意想不到，看了之后忍不住要夸它们灵巧、细致。它们会把收集到的材料制作成很小的圆球，然后把这些圆球连接到一起，这是怎样做到这些的呢？这个问题难不倒这些聪明的小裁缝，它们会把这些小球聚集到一起，然后用自己吐的丝依次将它们绑起来，问题就解决了。现在我们知道了，毛虫能和蜘蛛一样从身上吐出丝来。用丝连起来的不仅有圆球，还有一些微粒，它们被串成一个很漂亮的花环，随着被串的东西越来越多，花环也越来越大。小毛虫把这个花环绕在自己身上，只留出六只脚，以方便走路。最后用丝捆住末梢，这样，小毛虫的身上就有了一个圈带。

绕在身上的这个圈带只是工作的第一步，完成这一步后，小幼虫再用大腮从壳上取下一些树芯，并把这些树芯，还有一些圆球、碎末固定到圈带上去，使它越来越大，最终形成一件完整的外衣。这些杂碎的东西有时被固定到顶上，有时被固定到身子底下或者旁边，但大多数情况下，都放在前边。在制作外衣的方法中，再也没有比这种更适合小毛虫了。这件外衣起初是平的，后来就变得像一根带子，绕在小毛虫的身体上。

随着小毛虫不断地纺织，那个最初的圈带会逐渐变大，由披肩变成背心，再由背心变为短衫，最后变成雪白崭新的长袍，完成这些工作只需要几个小时的时间。

这里面还要感谢它们的母亲，要不是它们的母亲给它们留下一个旧的壳，它们想获得新衣服就有一定的难度。因为那些草束和有芯髓的枝干并不是那么好找的，这个旧壳让它们就地制作衣服，避免了光着身子到处收集材料的危险。但是，它们也并不是离开这个旧壳就没法生存，它们求生的本能很强，这会让它们利用任何东西给自己制作衣服，随便是什么材料，只要能找得到就能用。新生的小幼虫寻找新材料做衣服的实验，在玻璃瓶中我做过好几回。

它会把雪白的芯髓从蒲公英的茎里面挖出来，然后做成长袍，这件衣服看上去洁净、精致，比从母亲那里遗传得到的材料制成的衣服还要好。它还能制作出更精致的衣服，用的是一种特殊植物的芯髓，制作出的衣服上面有闪闪发亮的装饰，类似于结晶块或者白糖颗粒。这件作品完全可以证明毛虫不仅是一位非常优秀的裁缝，还是一位非常有眼光的设计师。

我曾经给它提供过原材料，那是一张吸墨纸。不出我所料，这张纸被小毛虫毫不犹豫地加工成了一件纸衣服。这张纸让它既高兴又好奇，并且对这种新材料表现出了相当浓厚的兴趣。甚至在我拿出它们母亲遗留给它们的材料时，它们竟然不理不睬，继续把吸墨纸当成自己制作衣服首选的材料。

还有的小幼虫，我甚至连一张纸都没有给它们，但是它们照样做出了衣服，让人不得不佩服。它们非常聪明地选择去割碎那个瓶塞，它们先是把瓶塞割成了小块之后，然后又把这些小块割成了更小的微粒。它们看上去是那样的驾轻就熟，仿佛自己的老祖先曾经使用过这种材料一样。这种稀奇的材料是毛虫们第一次碰到，但是它们用它做成的衣服与其他材料做成的相比，没有任何差别。这种能力让人感到惊奇。

通过上面的两个实验，我已经知道了毛虫幼虫能够熟练地应用干而轻的植物材料。下面我想用动物和矿物来试验一下。

我把大孔雀蛾的翅膀割下一片，在上面放上小毛虫。小毛虫是赤身裸体的那种，这样能让它们有利用材料制造衣服的动力。在经过了长时间的迟疑之后，它们其中的一只决心利用脚下的材料。不到一天的时间，它就将大孔雀蛾的鳞片做成了灰色的绒衣，高高兴兴地穿在了身上。

在第二个试验中我选择了一些很软的石头，只需轻轻一碰，它们就会变得粉碎。我把四个浑身赤裸，急需穿上衣服的毛虫放到这些石头上。其中的一只很快就行动起来，它用这些石头给自己织了一件金属外衣，这件外衣像彩虹一样，能发出各种亮光，显得非常华丽。除了看上去很贵重以外，这件外衣还很笨重。背负着一堆矿物行走，这对于毛虫来说有多困难可想而知。它那缓慢行走的架势，如同东罗马的皇帝在参加重大仪式一般，非常有趣。

小毛虫完全不在意自己的衣服如此笨重，因为这是出于本能的迫切需要，它太需要一件衣服了。一件笨重的矿物衣服，总比光着身子强。就像人一样，虫子也愿意把自己打扮得漂漂亮亮的。小毛虫更是如此，它们甚至连吃都顾不得，只是一心打扮自己，这是它们的共性，也是它们的天性。假如将一只毛虫关起来饿两天，并剥掉它的外衣，等你把它放出来之后，它会对你专门为它准备的食物熟视无睹，首先要干的，肯定是先为自己制作一件外衣，有了外衣之后，它才去进餐。

它们为什么对于外衣有如此的依赖呢？是因为它们怕冷吗？这倒不是，有的毛虫确实怕冷，它们会在寒冷到来时将自己隐藏在树叶里、躲避到地下或者墙缝里。但是我们在这里说的这种被管虫不怕冷，不管多么

昆虫记

冷，它们都会无所畏惧地将自己暴露在空气中。它们之所以必须要有一件外衣，是因为它们的本能，一种怎样对付寒冷天气的本能。

秋天的细雨对于毛虫来说，也是一种威胁，这提示它该去做外层的柴壳了。最开始的时候，它只是将参差不齐的草茎和枯叶混杂在一起，有次序地缀在颈部后面，显得很草率，很随意。不过，必须要保证头部是柔软的，从而使得毛虫的头可以向任何方向自由转动。这些略显不整齐的材料只是第一批，并没有影响到建筑物后来的整齐。这件建筑物是从前往后增长，最初的那些材料被甩到了最后边。

一段时间以后，小毛虫选择材料便非常细心，其中的碎叶渐渐加长。此时的它，不再是把材料混乱夹杂在一起，而是将它们直排铺下去。它们的敏捷与精巧在铺置草茎时体现得淋漓尽致，让人叹为观止。这个建筑将会非常的舒适，这与毛虫们的认真是分不开的。如此迅速、轻巧、认真的工作，就连一些大昆虫也自叹不如。

它在腮和脚之间不停地搓卷着材料，然后把它们用下腮紧紧地含住，在把它们贴在长袍的尾端之前，毛虫会将材料的末端削去少许。或许这和铅管工匠在铅管接合的时候将尾梢锉去一点是一个意思。这样能使丝线粘得更坚固、更结实。

等一切都做好之后，毛虫就不再忙碌，甚至连动也不动。因为这个外壳是那样的牢固、温暖，足可以在寒冬降临的时候保护它，让它过安心的日子。

不过，这件衣服并不是说就十全十美了。比如说内部的丝毡，虽然现在感觉很舒适温暖，但是并不厚实，还需要毛虫等到春天来临的时候利用闲暇时间再将其织得又密又厚。这时的毛虫，只顾得往衬衣里面加新层，哪怕是加到不能再加了，也不再去理会外面的壳，就算是你把外面的壳拿走，它也不会去再造一个了。失去了外面的壳，里面的长袍就失去了保护，这时的长袍造得再柔软、再漂亮也没用。但是毛虫并不这样认为，它觉得造外壳的阶段已经过去了，现阶段的主要任务就是装修内部。只见它一心修饰着自己的长袍，全然不顾外面的房子已经没了。结果，它凄惨地死在了蚂蚁的嘴下，成了蚂蚁的美餐。这能怪谁呢？要怪就怪它那过分顽固的本能吧。

第二十四章　白蝎“自杀”

突然出现的惊吓会让人反应不过来，吓得站在原地不动。还有的久久回不过神来，更有甚者能被吓死。人且如此，更不用说昆虫了。突然的惊吓或者是撞击，会让昆虫陷入短暂的昏迷状态，身体在原地晃晃悠悠。昆虫对外界的刺激非常敏感，如果受到的惊吓并不是太严重的话，它们原地迷糊一会儿就能恢复过来；如果受到的惊吓非常严重，那对它们的打击将是致命的。它们会像进入了冬眠一样，长时间不醒。

昆虫是不会装死的，因为它们根本就不知道什么是死。同理，它们也不明白什么叫自杀。它们不知道在面临无法承受的负担时，面临着生不如死的痛苦时，有一种解脱的办法，那就是自杀。凭着我对昆虫多年的研究，还不知道有哪种昆虫是真正意义上的自己选择结束生命。蚊子在昆虫中算是够多愁善感的了，它经常为了一些事情折磨自己，把自己搞得非常憔悴。不过，这与那种割断自己动脉、刺穿自己心脏、跳进悬崖这种真正意义上的自杀还有很大的差距。

说到这里，我想起了关于蝎子自杀的事情。对于这个观点，人们说法不一，有人赞同，有人否定。有人说，如果你在蝎子的四周都生上火，把它围在当中让它无法出去，它就会用自己尾端的毒针刺向自己，直至把自己刺死。这个故事说的是不是真的呢？让我们亲自去看一下。

我在泥罐中养了一群大白蝎，一共有十二对。我给它们提供了优越的环境，罐底铺着沙土和碎瓦片。这种昆虫我们这里有很多。在附近的小山上，那里有一片沙土地质带，上面有许多乱石，几乎每一块乱石底下都能找到它们。这是一种非常丑陋的虫子，名声也特别坏。我就这样一直养着它们，期待着有一天它们能告诉我一些关于它们的秘密，但是它们对我的殷勤一直是不理不睬。最后我决定采取点儿小手段，以期待能有所收获。

它们的恶名声主要来自那根锋利的蜇针，这根针到底有多厉害呢？我没经历过，所以也就无从谈起。不过，每次走进书房要和它们打交道的时候，我总是加倍小心，提防着它们。我采访了一些和它们打过交道的人，他们大多是工人，经常上山砍木柴，不可避免地要与大白蝎打交道。他们中的大多数人都吃过大白蝎的亏，因此说出的话更可信。他们中的一位告诉我说：

"当我吃完饭以后，我想打个盹儿，于是靠着一捆木柴睡着了。突然，一股钻心的疼痛使我猛然醒来。那种滋味真是不好受，感觉就像被烧红的钢针扎了一下。我不禁地伸手去摸疼痛处，在那里摸到了一个扭曲摇摆的东西，原来是一只大白蝎。它趁我不注意钻进了我的裤子中，蜇中了我的腿肚。我将那个讨厌的家伙拿了出来，发现它足有手指那么长，难怪蜇得我这么疼。"

这个人一边描述，一边用手指比画着那个蝎子的个头。我曾经在一块石头底下也发现过那么大的蝎子，所以对他描述的尺寸一点儿也不惊讶。

他接着说道："我本来以为没什么大碍，还打算继续工作呢。我当时真是太天真了，不一会儿，身上就冒出了冷汗，腿肿得非常粗，简直像一个水桶。"说到这里，他的双手比画出水桶的样子。

"当时可苦了我了，我一步一挪，好不容易才回到家。从这里到我的家非常近，平时我几步就回去了。可是在那天，我使出了吃奶的劲儿，足足走了大半天。第二天，那条腿肿得更高。"他用手在自己的腿上比画着。

"整整三天，没错，整整三天我都不能动一下。最后，我在上面敷了好多碱末才将肿消下去。这次经历我永远忘不掉。"

说完自己，他又说起了另外一个被大白蝎蜇中的人。那个人是他的工友，也在山上砍柴，同样是被蜇中了小腿的腿肚。由于他砍柴的地方比较偏僻，离家比较远，所以他没能坚持到走回家，而是倒在了半路上。幸亏被几个过路人发现，人们把他抬回了家。一路上，他连动都不会动，有人提着他的胳膊，有人抱着他的大腿，就像是抬着一个死人。

这个叙述者越说越激动，再加上手脚不停地比画着。可能有人会觉得他是在夸张，但是我不这样认为。被白蝎蜇一下确实是一件非常严重的事情。人且如此，更不用说是动物了，就连它们自己也是这样。蝎子若是被同类蜇一下，很快就会毙命。我对此毫不质疑，因为这是我用多次的实验得出的结论。

　　我找来两只强壮的白蝎，并将它们放在一起，用稻草拨弄，激怒它们。在我的挑拨之下，它们决定斗一斗。是我一直在中间挑拨，但是它们却将火发在对方身上。那对大钳子，被它们举在头上，威慑着对方；当两对钳子抵在一块的时候，尾端的毒刺突然向前伸展，一下下地试探着。在两根刺的尖端，各挂着一颗透明的小水珠，那是毒囊中分泌出的毒液。

　　战斗在一瞬间结束，一只白蝎将另一只刺个正着。受伤的一只在几分钟之后便会倒地毙命。而胜利者则十分平静，不动声色地上前，开始啃食失败者的尸体。可能是对方尸体太大，也可能是蝎子的嘴太小，总之这顿进食要持续四五天，中间几乎不停歇。吃掉失败者，而且还是同类，蝎子可以为自己吃掉失败的同类找一个很好的理由，那就是：胜者为王败者为寇。将死去的敌人吃掉，尽管对方是自己的同类，这种动物还是有很多的。这种事情永远不会发生在人身上。还没听说过在战争中一方会把另一方吃掉的。至于为什么人类不会去吃自己的同类，我也搞不清楚。

　　通过实验得出的结论是：蝎子的蜇针非常厉害，能让同类顷刻间毙命。下面我们就来谈谈蝎子自杀的问题，也就是本文开头提到的问题。按照一些人的说法，如果在一只蝎子四周围生起一圈火把它围在其中，蝎子便会失去理智，用自己的毒针蜇死自己。这是真的吗？让我们通过实验来验证一下。

　　我在平地上用烧红的木炭摆了一个圈，围成了一周没有出口的火墙。我从自己养的白蝎中选出一只个头最大的，将其放入火圈中。蝎子感受到了四周的热浪，它不停地倒退着，打着转，想找个出口逃出去；身体稍不留神，被火红的木炭烫了一下。于是它气急败坏地左冲右撞，身体不断地撞到火炭上。每一次的努力都被火墙阻挡了回来，它变得丧心病狂，更加用力地去用身体冲撞木炭。最后它有些绝望了，不知该如何是好。此时，只见它将那根毒针迅速地挥舞着，时而举起，时而放下；时而卷到背上，时而又舒展在地。你猜不出它的想法，和下一步的举动。

我在想，接下来它会不会朝自己身上狠狠地刺下一剑，以结束现在的痛苦。谁知，这只蝎子突然一阵抽搐，之后便伸直了身体一动不动。它是死了吗？它的身体开始变得僵硬。可能是它刚才摆尾的速度太快，已经刺中了自己的身体，但是我没有看到。如果真是那样的话，它将必死无疑。我们已经在上一个实验中看到了，针尖的毒汁会很快将它们的生命夺去。

对于它的死，我还是不确定。我用镊子将这只蝎子夹出，放到了一处清凉的沙堆上。一个小时之后，奇迹发生了。这只白蝎又复活了，活跃得就跟放进火圈前一样。同样的实验，我又用其他蝎子做了第二次、第三次，结果都是一样的。它们会在困难面前疯狂地抵抗，继而转向绝望，最后变得麻木，像被雷击了一样呆呆地停在原地；等你把它夹到别处，或者将威胁去除之后，它们会自然醒来，变得充满活力。

这样我们就知道，那些说蝎子自杀的人，是被蝎子暂时昏迷的假象欺骗了；他们只看到了蝎子在火中顽强地抵抗，继而变得歇斯底里、丧心病狂，最后倒地不起。他们被这些现象欺骗了，过早地断定了蝎子的死亡，并任由其被火烧焦。如果他们将蝎子转移到别的地方，或者将火扑灭的话，他们就会看到蝎子醒来。也就不会相信蝎子自杀这个说法了。

据我所知，能够决定自己生命是否终结，懂得什么叫自杀的动物，只有人类。也只有人类有勇气做出这种事情。这种人的出发点大多是要从深深的苦难中解脱出来。有人将此作为人类的崇高特性，还有人将此作为人类区别于低等动物的一个标志。但是，如果有人选择了走这条路，那他体现出的肯定不是勇敢，而是在生活面前的懦弱。

两千多年前，在遥远的东方有一位伟大的圣人，他的名字叫孔子。有一次，孔子在树林中撞到一位正要上吊自杀的男子。那个男子正在树上系绳子，孔子连忙上前说道：

"你肯定遇到了天大的不幸。不过，最不幸的是你在这些困难面前屈服了。其他的不幸都可以来挽救，你的死是无法挽救的。不要觉得自己失去了一切，只要你还活着，你就能改变生活，走出苦难，得到快乐。"

中国圣人的道理非常浅显易懂，但是其中蕴涵的哲理值得人们深思。在西方有一位寓言家，对这种哲理，他用另外一种语气来描述：

"……尽管把我折磨的如此狼狈，

我毫不在乎缺了一条胳膊还是少了一条腿，

只要给我剩下一条命我就不在乎任何形式的残废。"

无论是东方的圣人，还是西方的寓言大师，都在向我们传达着同一个道理：生命是一件很严肃的事情，不能说抛弃就抛弃。我们不能把生命当做是享乐或者是受难，应该把它看做是一个合约。无论遇到什么困难，我们都不能违约，直至生命结束。

主动违约的人都是懦夫、蠢货，这一点毫无疑问。你可以选择跳入悬崖，你可以选择死亡，但是你不能蔑视生命。尊重生命，这才是人类作为最高级动物应该体现出的高尚品质。

只有人类，才懂得什么叫死；只有人类，才知道谁都有末日来临的那一天；只有人类，才会对死去的同胞怀有各种感情，不仅仅是哀恸。这是人类的特长，是其他动物不能做到的。因此，当有人告诉你哪种动物懂得自杀的时候不要轻信。更不要被一只吓晕了的昆虫所骗，还以为它结束了自己的生命，其实它连什么是生、什么是死都不懂得。

第二十五章　化石书中的象虫

在阿普特地区，你会发现许多奇怪的岩石。由于长时间的风化，它们已经变成了页片的形状。这些片状的岩石，看上去就像薄薄的纸板。这种岩石还可以燃烧，并且吐出火苗，冒出黑烟，就像是在燃烧真的纸板一样，还伴随着刺鼻的味道。这些岩石是从哪来的呢？它们来自远古时期巨大湖泊的湖底。当年那里生活着鳄鱼、乌龟和各种鱼。时至今日，它们之中有的早已经灭绝了。接下来发生的全球地壳运动，让一些高山变成了湖底；而一些低洼处的湖底则抬升为平原或者丘陵。大自然就是这样神奇，沧海桑田，湖底的烂泥和其中的各种沉淀物被挤压成了薄薄一层。年复一年，终于变成了岩石。这就是这些纸板岩石的来历。

我们取来这样一片岩石。它的硬度非常低，用小刀就可以将它一层层地剥离，简直就是像在翻一本书。只不过，这不是普通的书，是一本远古时期湖底情况的备忘录。

这本书的历史比古埃及的莎草纸还要悠久，比任何一本书都要精美，尤其是里面的插图。最让人感到激动的是，这些插图同时还是标本，是千百年前活生生的动物。

先来看第一页，上面有几条聚在一起的鱼，它们是那样的悠闲。这些鱼保存得十分完整，无论是鱼头、鱼尾、鱼骨，还是鱼鳍，甚至连眼球都能看出来，全身只是少了鱼肉而已。一切给人的感觉，就像是这条鱼被油炸过，全身的肉都萎缩了，眼球也萎缩在眼眶中，变成一个黑点。

千万年前的鱼，现在看来还是那么漂亮，那么生动。仿佛你用指尖轻轻接触一下它就会游走一样，真是让人不可思议。如果这真是一盘炸鱼的话，我想味道肯定不会太差，尽管它已经在罐头中保存了几千年、几万年。

这本书中的插图虽然精美逼真，但是旁边没有任何只言片语的注释。这就需要我们开启自己的想象，再加上掌握的生物和地理知识，来给这些插图做注释。试着想象一下：当初这群鱼自由自在地生活在湖中。后来地壳运动，湖水上涨，大量的泥沙被冲入湖中。清澈的湖水变得浑浊不堪，几乎成了泥汤。湖中的生物纷纷窒息而死，沉淀在湖底。泥沙不断地沉淀，那些死去的鱼被埋在了泥沙中，就像被冻在了冰块中一样。就这样，它们被无限期地保存了下来。同时也躲过了外界的风风雨雨，沧海桑田。

被尘封在地下的并不是只有水中的动物，还有那些被雨水从附近高地冲下来的植物和动物的残骸。因此，我们在这本书中不仅能发现当时水中的世界，还能得到一些陆地方面的信息。这简直就是一本那个时代的动、植物大合集。

让我们继续欣赏这本精美的画册。现在我们知道，这是一本历史画册、自然画册，也是地理画册。在其中的一页上我发现了植物种子和树叶，清晰度不亚于专业照片。

从这本动、植物集中我们了解到，现在的普罗旺斯地区同以前已经大不一样，动物和植物的物种在不断地更新。这里已经不再有棕榈科植物，也不再有月桂和南洋杉，以及其他许多本该生长在炎热地区的植物。无论是月桂散发出的樟脑味儿，还是南洋杉那如羽毛一样的叶子，都已经成为过去，被尘封在这本书中。

继续往下翻。有一页上面堆积了大量的双翅目昆虫，这令我非常惊讶。这种个头很小的昆虫非常脆弱，轻轻地接触就会让它们粉身碎骨。但它们居然在混乱的泥沙和岩石中保存了下来，并且完好无损。这不得不说是一个奇迹。

它那铺在石板上的小爪子显得十分自然。这说明当时它毫无警惕，没有预料到灾难即将来临，可能是在休憩。小虫的完好程度简直可以说是一具标本，翅膀上的网状脉络，纤细的触角，甚至连爪子末端的小钩都完好无损。这比真正的标本观察起来更方便，无须固定，也不用担心磨损，可

昆虫记

以端在手中尽情观察。

这种小虫应该是先死去后又到了水中的。我推断它是在河边死去的，后来河水上涨，便把它卷入了水中，葬身于淤泥之中。就在这些双翅昆虫的旁边，还有一种虫子，它们的数量仅次于双翅昆虫。这种昆虫身材短粗，鞘翅坚硬，脑袋呈喇叭状，一头窄一头宽，还长着一根吻管。它们是长鼻鞘翅昆虫，因为那长长的嘴巴，也被称为象虫。它们的同类至今还生活在这个地球上，形体并没有多大的改变。

它们的仪态没有刚才那些虫子端庄。脚爪随处乱放，吸管有的露在外面，有的藏在胸前。露在外面的也是有的刺向前方，有的探向后方。总之是五花八门，什么样的都有。从凌乱的外形，慌张的神情，还有残缺的肢体上来看，象虫死的时候经过了一番挣扎。有的象虫，终生都生活在沿海植物上面。但是我们眼前的这些象虫不是，它们主要生活在河流附近。在被洪水冲入到河中的过程中，它们不断地与树枝、泥沙等杂物撞击、摩擦、挤压，最后沉落在水底的淤泥上。身体外面的盔甲虽然保证了它们的身体基本完整，但是肢体、触角已经扭曲变形。它们的一生最后被定格在这副凄惨的模样上。

关于昆虫，阿普斯特地区的岩石书中提及的不是太多，比如说步甲虫、食粪虫、天牛虫等鞘翅目昆虫都没有被提及。这些昆虫到现在还生活在我们身边，为什么岩石书中没有留下它们的足迹？是不是当初洪水没有把它们冲入河中或者湖中，而是冲到了其他地方。没有留下一份老祖宗的档案，实在让人感到惋惜。

水龟虫、豉甲还有龙虱，它们都是生活在水中的昆虫，为什么它们的尸体我们一次也没有发现呢？按理说这种昆虫的遗体死后也会沉入湖底，被淤泥包裹，会保存的比鱼类还要完整。可是我们没有发现它们，这只有一个可能，那就是当时它们还不存在。

可以说，当时生活在这片水域中的动物死后都沉在了湖底的淤泥上，并最终被保存了下来。这其中不仅有鱼类，还有昆虫等其他动物。而那些没有被发现的昆虫们，它们肯定生活在岸上。可能是荆棘丛中，也可能是树干中，甚至地下。它们到底在哪呢？为什么连一具遗体都没能保存下来呢？无论是喜欢钻木头的天牛，滚粪球的金龟子，还是残忍吃掉情侣的金步甲。有一个问题我们不能忽略，那就是这些昆虫纲都处在进化的过程中，现在我们看到的它们，当初根本就不存在，或者根本就不是这副模样。我查到了一些资料，也做了一些观察，如果没错的话，象虫应该是今天所有鞘翅目昆虫的祖先。

最开始的时候，一种生物的诞生总是与周围的环境相融合，只是后来变了样。这些生命最初的模样，今天看来大多像怪物。比如说蜥蜴，它是大型爬行动物进化后的一个分支，起初它们的体长达到十五到二十米，是绝对的巨兽。它们身上铺满了鳞片，鼻子和眼睛中间或者上方还长着尖角，脖子四周长满了带刺的鼓包，像是戴了一顶大帽子。

进化是无法阻止的，即使大自然又赐给了它们翅膀，它们还是衰退下去。我们今天看到的鸟类，还有篱笆上的蜥蜴，便是它们最终的模样。

鸟类的祖先，在今天看来也很奇怪。它们的嘴中长满了爬行动物才有的利齿，身后还拖着一条长长的尾巴。再看看今天的麻雀和鸽子，完全变得温顺，看上去也不再吓人。

这些原始动物的体型非常庞大，但是脑子太小，因此智力低下。幸好在当时智力几乎是没用的东西，最重要的是你能敏捷地抓住猎物，有尖锐锋利的牙齿，还要有一副能消化掉一切敌人的好肠胃。对于它们来说，智力真正起关键作用的时候还没有到来。

象虫的样子符合我们刚才所说的，好多动物的祖先在远古时期长相奇特，甚至还有点儿吓人。看看象虫那个稀奇古怪的头吧，尤其是上面那根吻管。这些吻管有的是圆形，有的是四棱形，又长又细。它到底有多长呢？与象虫的身体差不多一样长，这样的比例，就是大象的长鼻子也不能比。

这根长长的细管，该被称为什么好呢？喙还是嘴，还是鼻子？这种特殊的器官，它们到底是从谁那里继承来的？谁也不是，这是它自己发明的。这种长嘴，除了它所属的那一科昆虫以外，其他昆虫一概没有。

象虫虽然是如此奇特，但是知道它的人很少，我也依然很尊敬它。从那一片片的页岩中我们可以得知，象虫是鞘翅昆虫的先驱和领袖。它们向我们传达着一种信息，那就是鞘翅类的昆虫在亿万年前是什么样子。就像我们了解到今天的鸟和蜥蜴在亿万年前是什么样子一样。只不过鸟和蜥蜴的祖先所处的都是一个大环境，而象虫则处在一个小环境中，但本质是一样的。

象虫类昆虫非常有活力，在每个时期都家族兴旺。一直到今天，它们的外貌都不曾改变多少。我们今天看到的象虫，也就是亿万年前的那种象虫。一页页岩石中的那些标本，就很好地证明了这一点。在属于它们的画页中，我可以很肯定地做出注释。

它们的形态能够持之以恒，我认为是因为它们身上一直保持着一种特性，那就是永远有活力。仔细研究今天的象虫，也就是在研究它的祖先，研究那个时代的这片区域。当时的普罗旺斯有一片辽阔的湖泊，岸边长满了棕榈树，湖中则游曳着成群的鳄鱼。那段历史已经过去，但是被记录在了岩页书中。

第二十六章　池塘中的世界

当我面对着池塘，凝视着它的时候，从不感到厌倦。因为这是一个小小的世界，数不清的小生命在里面繁衍生息。一堆堆黑色的小蝌蚪在池塘边聚集，它们无忧无虑地在暖和的池水中追逐、嬉戏；有一种蝾螈肚皮是红色的，它缓缓地在水中游动，它那宽宽的尾巴看上去就像舵一样左右摇摆；在那边的芦苇草丛中，我们可以发现许多用枯枝做成的小鞘，里面隐藏着石蚕的幼虫，它们躲在这种小鞘中可以防御各种天敌和其他意想不到的灾难。

水甲虫在池塘深处活泼地跳跃着，在它的前翅尖端的地方有一个气泡，是用来帮助它呼吸的。在阳光下，它胸下的那片胸翼闪闪发光，就像是大将军胸前闪着银光的胸甲，这让它看上去威武十足。我们可以在水面上看见一堆闪着亮光的"蚌蛛"，它们打着转、扭动着，看上去是那么欢快，不对，不对，原来那不是"蚌蛛"，原来是一群鼓虫们在开舞会！有一队池鳐正在从不远处向这边游来，看它们那迅速、有力的傍击式泳姿，让人不禁想到裁缝手中的那把剪刀。

你还会在这个地方见到水蝎。它们两肢交叉，在水面上做出一副仰泳的姿势，看上去是那么的悠闲。那神态，就跟世界上游泳数它游得最好一样。还有那蜻蜓的幼虫，外套上沾满了泥巴，它靠着身体后部的一个漏斗活动，当它快速地把漏斗中的水挤出来的时候，被挤出来的水就会形成一股反作用力，它们身体便会凭借这股反作用力冲向前方。

再让我们看看池塘底下，那里躺着许多贝壳动物，它们沉静而又稳

昆虫记

重。有时候，田螺们会偷偷地沿着池底爬到岸边，小小的它们行动起来是那样的轻、那样的缓慢。在岸边，这些田螺慢慢地张开盖子。透过这些沉重的盖子，它们眨着双眼，展望着眼前的一切。这个美丽的水中乐园让它们感到好奇，同时还可以尽情地呼吸陆地上的空气；水蛭们伏在它们的猎物上，身躯在不停地扭动，一副得意扬扬的样子；数不清的孑孓在水中有节奏地扭曲，再过不久，它们便会变成人人喊打的蚊子。

在阳光的孕育下，这个直径不过几尺的池塘形成了一个自己的世界。丰富多彩，而又神秘辽阔。它是多么让一个孩子感到好奇啊！我想在这里说一说我人生中的第一个池塘，它是如何引发我的好奇心，以及深深地吸引了我。

在我小的时候，家里很穷。妈妈继承来的一所房子和一块小小的园子是我们仅有的财产。当时挂在父母嘴边最多的一句话就是"这日子该怎么过呢？"看来，在当时这真的是一个很严重的问题。

有一个"大拇指"的故事不知道你听过没有，说的是"大拇指"常常藏在父亲的凳子底下，有时会听到父母对于生活窘迫的抱怨。现在想想，我就很像那个"大拇指"。不同的是，我没有像他那样藏在凳子底下，我是趴在桌子上一边装睡，一边偷听父母谈话。我听到那些话之后心里感到一阵阵的快乐和温暖，因为我没有听到父母那种让人心寒的抱怨，而是一个美好的计划。

"如果我们养一群小鸭的话"，妈妈说，"将来肯定能换不少钱。可以让亨利去照顾它们，他一定能把它们养得肥肥的。"

"这真是个好主意。"父亲高兴地说到，"那就让我们试试吧！"

那天晚上，我做了一个美妙的梦。在梦中，我和一群小鸭子一起漫步到池塘，它们都穿着鲜黄色的衣服，毛茸茸的，是那样的可爱。我在池塘边看着它们在水中活泼的打闹、嬉戏，等它们都玩痛快了之后，我便带着它们回家。它们在回家的路上慢慢悠悠地摇晃着身子，如果我发现哪只小鸭累了，就把它捧到我的篮子里来，让它在里面美美地睡上一觉。

没想到两个月以后美梦成真：我们家养了二十四只毛茸茸的小鸭子。鸭子不会孵蛋，所以常常由母鸡来代劳。老母鸡也够可怜，分不出哪些是自己的骨肉，哪些是"野孩子"。只要是圆溜溜、样子和鸡蛋差不多的蛋，它都会去孵。无论孵出来的是小鸡还是小鸭，它都会把它们当成自己的亲骨肉来对待。两只黑母鸡担当起了孵化我们家小鸭的重任，这其中的一只是我们自己家的，另外一只是从邻居家借来的。

等小鸭孵出来之后，我们就把向邻居借的那只黑母鸡还了回去。我们家的那只黑母鸡，每天都不厌其烦地陪小鸭们玩，陪它们做游戏，看着它们健康快乐地成长。我找来一只木桶，大约有两寸高，我把里面加满水之后，这支木桶就成了小鸭们的游泳池。在晴朗的日子里，小鸭们一边晒着太阳，一边在木桶中洗澡、戏水，别提多惬意了。这一切，都让旁边的那只黑母鸡羡慕不已。

仅仅过了两个星期，这只木桶已经不能满足小鸭们的需求了。如果它们想自由自在地洗澡、追逐、嬉戏的话，就需要更多的水。除此之外，他们还需要捕捉小虾、小螃蟹和各种小虫子来填饱肚子，而这些东西大都藏在水草之中。因为我们家住在山上，所以取水成了一件十分困难的事情。尤其是在夏天，我们自己痛痛快快地喝水都不能保证，更不用说这些小鸭了。

我们家附近有一口井，可那是一口半枯的井，四五家邻居每天都在轮流使用。更可恨的是，我们学校校长的那头驴也来凑热闹。它每天都大口大口地喝着井里的水，我真怕它把井里的水给喝完了。这口井经过一晚上的休息，水位才慢慢升上来，恢复到原先的样子。可以想象，在这种情况下，自然就没有那些可怜的小鸭子嬉水的份儿了。

山脚下倒是有一条潺潺的小溪，不过要想到达那里就必须穿过村里的一条小路。可是，我不能带着小鸭去走那条路，因为在那条路上很有可能碰到狗和猫。小鸭们肯定会被这些凶恶的狗和猫吓坏的，到时候它们会被赶得到处都是，我没办法把它们聚拢在一起，也就无法保护它们，那就坏了。看来，山下的小溪是去不成了，我只得另谋出路。突然，我想起了一块很大的草地和一个不算小的池塘。它们就在离山不远的地方，那个地方很偏僻、很荒凉。这样就能逃避狗和猫的打扰了，小鸭们就可以痛快地嬉水、玩耍了。

我赶着小鸭出了门，心里既快活又自在，因为这是我第一次当牧童。我赤裸的双脚渐渐磨起了泡，因为走了太多的路，而我又不舍得去穿箱子

昆虫记

里的那双鞋。对我来说，那双鞋实在是太珍贵了，只有过节的时候才拿出来穿一次。不停地赤着脚在崎岖的山路上走，那些乱石和杂草让我脚上的伤口越来越大，让我觉得非常难受。

不仅是我，小鸭子的脚也受不了了。因为它们的蹼还没有完全长成，还不够坚硬。它们走在崎岖的山路上会不时地发出"嘎嘎——"的叫声，我认为那是在请求我让它们休息一会。每当这时，我便把它们聚拢在树荫下休息，不然的话，很难想象它们会坚持把剩下的路走完。

最后，我们终于到达了目的地。那里有浅浅的、温温的水，水中还有一座小小的岛，其实那只不过是露出水面的土丘而已。一到那儿小鸭们就开始找东西吃，在岸边不停地翻找着食物。等到吃饱之后，它们就下到水中洗澡。有时候，它们会像跳水中芭蕾一样，把自己的身体倒竖起来。它们把前身埋进水中，只留下尾巴露在外面指向天空，这些优美的动作我看得津津有味。等到觉得累了，就看看水中的另一番景象。

那是什么？我在泥土中发现了几段又粗又松的绳子。它们互相缠绕着，好像熏满了烟灰一样，黑沉沉的，给人的感觉就像是从一只袜子上拆下的几根绒线。这会不会是哪位牧羊女在河边织袜子的时候，发现自己漏了几针，只得拆掉重新织，结果在拆线的时候有点不耐烦，索性把织错的一小段绒线丢进了水里呢？我觉得自己的推测看起来还挺合情合理的。

于是，我走了过去，想把它拿在手里看个仔细。没想到这东西又黏又滑，一下子从我的手缝里溜走了，我花费了好大的力气还是没有成功。这时，有几段绳子的结突然散了，从里面跑出一堆小珠子四散逃去。我仔细看了一下这些小珠子，它们只有针尖般大小，还拖着一条扁平的尾巴。我一下子认了出来，这不是青蛙的幼虫——蝌蚪吗？

此外，我还在这里看到了许多别的生物。有一种生物不停地在水面上打转，它的背部是黑色的，在阳光的照耀下能发出亮光。它们特别的敏感，似乎能预料到危险的来临，在你去碰它之前便会逃之夭夭。可惜捉不到它们，要不然，我准会捉几只回去放在碗里仔细研究一下。

看那边！在池水深处有一团水草，绿绿的、浓浓的。当我轻轻地拨开其中一束水草的时候，有许多水珠立刻蹿了出来。它们争先恐后地向水面浮去，并在水面上聚成一个大大的水泡。我想，一定有稀奇古怪的生物藏在这厚厚的水草底下。我忍不住好奇继续向下探索，发现了许多扁平的，周围有几个涡圈的贝壳；一种看上去像是带了羽毛的小虫；还有一种舞动着柔软的鳍片的小生物，它那样子就像是在穿着华丽的裙子跳舞。我不知道它们叫什么名字，也不知道它们为什么这样不停地游来游去，我能做的，就是对着这个神秘的池塘浮想联翩。

附近的田地里长着几棵赤杨，池塘里的水通过窄窄的渠道缓缓地流到那里。在那里，我又有了新的收获，是一只像核桃那样大的甲虫。它的身上带有一些蓝色，这种蓝色实在是太美了，我甚至觉得天使的衣服也应该是这种颜色。我怀着虔诚的心，轻轻地把这只甲虫捉起，放进了一个空蜗牛壳中，并用叶子把它塞好。我要把它带回家再慢慢地欣赏。

接着，又有东西吸引了我的注意力。泉水从岩石上源源不断地流下来，这些清澈、凉爽的泉水不停地滋润着这个池塘。我发现泉水先是流进一个小潭里，然后再汇成一条小溪。我觉得溪水就这样流走实在是太可惜了。我突发奇想，把这条小溪想象成了一个瀑布，它可以用来推动水磨。于是我用稻草做轴，两个小石块支撑着，不一会儿就做成了一个小磨。这个小磨做的真是太成功了，只可惜当时没有别的小伙伴来分享我的喜悦。这个杰作也就只能给几只小鸭子欣赏了。

我的创造欲望被这次小小的成功大大激发了，开始一发不可收拾。我又打算筑一座小水坝，可以用那边的那些乱石当材料。适合用来筑坝的石头被我耐心地挑选出来，就在挑选石头的过程中我发现了一个奇迹，它让我把建造水坝的事情抛在了脑后。

到底是什么样的奇迹呢？一块大石头被我砸开之后，我在里面发现了一个窟窿。这个窟窿有小拳头般大小，一簇簇光环在里面若隐若现。像是阳光照到钻石上面发出的耀眼的光，又像是教堂里彩灯上垂下的珠子，晶莹剔透、灿烂美丽。

我不禁想起了一个关于神龙的传说，孩子们躺在打禾场的干草上的时候经常会讲起这个故事。传说有一条神龙，它守护着一座地下宝库，这座宝库里面有数不清的奇珍异宝。那么，我现在面对的这些闪光的东西会不会就是传说中的那个宝库中的宝物？那些皇冠、金银首饰就藏在我眼前的这些石头中吗？我在这些石块中找到了许多发光的碎石，我相信这些都是

昆虫记

珍宝，是神龙赐给我的。我甚至感觉到神龙在召唤我，他要把那些数不清的金银珠宝全部给我。泉水潺潺，水中有许多金色颗粒。我把脸几乎贴在水面上去观察它们，这些金色颗粒都粘在一片细沙上，在泉水的冲击下打着转。这是金子吗？是那种可以制造出二十法郎金币的金子吗？要知道，金币对于一个贫穷的家庭来说是多么的宝贵啊！

我小心翼翼地捡起一些细沙，放在手掌中仔细观察。细沙中金粒的数量很多，但是它们太小了，我得用唾沫浸湿麦秆，才能将它们一颗颗地粘出来。这项工作太麻烦了，我不得不放弃。我想深山中一定蕴藏着一大块一大块的那种金子，等我以后来把这座山炸了就能找到它们。我才不去捡这些小金粒呢，它们太微不足道了。

我继续打碎石头，想看看还能找到什么。珠宝没有发现，倒是一条小虫从石块碎片中爬了出来。它螺旋型的身体上带着一节节的疤痕，那些疤痕让它看上去格外的沧桑和强壮。它缓缓地移动着，就像一只蜗牛从墙缝中爬出。我不知道它是怎么钻到石头中去的，也不知道它要进去干吗。

我把口袋里塞满了石头，一是为了纪念我发现的"宝藏"，二是好奇心的驱使。天快黑了，小鸭们也吃饱了，我们得回家了。我早已忘记了脚跟的疼痛，现在满脑子里全是幻想。

一路上，我满脑子想的都是蓝衣甲虫、像蜗牛一样的甲虫，还有神龙赐给我的那些"宝藏"。直到走进家门，我才停止幻想。因为父母看见我带回了一堆没用的石头，还差点把衣服都撑破，所以显得很不高兴，他们的反应让我觉得失望。

"我让你看好鸭子，你却只顾自己玩，是不是觉得我们这里的石头还不够多呀？捡那么多没用的破石头回来干吗？还不赶紧给我扔出去！"父亲显得十分生气。

我没有别的选择，只得把它们扔到门外的一堆石头里。连同我的那些珍宝、金粒、羊角化石还有天蓝色的甲虫，母亲在旁边无奈的叹了一口气。

"孩子，我真的很为难。我是不会责备你带回些青菜来的，因为那样至少还可以给兔子吃。可是这些破石头，还有这些毒虫，除了会把你的衣服撑破，把你的手刺伤以外，真的不知道还有什么别的用处。傻孩子！你准是被什么东西迷住了！"

母亲说的没错，我确实是被一种东西迷住了，那就是大自然的魔力。其实，池塘边的那些"钻石"只是一些岩石的晶体。而那些"金粒"，也不是神龙赐给我的珍宝，不过是一些云母而已。几年后，我知道了这些真相。尽管如此，对我来说，那个池塘始终保持着神秘感和诱惑力。在我眼中，这种魅力是钻石和黄金比不了的。

在几十年后的今天，我依然对野外的池塘感兴趣，对那些水中的世界感兴趣。同时，我也拥有了一处自己的室内池塘。在这样的小池塘中，你可以随时观察水中的生物，它们生活的每一个片段都尽收眼底。尽管它的面积没有户外的池塘大，物种也没有户外池塘那样丰富。但是，这恰好为你仔细地观察一种动物提供了有利条件。还有就是，不会有人来打扰你，你可以尽情地、专注地去观察。看上去有点像天方夜谭，其实实现它很容易。

铁匠和木匠合作完成了我的室内池塘：先用铁条做好池架，用木头做好基座，把池架安装在基座上面。池上面用一块可以活动的木板盖住，还要用铁做一个带排水孔的池底。最后用玻璃把四周镶起来。这样，一个相当不错的室内池塘就做好了。它大约能盛十到十二加仑的水。我把它安放在了我的窗口。

我先把一些很滑腻的硬块放入池水中。这种东西分量很重，看上去像珊瑚礁一样，表面上有许多小孔。硬块上面盖着许多苔藓，绿绿的像绒毛一样。这些苔藓可以使池中的水保持清洁，这是为什么呢？

就像我们在空气中一样，动物在水里也需要吸入新鲜的空气，同时排放出废气，也就是二氧化碳。人是不适宜呼吸这些废气的。植物与人不一样，它们能够吸入二氧化碳。这样一来，池中的水草就会吸收动物释放出的二氧化碳，并且释放出可以供水中的动物呼吸的氧气。

这个过程，你在充满阳光的池边站一会儿就会看到。在有水草的珊瑚礁上，有一些小小的气泡，它们既像是闪烁的星光，又像是撒在草坪上的珍珠。这些气泡不断地消逝，又不断地出现。有时，这些气泡会一串串地冒出，等升到了水面上便会迅速分散开。

水草把水中的二氧化碳分解，得到了碳元素。碳又可以用来制造淀粉，淀粉是生物细胞中不可缺少的一部分。水草吐出新鲜的氧气，对于它来说，这不过是些废气罢了。这些氧气一部分溶解到水中，供水中的生物呼吸；另一部分就是我们上面提到的那些"珍珠"。它们化作气泡，升到水面上，进入了空气中。

看着池中的这些气泡，我作了一番遐想：很久很久以前，陆地刚刚从海洋中脱离出来。那时的第一棵植物就是草，它吐出了第一口氧气。继而，各种各样的动物相继出现在地球上。并且经过了一代代的繁衍、进化，直到变成今天这个模样。我的玻璃池塘似乎在向我讲述着一个故事，一个关于行星在没有氧气的空间里航行的故事。

第二十七章　石蚕

　　我把一些小小的水生动物放进了我的玻璃池塘，它们叫石蚕。更准确地说，它们是石蚕蛾的幼虫，平时都很巧妙地隐藏在枯枝做成的小鞘内。

　　泥潭、沼泽中的芦苇丛是石蚕生活的地方。它们经常依附在芦苇的断枝上，随波逐流。这时候，小鞘就是它们的房子。可以活动，可以随身携带的房子。

　　这种小鞘既是简易的房子，也是精致的编制艺术品。它的原材料是一些被水浸透、脱落下来的植物的根和皮。石蚕在筑巢的时候，先把这些根和皮用牙齿撕成粗细合适的纤维，然后再用这些纤维编成小鞘。小鞘的大小恰好能让石蚕把身体藏在里面。此外，石蚕偶尔也会把极小的贝壳拼凑成一个小鞘，看上去像百衲衣一样；有时候，它还会用米粒为自己堆积一个象牙塔似的窝。对它来说，就也算是豪宅了。

　　除了充当寓所以外，石蚕的小鞘还是它的防御工具。玻璃池塘中发生了一场有趣的战争，我在一旁亲眼目睹了这个其貌不扬的小鞘的作用。

　　有一打水甲虫一直潜伏在玻璃池塘的水中，我对它们的游姿十分感兴趣。这天，我无意中向玻璃池塘内撒了两把石蚕。潜藏在石块旁的水甲虫正好看见了这一幕，它们立刻游出水面，迅速地将石蚕的小鞘抓住。这时，隐藏在小鞘中的石蚕觉得外面的敌人太强大，硬拼肯定不行。于是就使出了金蝉脱壳的妙计，悄悄地溜出小鞘，消失得无影无踪。而那些野蛮的水甲虫浑然没有发觉，还在那里凶狠地撕咬着小鞘。等它确信这顿美味大餐早已经逃之夭夭之后，才无可奈何又恋恋不舍地把空鞘丢下，去别的地方觅食。露出一副懊恼沮丧的样子。

那些可怜的水甲虫是永远不会知道，石蚕早已藏到了石头下面。它们在石头底下重新建造着自己的新鞘，以便应付水甲虫的下一次袭击。

石蚕能在水中随意地遨游，靠的也是它们的小鞘。它们就像是一个潜水艇编队，一会儿上升，一会儿下降，有时还停在水中央。它们甚至还能随意控制航行的方向，这让我不禁想到了木筏。这些小鞘的结构是不是同木筏有相似之处？它不会沉入水底是不是因为有类似于浮囊作用的装备呢？我决定找到这些问题的答案。

首先，我将石蚕和小鞘分开。然后把它们分别放入水中，结果石蚕和小鞘都沉入了水底，这让我感到很疑惑。

最后我终于明白了，原来石蚕在水底休息的时候，它的整个身子都塞在小鞘里；而当它想要浮到水面的时候，它就会爬到芦梗上，使劲地将身体的前半部分伸到小鞘外面。这样，小鞘的后半部分就会省出一个空间，石蚕靠着这个空间产生的浮力可以顺利地升到水面上。石蚕和小鞘就像是活塞和针筒一样，向外拉就会省出空间，形成空气柱。有了空气柱就有了浮力，这个道理和轮船上的救生圈是一样的。有了鞘，石蚕既可以在水底遨游，也可以到水面去享受阳光。

不过，从那些笨拙的转身和拐弯动作来看，石蚕并不擅长游泳。这是因为，它除了把伸在鞘外的那截身体当舵桨以外，再也没有别的辅助工具。如果石蚕在水面享受够了阳光，它就收回身体，排除空气，缓缓地沉入水底。

同我们人类一样，石蚕也有自己的潜水艇，尽管它是那样的小。当它们慢慢排出鞘内的空气的时候，这个潜水艇就会自由升落，或者停在水中央。虽然它们不懂得复杂、深奥的物理学，可是它们完全靠自己的本能就把这只小小的鞘造得如此的精巧、完美，让人不禁感叹大自然的神奇。

第二十八章　孔雀蛾

有一种长得非常漂亮的蛾叫孔雀蛾，欧洲的孔雀蛾是其中个头最大的一种。它们的衣服非常绚丽，红棕色的绒毛披满全身；一个白色的领结优雅地系在脖子上；许多灰色和褐色的小点洒在翅膀上；翅膀的周边还镶着白色的边。同时，它的眼睛又黑又大，眼帘是由黑色、白色、栗色和紫色等色彩镶嵌而成。变成这种蛾的毛虫也非常漂亮，黄色的躯体上镶嵌着蓝色的珠子。

五月初的一个早晨，在我的实验室中，我看到一只孔雀蛾从自己的茧中钻出。我出于习惯，立刻用一只金属丝的罩子把它罩了起来。把收集到的昆虫放入罩子中仔细观察，这已经成了我最大的乐趣之一。

事实证明，我的这种方法是很有效的，它能带给你一些意外的收获。当时是晚上九点钟，大家都准备就寝了，隔壁房间突然传来了一阵声响。

小保罗一边跑，一边喊我，显得非常兴奋。

"快来看呀"他喊着，"那个屋子里到处都是蛾子，和鸟一样大的蛾子。"

我赶紧跑到隔壁房间一看，果不其然，难怪小保罗这么兴奋。房间里到处是扑着翅膀的飞蛾，个头确实不小，除了天花板下面乱飞的那些以外，桌子上的笼子里还关着四只。

此情此景，让我记起了早上破茧而出，而又被我罩在铁丝网下的孔雀蛾。

我和保罗一起来到了楼下的书房，厨房的仆人正在用围裙去打这些大

昆虫记

蛾。最初她以为是蝙蝠，等看清是蛾子之后，便开始扑打它们，显然她被吓到了。再后来，这种飞蛾侵占了我们家所有的房间，惊动了每一位成员。

我们点着蜡烛进入了书房，书房的一扇窗户打开着，桌上放着早上的那个铁丝罩。我看到许多大蛾子围着铁丝罩飞来飞去，一会儿飞上天花板，一会儿又俯冲袭下来；一会儿飞到窗外，一会儿又飞进来。我对这一幕感到很好奇。等它们发现我和保罗的时候，便加足马力向这边飞来。它们扑灭了蜡烛，有的落到我们衣服上，有的撞到我们脸上。我紧紧地握住小保罗的手，让他保持镇静，不要怕。

我们数了一下，这个屋里的蛾子大约有二十多只。再加上其他屋里的，至少有四十多只。它们为什么要在我的屋里聚集呢？我屋子里的什么宝藏把它们吸引过来了呢？就是那天早上一出生便被我扣在铁丝罩下面的那只孔雀蛾，准确的说是孔雀蛾公主。

在接下来的那一周里，每天晚上这四十多位痴情的王子便会来找那位公主约会。它们到这里来可谓是历尽艰险，当时正值雨季，加上我的屋子被一颗大树挡住。在伸手不见五指的黑夜里它们能找到这里实在是不简单。这样的天气，即使是猫头鹰都老老实实地躲在巢中，可对于孔雀蛾来说简直不算是什么。它们飞过大地，穿过树林，来到我的房间的时候身上一处伤口也没有。它们的勇敢和执著令黑夜如同白昼一般。

它们之所以如此勇敢，是因为我这里有一位它们梦寐以求的公主。寻找配偶是孔雀蛾一生唯一的主题。为了这个主题，大自然赐予它们一种天赋。那就是不管路途多遥远，路上多艰辛，夜晚多黑暗，它们总能找到自己的公主。它们会拿出一生中仅有的几个晚上去寻找配偶，每天晚上找几个小时。如果这几天过去了，配偶还没有找到的话，它们的一生也就结束了。

当其他的蛾子在花园中觅食的时候，它们从来不参与。它们不懂得什么叫吃，也不会吃东西。如此看来，它们的生命之所以这么短就很好理解了。

第二十九章 林荫小道

我很喜欢我家附近的一条林荫小道，那里曲径幽深，路边种的全都是丁香。到了五月，丁香花纷纷绽放，枝条也多姿多彩，相互交织。由于路两边的丁香太茂密，树冠便在小路上面架在了一起，像是搭起了一顶帐篷。林荫小路，拱形的帐篷，再加上幽静的环境，使这里看上去像是一座小教堂，我把它称做丁香小教堂。

上午，阳光穿过枝叶投在林荫小道上，就像是透过窗户洒进了教堂。此时这里正在举行聚会，来庆祝一年中最美好的节日。在这个庆祝活动中，你既不会看到彩旗招展，也不会看到礼花绽放。甚至连酒会上的吵闹声也没有；在这里你不会听到沙哑的管弦乐，也不必去躲避沸腾的喧嚣，更不会听到那种为了丁点儿小事就发出的尖叫。这个聚会透露出的庄严是你前所未见的。

我对丁香小教堂中举行的这种活动非常着迷。每次我都带着我最真挚的祝福和激动的心情参加。我在教堂中绿色的立柱之间徘徊着，在每一根立柱前面驻足欣赏；我从来没有偷过懒，一直用眼睛观察着一切，心中默默地祈祷。

许多朝圣者远道赶来，希望能得到一份施舍，带回一份收获。这其中有勤劳的采花蜂，也有它的对头琉璃蜂。花中的蜜就像是瓶中的圣水，这两种蜂你一下我一下地轮流去采。一会儿前还是冤家，现在又变得友好起来，仿佛是相识多年的老友。

壁蜂也来了，它穿着一件一半是红色一半是黑色的外套，不停地将花

昆虫记

粉运到不远处的芦苇杆上。还有管蚜蝇，它们嗡嗡叫着，翅膀反射着太阳的光芒。它们在叶子底下卧着，可能是在乘凉，也可能是在醒酒，毕竟刚才它喝了太多。

这边是胡蜂，那边是长须胡蜂，它们脾气非常火爆，经常为一点儿事大动干戈。无论到哪里，其他动物都躲着它们。就连蜜蜂，这个昆虫界的第一大帮派也是如此。蜜蜂的脾气也不好，经常发火，但是它们实在是太热爱劳动了，只要有蜜可采，它们就不会与胡蜂斗起来。

有一种蝶蛾非常有风韵，它们的名字是透翅蛾。它身材粗短、色彩绚丽。翅膀上有的地方裹着厚厚的蝶粉，有的地方则裸露着，像是披着一层透明的纱，这也是它名字的来历。这种单薄与厚重之间的对比，就像华丽映衬之下的朴素、简约、大方，韵味十足。

卷心菜粉蝶也来凑热闹，它们是平民舞蹈家，只见它忽高忽低，飞上飞下，有时候还原地旋转，就像是在跳芭蕾。它们的衣服也很相称，通体的白色，只是在翅膀上点缀着几个黑点。同伴们之间不停地追逐、嬉戏。若是累了，便停在丁香树上，把长长的吸管伸进丁香花中痛饮一番。休息的时候，它们那对翅膀也不闲着，缓缓地铺开又立起。

相比卷心菜粉蝶的轻盈，金凤蝶则要笨拙一点儿。那是因为它们的翅膀实在是太宽了。不过，它们在相貌上却是要胜卷心菜粉蝶一筹。看它身上那条橘黄色的绶带，湛蓝色的佩饰，还有那长长的尾巴，着实让人着迷。

有一次我带孩子来到了这里，他们立刻被金凤蝶那美丽的样子迷住了。那只金凤蝶看到孩子伸出了手，便往后退了几步，停在了一朵花上，吸起蜜来。同卷心粉蝶一样，它停留时的翅膀，也是一张一合的。如果它们用吸管吸蜜的时候很顺利，畅通无阻，那么它们就会很高兴。翅膀一张一合，便是它们心满意足的表现。

安娜是我们家中年龄最小的女孩。她站在金凤蝶旁边一动不动，小伙伴们都喊着让她捉住那只金凤蝶。可是她并没有出手，因为她知道，金凤蝶非常灵敏，没等自己的手伸过去，它就会起身飞走。安娜现在最感兴趣的是金匠花金龟，它们常常在丁香树上面打盹儿。因为它们怕冷，所以在早上天凉的时候，它们会一动不动地趴在那里。这种昆虫既没有危险，也不躲避人类，还非常美丽，外壳金光闪闪的，非常合安娜的情趣。它们非常常见，不一会儿孩子们便找到了五六只金匠花金龟。看到孩子们在无故惊扰它们的美梦，我有点儿于心不忍，便连忙上前制止。这些被捉回的金匠花金龟被安置在一个盒子中，盒子里面还铺满了花瓣，是一间不折不扣的香闺。等过些时候，天就热了，到时，将金匠花金龟取出，在它的脚爪上系上一根细线，线的另一端握在孩子们手中，它们便会在孩子们的头顶上盘旋，非常有趣。

第三十章　斑纹蜂

矿蜂身体纤细，个头有大有小。大的比黄蜂还大，小的比苍蝇还小。它们腹部的底端都有一条明显的沟，沟里藏着一根刺。这根刺可以在沟里来回地移动，当遇到敌人来侵犯时，可以用以保护自己。有一种矿蜂中身上长有红色的斑纹，这种蜂叫斑纹蜂。雌性斑纹蜂的斑纹要比雄性的更绚丽多彩，腹部上还环绕着黑色和褐色的条纹。它们的身材大小和黄蜂差不多。下面我们要介绍的，就是这种蜂。

它一般都是在结实的泥土里面建巢，因为那里很牢靠，没有崩溃的危险。比如，我们家院子中那条平坦的小道，那是它们最理想的建巢的地方。每年到了春天，它们便会来这里安营扎寨，络绎不绝。每群蜜蜂的数量都不一样，最大的有上百只的规模。

每只蜜蜂住的都是单间，自己的房间除了自己谁都不许进入。否则的话，主人会毫不客气地给它一剑。也没有这么不识趣的蜜蜂会乱闯别人房间。这里到处充满和平的气氛，大家都各自守着自己的家，谁也不冒犯别人。

每年四月，它们默默地开始工作，没有人注意到它们。只有巢外那一堆堆新鲜的小土山，可以见证它们的努力。外人很少有机会能看到这些劳动者，它们一般都是在坑底工作。有时在这边，有时在那边，非常忙碌。有时候我们从外面观察它们的工作，只能见到它们门口的小土堆有很小的动静，偶尔有东西从土堆顶部沿着斜坡滚下来。这是蜜蜂从土堆顶端的开口处抛出来的废物。工作中，它们自始至终不走出洞穴半步。

到了五月，太阳和鲜花让这里充满欢乐。就在一个月前，这些辛勤的蜜蜂还是矿工呢。当时它们常常满身灰土，停在一个土堆上。现在，这个土堆已经成了它的巢，形状像是一只倒扣着的碗，入口就是碗底的那个洞。

在巢中有一根垂直的轴，算是地下建筑与地表之间的走廊，也是地下建筑离地面最近的通道。这根轴大约有一支铅笔那么粗，在地面下约有6～12寸深。

有一些小小的巢在走廊的下面。这些小巢呈椭圆形，每个长约0.75寸。它们是通过同一个公共走廊与地面相连的。

小巢内部装修得光滑、精致，每一个都是如此。我们可以看到一个个印子，淡淡的呈六角形，这些痕迹是它们做最后一次工程时留下的。那么，这么精细的工作，它们是用什么工具来完成呢？答案是它们的舌头。

斑纹蜂把一层唾液涂在了巢上，这样，在下雨的日子里就不用担心巢里的小蜜蜂被弄湿了。这层唾液像油纸一样把巢包住了。我曾经做过往巢里面灌水的实验，可是到最后水一点儿也没有流进巢里去。

斑纹蜂的筑巢时间一般是在三月和四月。这个季节中的天气不大好，地面上也很少有花草。它们的嘴和四肢就是铁锹和耙子，用来充当它们在地下工作的工具。随着一堆堆的泥粒被它们带到地面上，巢也就渐渐地筑成了。最后的工作就是，用舌头在巢上涂上一层唾液。五月到来了，斑纹蜂已经结束了地下的工作，投入到灿烂的阳光和鲜花的怀中。

蒲公英、野蔷薇、雏菊花在田野里随处可见。勤劳的蜜蜂在花丛中进进出出，它们收集花蜜和花粉，快乐地往返于花丛和蜂巢间。在快到家的时候它们会改变飞行方式，低空盘旋。它们巢穴外观相似，不降低高度、放慢速度是很难辨别的。最终，它们都能准确无误地找到自己的房间钻进去。

同其他蜜蜂一样，斑纹蜂每次采蜜回来，也会先把尾部塞入小巢，把花粉刷下来。然后再把头部钻入小巢，在花粉上洒上花蜜。就这样，劳动成果就被储藏起来了。尽管每一次收获的花蜜和花粉都特别少，但是积少成多。经过多次的采运之后，小巢内就被装满了。接下来，斑纹蜂要干的工作就是制造"小面包"。

昆虫记

斑纹蜂把它储藏的花粉和花蜜搓成一粒粒小面包，这些小面包有豌豆大小。这是它为未来的子女们预备的食品。虽然我把它叫做小面包，但是它和我们吃的小面包大不一样：它的外面是甜甜的蜜质，是用来给小蜜蜂早期的时候吃的；里面充满了干的花粉，是小蜜蜂后期的食物，这些花粉不像蜜一样是甜的，没有任何味道。

做完了食物以后，斑纹蜂就开始产卵。别的蜜蜂都是产了卵后就把小巢封起来；但是它不一样，它还要一边继续采蜜，一边看护小宝宝。

在斑纹蜂妈妈的精心养护和照看之下，小蜜蜂渐渐地长大了。斑纹蜂会在它们作茧化蛹的时候把所有的小巢都用泥封好。等到完成了这项工作，斑纹蜂终于有时间休息了。

要是没有什么意外的话，两个月之后小蜜蜂就长大了。就能像它们的妈妈一样去花丛中穿梭起舞了。

斑纹蜂的家庭看上去很安逸，其实不然，有许多凶恶的强盗埋伏在它们周围。其中有一种蚊子是矿蜂的劲敌，尽管这蚊子非常小。

让我们来看一下这是一种什么样的蚊子？它的身体非常短，长不到0.2寸；长着红黑色的眼睛，白色的脸；黑银灰色的胸甲，胸甲上面有五排小黑点儿；长着许多刚毛，腹部是灰色的，腿是黑色的。整个样子看上去像一个杀手，又凶恶，又奸诈。

这种蚊子，在我观察的这一群蜂的活动范围内我发现过很多次。它们很聪明，会潜伏在一个隐蔽的地方，等着斑纹蜂的到来。等斑纹蜂出现的时候，它们就紧紧地跟在它后面，任凭斑纹蜂怎样打转、飞舞都摆脱不了它。最后，斑纹蜂俯身冲进了自己的屋子。这时，蚊子不得不在洞口停下。它头向着洞口，纹丝不动，就这样等着。

它们常常这样对峙，面对着面僵持着，彼此之间的距离只有一个手指那么宽。斑纹蜂就像是温厚的长者。对它来说，打倒门口的这只小强盗易如反掌。只要它愿意的话，它可以用嘴把它咬烂，也可以用刺把它刺得遍体鳞伤。可斑纹蜂并没有这么做，而是任凭小强盗在门口挑衅。再回过头来看一看这个小强盗，尽管知道眼前有强大的对手，也知道对于斑纹蜂来说撕碎自己简直是举手之劳，可它丝毫没有恐惧的样子。

不一会儿，斑纹蜂就飞走了。等它走后，蚊子便开始行动。它毫不客气地进入了巢中，就像是在自己家里一样随便。蚊子在这里胡作非为，它看到主人幼虫的巢都还没有封好，便把自己的卵放了进去。蚊子会在主人回来之前搞定一切。等主人回来的时候，它早已逃之夭夭了。它们会去找下一个目标，再实施一次这种肮脏的行为。

几个星期过去了，让我们再去斑纹蜂的巢中看一下。我们会发现，藏在巢里的花粉团已经被吃得一片狼藉。在藏着花粉的小巢里，我们还会看到几条小虫。这些小虫的嘴非常尖，一看便知是蚊子的幼虫。有时候也会发现几条斑纹蜂的幼虫在它们中间，它们本该是这个房子的主人，但是现在却被饿得瘦骨嶙峋，因为原本属于它们的食物都被那帮贪吃的入侵者剥夺了。这些可怜的小东西渐渐衰弱，最后竟被活活饿死了。这个时候，那些蚊子的幼虫就把尸体一口一口地吞掉，这是何等的残忍。

尽管小蜜蜂的母亲常常来探望，可是它似乎没有察觉自己的家中已经进入了强盗。面对着这些陌生的幼虫，它一如既往的宽厚。既不会杀掉它们，也不会把它们赶出去。它还以为巢里躺着的是它亲爱的宝贝，它把这些蚊子的幼虫当成了孩子，并认真仔细地把巢封好。最终，蜜蜂母亲将什么也得不到。

作为母亲，这真是可怜啊！

如果没有蚊子所造成的意外，斑纹蜂的家里大约会有十个姐妹。它们不会再另挖隧道，而是把母亲遗留下来的老屋拿过来继续用，这样就节约了时间和劳动力。它们做着各自的工作，虽然从同一个门口进出，但是互不打扰，显得十分客气。在走廊的尽头，它们都有各自的家。每一个家都由一群小屋构成，这些小屋是它们自己建的，只有走廊是公用的。

它们是怎样来来去去地忙碌的呢？让我们来看一看。当一只蜜蜂采完花蜜归来的时候，它会一头钻进自己的房间里。因为它们非常忙，所以根本没有时间在门口徘徊。巢内的隧道很窄，根本不允许两只蜜蜂并排前进。因此当几只蜜蜂同时到达门口的时候，谁先进去就成了一个问题。这个时候它们的腿上都沾满了花粉，哪怕是轻轻一触，花粉就会掉到地上。那样的话，劳动成果就白白浪费了，这可是辛勤劳动了半天才收集来的。让我们来看一下它们是怎么做的：它们会排队依次通过，最靠近洞口的蜜蜂先进去，然后是第二只，第三只，第四只……这支队伍非常有秩序。

昆虫记

　　蜜蜂在自己的同类面前都是非常有风度，有礼貌的。有时候，当一只蜜蜂刚要出去，而此时，洞外另一只则正要进去。在这种情况下，要进去的蜜蜂会很自觉地退到一边，让那只要出来的蜜蜂先通过。也并不是每次都是这样。我就见到过这样一只蜜蜂，它从走廊到达洞口，眼看要出来了，而它又忽然退了回去。原来是外面有一只蜜蜂要进来，它让出了走廊。这种互助的精神既让人感到有趣，又让人感到敬佩。它们的工作之所以有如此高的效率，和它们的这种工作精神是有很大关系的。

　　关于蜜蜂的事情还有更有趣的呢。仔细观察我们会发现，当蜜蜂满载着劳动成果归来飞到洞口的时候，堵住洞口的活动门会忽然落下，这样便出现了一条道路。当蜜蜂进去以后，这块活动门又会升上来把洞口堵住。如果有蜜蜂要从里面出来，同样这块活动门也会降下去，然后等里面的蜜蜂飞出去之后再升上来。

　　这个活动门忽上忽下的就像针筒的活塞一样，究竟是什么东西呢？其实这是一只蜜蜂，它是这所房子的门卫。那个忽上忽下的活动门其实是它的大头顶。这是怎么回事呢？原来门口这个地方的隧道特别宽大，能容得下两只蜂。这个门卫便守在这里，用头顶顶住洞口。当住在这所房子的居民要出入的时候，它就立刻退到一边，打开大门；当这些蜜蜂都通过了，这个门卫再上来用头顶住洞口。它是那样热爱自己的岗位，尽管有些枯燥，它除了有时不得不去驱赶一些不速之客以外，一般都是一动不动地守着大门。从来不会擅自离开岗位。

　　我们想要见到这位尽职尽责的守门人，只有等它偶尔走出洞口的时候才有机会。我们仔细地观察了一下这个门卫，它的头长得很扁，并且衣衫褴褛，身上也没有像其他斑纹蜂一样红棕色的花纹，只是在深黑色的衣服上有着一条条的纹路，身上的绒毛也已经看不出来了。

　　我们从这一套破碎的衣服上，可以看出它日复一日地用自己的身躯顶住门口是多么的辛劳。并且它已经是年迈沧桑的年龄。当你知道了它的真正的身份之后，肯定会被感动。这个"老门卫"正是这座房屋的建筑者，是现在工蜂的母亲和幼虫的祖母。就在三个月前，它还在辛辛苦苦地建造这座房子，那时的它还很年轻。现在它已经子孙满堂，本应该好好休息休息，但它却闲不住，把毕生最后一点精力拿来保护这个家。让人非常感动。

那个关于小山羊的故事大家一定还记得。有人来敲门，小山羊便多疑地从门缝里往外张望，然后说：

"你是谁？请把你的脚伸给我看。如果你的脚是白色的，那你就是我们的妈妈，我们就开门；如果你的腿是黑色的，那你就是大灰狼，我们就不开门。"

相对于小山羊来说，在警惕陌生人这一方面，这位老祖母绝不亚于它。它会对每一位来客说：

"如果你想进来，那么就请把你的蜜蜂黑脚伸给我看。"

当它认出这是自己家庭的成员时，它才把门打开。除此之外，它不会让任何外客进入这座房子。

但是也有一些胆子很大的冒险家，比如说在洞旁路过的一只蚂蚁。它闻到洞内散发着一阵阵蜂蜜的香味，它对这个地方感到很好奇。

"滚开！"老蜜蜂冲这只蚂蚁吼道。

蚂蚁被吓了一跳，赶紧走开了。它还算识趣，要是不走的话，准会受到老蜜蜂毫不客气地追击。

并不是每一种蜜蜂都擅长挖隧道，樵叶蜂就不擅长。因此，它只能在别人挖好的隧道里安家。对它来说，再也没有比斑纹蜂的隧道更合适的了。自从受到蚊子偷袭，巢被蚊子的幼虫占据之后，一些斑纹蜂的家就彻底败落了，这些巢就成了空巢。对于樵叶蜂来说，到斑纹蜂的巢中安家算是顺理成章，也可以说是废物利用。这样合适的巢并不是那么好找，樵叶蜂经常到斑纹蜂的领地里去视察，寻找合适的空巢。有的时候，它们以为自己找到了空巢。心想自己那些用枯叶做成的蜜罐终于有地方放了。可是到了洞口，里面就会立刻冲出一位门警，用手势告诉它，这个洞早就有主人了。樵叶蜂只好飞到别处去找房子。

也有的樵叶蜂非常鲁莽，还没等门警出来，就迫不及待地把头伸进洞去。机警的门卫立刻用头顶住通路，并且发出一个警告。这个警告并不是十分严厉，只是让樵叶蜂明白这屋子的所有权。樵叶蜂很识趣，悻悻地离开了。

樵叶蜂身上有一种寄生虫。这种寄生虫贼头贼脑，粗鲁莽撞，有时候

昆虫记

会受到斑纹蜂的教训。我就曾经亲眼目睹过一次。它闯进了斑纹蜂的家还以为是到了樵叶蜂的家，便开始肆无忌惮地为非作歹。守门的老祖母给它上了生动的一课，用一顿严厉的惩罚来告诉它，以后不要乱闯别人的家。它最后跌跌撞撞地从洞中逃到了外面，样子狼狈不堪。像这样野心勃勃又没有头脑的傻瓜还有好多。不过，无论是谁，乱闯进斑纹蜂的家的下场是一样的。

守门的蜜蜂有一个特殊的敌人，那就是另外一位老祖母。它们有时会发生争执，甚至大打出手。这是怎么一回事呢？每当初夏来临的时候，一些老蜜蜂才发现，从自己巢中孵出的竟然是可恶的蚊子。这个时候痛心疾首、恍然大悟已经无济于事。它们没有子孙，成了可怜的孤老。只好痛心疾首地离开自己的家，到别处另谋生路。到了七月中旬，在这个蜜蜂们最忙的时候。年轻的母蜂们精力充沛地在花丛和巢穴之间来回忙碌，它们又机敏又漂亮；而那些失去子孙和家庭的老蜂则行动缓慢，脚步蹒跚。它们在一个个的洞口间来回踱步，像是迷了路找不到自己的家一样。这些流浪者真是让人可怜。这些老蜂现在只能看看谁家还缺管家或是门警，混口饭吃。可是这种情况几乎没有，因为那些完整的家庭都有一个老祖母在打点一切。它们对于这种前来找工作、抢自己饭碗的老蜂心存敌意。的确，对于一个家庭来说，一个门警就足够了。两个门警的话，反而会堵塞原本就不宽敞的走廊，让其他蜜蜂没法通过。

为了这个工作岗位，有时候两个老祖母之间会发生一场恶斗。看到有流浪的老蜜蜂停在自家门口的时候，这家的看门老祖母就会非常愤怒。它一边紧紧守着门不让对方进来，一边做出一副张牙舞爪的样子，向对方挑战。

这些无家可归的老蜜蜂的结局悲惨凄凉。它们一天一天地衰老，数目也一天天的减少，直至全部绝迹。最终，有的进了小蜥蜴的肚子，有的饿死了，有的老死了，还有的是万念俱灰，郁郁而终。

守门的老祖母还是那样兢兢业业。清晨的时候天气凉爽，这位门卫早早便上岗了；中午是最忙的时候，因为工蜂们中午都忙着采蜜，从洞口不断进出。这位门卫更是一刻也不休息；到了下午，工蜂们不出去采蜜，都留在家里筑巢，因为外边太热了。而这时候，老祖母仍旧在上面守着门。

它甚至连瞌睡都不打一下；你以为到了晚上或者深夜它就会休息的话，那你就错了，它还要防备着夜里的盗贼，像白天一样不放松警惕。它就是这样，似乎从来不休息。

在老祖母的精心守护下，一直到五月以后可以说整个蜂巢都是安全的。那个时候蚊子来抢巢的话，老祖母会给它点颜色看看，让它抱头鼠窜。但是这种情况从来没发生过，因为在明年冬季之前，蚊子还是躲在茧子里的蛹。

除了蚊子以外，这里还生活着许多其他的寄生虫。它们也很可能来侵占蜂巢。但是，在我对那个蜂巢长期的观察中，整个夏天都是那么安静、平和，从未有什么敌人前来骚扰。由此可见，那些暴徒对这位警觉的老祖母是多么畏惧。

第三十一章　黄蜂

　　我准备同我的小儿子保罗一起去参观黄蜂的巢。保罗眼力好，注意力集中，这对我们的观察都非常有帮助。当时是九月，风和日丽，我俩一边寻找黄蜂的巢，一边欣赏着路边的美景。

　　忽然，小保罗发现了一个黄蜂的巢。他指着不远处激动地冲我喊："看！黄蜂巢，那边有个黄蜂巢，没错，我看的一清二楚。"我朝着他指的方向看去，果然，在前方大约二十码的地方有一个黄蜂巢。

　　我们小心翼翼地接近那个蜂巢，脚步放得很慢很轻，生怕惊动了黄蜂。黄蜂非常凶猛，要是惊动了它，很有可能遭到它的攻击，那样的话就糟了。

　　我们在黄蜂的住所门边发现了一个裂口，这个裂口圆圆的，能放得下一个大拇指。这里一派繁忙景象，黄蜂们进进出出，飞来飞去，一刻也不肯停歇，非常热闹。

　　突然，我一不小心踩到了什么，发出了"噗"的一声。我被惊出了一身冷汗，这才意识到我们的处境是多么危险。这些凶猛的动物脾气暴躁，如果是靠它们太近，很容易激怒它们，受到攻击。于是，为了安全，我们决定暂时停止观察。但是我们记下了蜂巢的位置，准备太阳落山之后再去探访。到时候这些战士应该会全部回营，我们的观察也会更全面。

　　如果没有经过精心准备，就决定去黄蜂的巢探险的话，那简直就是在冒险。我的装备是：半品脱的石油，九寸长的空芦管，还有一块有相当坚实度的黏土。这些装备看似简单，但是非常有效。除此之外，我还在前几次与它们打交道的时候积累了一些经验。

对我来说，还要掌握一门非常关键的技巧，那就是将黄蜂窒息的方法。不然的话，就要忍受牺牲自己的皮肤，那是我不能接受的。瑞木特在观察黄蜂习性的时候，会找人把活的黄蜂的巢放入一个玻璃空间里。他并不是自己动手，是雇用别人来干这件危险的工作。那些人为了得到优厚报酬，不惜牺牲掉自己的皮肤，痛苦不堪。但是，我是自己上战场，我可不打算毁掉自己的皮肤。

我经过再三思考才决定实施计划。那就是将蜂巢内的黄蜂闷住，使它们窒息。这样，它们的刺就不会对人构成威胁了。我将它们窒息用的是石油，因为石油的刺激作用很小。这个方法虽然很安全，但是也很残忍。

我不能让全部的黄蜂都死去，因为我还要观察它们。要是都死了，没有了研究对象，那前面做的工作就白费了。现在我要思考的问题就是如何将石油倒入蜂巢中。蜂巢内的通道大致与地面平行，一直通到地下的巢窠，长约九寸。如果你以为把石油倒在蜂巢的入口上就行了，那你就错了。因为泥土会吸走一部分石油，这样一来石油就无法到达地下的巢窠。试想一下，当你第二天兴致冲冲地去挖掘蜂巢的时候，还自认为很安全。殊不知，地下的那群黄蜂早已是火上浇油，这将给你造成非常大的威胁。

为了阻止这种悲剧的发生，我准备了空芦管。它的长度与黄蜂巢窠中隧道的长度是相当的，都是九寸。当我把这根空芦管插入蜂巢的隧道中的时候，它就变成了一根自动引水管。会将石油迅速、一滴不漏地导入蜂巢。之后，再将事先准备好的泥土塞入蜂巢的入口。就像给瓶子塞上了瓶塞一样，为的是截断黄蜂的后路。工作至此告一段落，剩下的就是等待。

我们是在晚上九点钟去具体实施这项计划的。当时夜色昏暗，月亮若隐若现。小保罗手提着一盏灯，我手里提着一个篮子，里面装满了我需要的工具。远处不时传来狗的叫声，路边的橄榄树上有猫头鹰在歌唱，躲在浓密草丛中的蟋蟀也不甘寂寞，不停地演奏着动听的音乐。小保罗对动物非常感兴趣，他向我提出了好多关于昆虫的问题，我一一解答着。我们在动物的歌声中快乐地交谈，这是一个多么美妙的夜晚。我早已将放弃睡眠和被黄蜂袭击带来的担忧抛到了脑后。

将芦管插入土穴中并不是一件容易的事情，它还需要一些技巧。因为

昆虫记

事先你不知道孔道的方向向何处延伸，需要费一番工夫去试探。而且有时候，巢中会突然飞出一个门卫，毫不客气地去攻击你的手掌。为了防止这种事情发生，我们其中的一个人负责在一旁盯着洞口，若是有黄蜂飞出来，就挥动手帕驱散它。有时候不可避免会被袭击到，尽管很疼，但是这个代价不算太大，还是可以接受的。

把石油全部倒入巢窠之后，不一会儿就从地下传来了一阵喧哗、骚动的嗡嗡声。我们迅速地把洞口用湿泥堵起来，为了以防万一，还用脚踩实。在确认黄蜂已经无路可逃之后，我和小保罗的工作就完成了。于是打道回府。

第二天清晨的时候，我们又回到了这里。这次还带了一把锄头和一把铁锹。早一点去是一种明智的做法，因为可能有一些黄蜂晚上夜游，白天才回到巢中。如果被它们碰上你在挖它们的巢穴，你就完蛋了，它们会毫不客气地攻击你。另外，清晨气温低，可以浇灭一点儿它们心头的怒火。

我们看到昨晚的芦管还插在蜂巢的隧道中。我和小保罗在蜂巢上面挖了一条壕沟，并分别向壕沟的两边挖。我们挖得很小心，很仔细，将土一点点地铲去。在挖了大约有二十寸深的时候，蜂巢露了出来。看到自己的努力得到了回报，我们非常高兴。

这个蜂巢有大南瓜那么大，看上去非常壮观，非常美丽。除了顶端与土穴连接以外，其余部分都是悬空的。蜂巢顶部有许多类似根的东西，它们能进入墙壁内，将蜂巢同墙壁紧紧地连在一起，非常结实。如果根植入的那个地方是一块软土，蜂巢就会是圆形的形状，各部分也非常结实、匀称；如果是比较硬的沙砾，根在植入的时候会遇到许多阻碍，比较困难。此时的蜂巢，就不那么匀称了，什么形状都会出现。

在巢中的地下室旁边，往往会有一块空隙。这块巴掌大的空隙其实是一条街道，与通向外面的那条通道连着。辛勤的劳动者整天从这条街道上进出，它们不停地劳动，用自己的双手把家园建设得更美好，把巢穴建得越来越大，越来越坚固。在蜂巢的底下，还有一个更大的空隙。这个空隙的形状圆圆的，就像是一个盆。在蜂巢扩大的同时，这里也会跟着一起扩大。这个空隙的其中一个作用是盛放垃圾，是蜂巢中的垃圾回收站。没想到，蜂巢中的各项设施竟然如此齐全。

这个地穴是黄蜂的劳动成果，这是没有争议的。因为自然界的洞穴不可能这么大，同时又这么整齐。起初，这里可能是鼹鼠的洞穴，后来被黄蜂利用，数以万计的黄蜂把这里扩建、装饰成了一座美丽、壮观的建筑物。然而，你在蜂巢外不会发现有泥土堆积。那么，这些被黄蜂挖出的泥土去哪了呢？答案是这些泥土被黄蜂们扔弃到了野外。在修建这个洞穴的过程中，黄蜂用身体往外附带土屑，并抛撒到离巢很远的地方。于是，蜂巢看上去很干净，看不出一丝挖掘的痕迹。

黄蜂用来做巢的材料是木头的碎粒。外表上看像一张纸，薄而柔韧。这些纸有时候是棕色的，有时候是其他颜色，这个因所用木料不同而不同。如何让蜂巢起到保暖作用呢？黄蜂们很聪明，它们没有用整张"纸"去做巢，尽管那样也会起到御寒的作用。它们是把巢做成宽宽的鳞片状，这些鳞片一片片立起来，使得整个巢像地毯一样厚厚的，很有层次感。巢的表面有许多小孔，这些孔内都是空气，黄蜂就是用各层外壳中含有的空气来保持温度的。当天气很热的时候，蜂巢外壳的温度也一定会很高。

黄蜂建巢的过程都是一样的，无论是在杨柳的树孔中，还是在空的壳层里。它们首先用木头的碎片做成纸板，然后把这种纸板一层层地包裹到自己的窠上面。因为包裹的方式是一层层的相互重叠，所以产生了许多空隙。这些空隙中有一些不流动的空气，形成保暖层。黄蜂的建巢行动有一个统一的指挥，那就是它们的首领大黄蜂。

黄蜂们的一些动作非常符合物理学和几何学的定律，比如：空气本身是不良导体，但是却被黄蜂利用来保持温度；它们早在人类之前就开始做毛毯，并且技艺高超；它们在巢内筑造的房间无论是材料还是占的面积都很经济。只需要小小的一块面积，就能建造出很多房间。

这些建筑家是如此的聪明，但是有一点儿令人感到奇怪。那就是在遇到一些小困难的时候，它们往往束手无策，显得很笨拙。一方面，他们身上有大自然赐予的本能，这些本能让它们像科学家一样工作；另一方面，它们除了本能之外智力相当低下，不懂得思考和反省。关于这一点，我做了大量实验来证明。

我家花园的路旁边正好有一个黄蜂的蜂巢。于是，我使用一个玻璃罩做了个实验。这种实验我不可能在荒野里做，因为那些孩子实在是太顽皮，很快就会把你的玻璃罩打碎，这个实验也就无法继续进行下去了。有一天晚上，看到黄蜂们都回家了，我便把玻璃罩罩在了黄蜂巢穴的入口处。我在猜想，当第二天黄蜂发现出不去了怎么办呢？它们会不会另掘一条出路呢？它们是掘土的高手，并且从里面出来只需要在玻璃罩边上掘很短的一条路。那么结果怎样呢？

第二天天气很好，阳光照耀下的玻璃罩闪闪发光。这些辛勤的劳动者排着队从地下出来，它们要去寻找食物。但是它们显然没想到会有障碍，只见它们一次次的撞到玻璃上跌落下去，又一次次的冲上来，丝毫没有气馁。它们在玻璃罩子里团团乱飞，有的见怎么也飞不出去脾气开始变得暴躁；有的干脆飞回了屋里；还有的进去休息一会儿之后又重新出来顶撞玻璃罩。它们这样来回折腾着，却始终没有一只黄蜂想到去玻璃罩边上挖出一条小路，寻找自由。这说明黄蜂的智力和应变能力非常低下。

就在这时，从外面飞回了几只黄蜂，它们肯定是昨晚在外面过夜了。它们围着玻璃罩团团转，在寻找着一条回家的道路。有一只带头的黄蜂决定沿着玻璃罩往下挖土，其他的黄蜂也纷纷效仿。就这样，在大家的努力之下，一条回家之路被打通了。外面的黄蜂欢天喜地的钻进了玻璃罩内，它们终于到家了。我赶紧将这条通道堵上，假设里面的黄蜂看到刚才的一幕，它们就明白该怎样出去了。我想看一下它们能不能通过自己的观察和努力逃出玻璃罩。

我想，无论黄蜂的智力多差，它们现在逃出去应该是没有问题。因为那些刚刚进来的黄蜂已经指明了道路，它们肯定会从玻璃罩边下挖土、掘地道，然后逃出去。

然而，事实让我很失望。它们没有从刚刚的成功上总结任何经验。现在的玻璃罩里面的场面依旧混乱，它们还是在盲目地乱飞乱撞，丝毫没有要掘土、挖地道的迹象。玻璃罩中每天都有黄蜂死去，有的死于饥饿，有的死于高温。一个星期过后，整个蜂巢中的黄蜂全军覆没，无一幸免。地面上铺满了它们的尸体，十分惨烈。

为什么外面的黄蜂能进去，而里面的却出不来呢？原因是，黄蜂能嗅到自己的家，并想方设法回家。对它们来说，回家是一种防御手段。这是它们的本能，是没有原因和解释的。它们一出生便知道世界上与许多障碍，为了返回到家的怀抱中，它们的本能会激发它们克服一切障碍。

但是，对于那些被困在玻璃罩子中的黄蜂来说，上面提到的那种本能对它们一点作用也不起。它们的目标就是到阳光中去寻找食物。这个目标很简单、很明确。玻璃罩这个透明的监狱，将它们都欺骗了。它们透过玻璃看得见阳光，便以为自己是在阳光中。它们想离阳光再近一些，想飞得更远一些去觅食，便不断地向前飞去，一次次地撞在玻璃上。它们越是出不去，希望就越强烈，与玻璃罩的搏斗就越激烈。很显然，这种搏斗是不起任何作用的。它们没有任何经验和类似的遭遇来教它们该如何行事。别无选择，只能继续遵循固有的习性。渐渐地，希望越来越小，生命渐渐远去。

揭开蜂巢，你会在里面发现许多蜂房。这些小房间上下排列着，中间有根柱子将它们紧紧连在一起。这些小房子分好多层，具体层数不定。在季末大约会有十层，甚至更多。每个小房间都是向下开口，在它们的社会中，幼虫无论进食还是睡觉都是头朝下倒悬着。

这一层一层的楼被称为蜂房层，每层之间都隔着很大的距离。在外壳与蜂房之间有一条路，它能连接到蜂巢的各个部位。有许多守护者进进出出，它们的职责是照顾蜂巢中的幼蜂。蜂巢的门户矗立在外壳的一边，只是一个没有装饰的裂口，十分简陋。人们怎么也不会想到，这样简陋的门里头，居然藏着一个丰富多彩的大都市。

一个蜂巢中的黄蜂数量相当大。努力工作是它们生活的唯一主题。它们主要的工作就是扩建蜂巢，以便让新增加的公民能住得下。尽管它们自己不产幼虫，但是它们给予巢内的幼虫无私的爱和无微不至的关怀。

十月的时候，我把一些蜂巢的小片单独拿了出来。一是为了能够观察黄蜂的工作状况；二是看一下它们对于即将到来的冬季有什么反应。有许多卵和幼虫居住在这些巢的小片里面，大约有一百多只黄蜂精心的看护着它们。

我将蜂房切割开来，然后并排放着，使那些小房子的口都朝着上面。这样做的目地，是为了更好地观察它们。颠倒它们的生活状态看来并没有使他们感到厌烦。很快它们就习惯了新生活，并重新投入到忙碌的生活中去，就像什么都不曾发生过一样。

昆虫记

　　它们不可能停止筑巢，我给它们准备了一块软木头作原料。我还喂它们蜂蜜。还用一个大泥锅来代替它们的土穴，并用纸板做成一个圆形的东西来遮挡光线，使得泥锅内部非常昏暗。但我需要观察它们的时候，我就会把纸板拿开。总之，我满足它们的任何需求。

　　黄蜂的生活还和以前一样，我对它们的这些骚扰都它们被忽略了。工蜂们非常忙碌，往往要一边照顾蜂巢内的幼虫，还要一边筑巢。它们正在齐心协力地筑造一个新的外壳，来代替那个被我铲坏的外壳。它们的效率很高，没多久就筑起了一个屋顶。这个屋顶呈弧形，能盖住三分之一的蜂房。

　　我给它们提供的那根软木头，它们仿佛看不见，从来不去碰一下。那是我精心准备的，看来是出力不讨好。它们不习惯这种新材料，宁愿放弃，也不去使用。它们选用的是那个废弃的旧巢，既方便又顺手。因为那些小巢内含有纤维，可以直接拿来使用，不必再去辛辛苦苦地加工。还有就是，这种材料能使黄蜂省下大量唾液。黏合这种材料，只需少量唾液即可。无论从哪一方面来看，这都是一种相当好的建筑材料。

　　接下来，它们把那些闲置的小房间全部粉碎，然后利用这些碎物做成了一件类似天棚一样的东西。如果需要的话，它们可能用同样的方法将天棚打碎，再建造出小房间。总之，它们灵活机动，不拘一格。

　　相对齐心协力筑巢来说，更有意思的是它们如何喂养幼虫。此时，它们的身份要来一个三百六十度大转变。刚刚还是刚毅的战士、辛勤的建筑工人，一转眼，它们就变成了体贴温柔的保姆。就在刚才还是斗志高亢的军营、热火朝天的工地，一变身，成了温馨宁静的育婴室。让人感觉妙趣横生。

　　蜂房里的宝宝又柔弱、又可爱。把它们照顾好可不是一件简单的事情，需要无微不至，还要有耐心。细心地观察我们可以发现，一只正在忙碌工作的黄蜂，它的嗉囊里充满了蜜汁。它停在一个蜂房门前，用一种挺特别的姿势将头伸到洞口中去，然后把里面的小幼虫喊醒。它喊醒幼虫的方式很有意思，是用自己触须的尖儿轻轻地去碰幼虫。里面的幼虫感觉到之后，便微微张开嘴巴，样子像极了刚出生不久、嗷嗷待哺的小鸟张开嘴巴向母亲索要食物。非常可爱，同时不禁让人感到一阵温馨。

刚刚醒来的小宝宝左右摇摆着自己的小脑袋，迫切希望得到食物。这是它的本性使然，它可能是太饿了，盲目地探寻着外面黄蜂提供的食物。最后，它张开的双唇终于接触到了食物。"小保姆"嘴里流出一滴浆汁，流进了宝宝的嘴里。吃到了食物之后，小宝宝急切的心情总算平静下来。对于它来说，这一滴就已经足够了。外面的工蜂又马不停蹄地跑到下一个嗷嗷待哺的幼虫那里去，继续履行自己的职责。

这种口对口的喂食方法，让小宝宝享受到了大部分的蜜汁。但是，它们还没想享用完呢，进食并没有结束。幼虫在进食过程中胸部会暂时膨胀起来，一些洒出来的蜜汁就会滴到上面，就如同人在进餐时围在脖子上的餐巾。等喂食的工蜂走后，小宝宝会把刚才滴到胸部的蜜汁吮吸干净。它们仔细地舔着自己的颈根处，一点儿食物也不浪费。等到把大部分蜜汁吞咽下去，确定自己不再洒出来的时候，幼虫刚才隆起的胸会慢慢收缩进去。然后，它们往自己的房间里缩进去一截，又进入到了梦乡。

我笼子里的蜂巢都是口朝上的，里面的小宝宝自然也是头朝上。这样，从它们嘴里漏出的食物自然是洒落到胸部上去。但是，自然界的蜂巢是开口朝下的，里面的小宝宝也是头朝下的。不过，我坚信，即使是头朝下，小宝宝隆起的胸部也会起到相同的作用，也会洒上从嘴中漏出的蜜汁，这是怎么回事呢？因为，在蜂巢中的黄蜂头都不是直的，是略微弯曲的。因此，它们即使是倒立着进食，依然会把食物洒在胸部。这些蜜汁非常黏稠，会紧紧地粘在幼虫的胸部。就算是喂食的工蜂想给这个幼虫开小灶，把多余的蜜汁直接放到幼虫的胸部，也是有可能的。这么说来，无论幼虫在巢中头朝上还是朝下，隆起的胸部都会起作用。因为这些食物非常黏，可以牢牢地粘在嘴边。对于幼虫来说，这个围在脖子上的餐巾的作用很大。就像是一个吃饭用的小碟，东西不大，但是用起来非常方便、顺手，能给生活带来不少便利。还有一个作用，那就是小宝宝可以靠它储存食物，以免吃的太饱，撑坏肚子。

幼虫并不是一年四季都喝蜜汁。如果是在野外，每当到了年末的时候，大自然中的果品数量会非常少。这时候，苍蝇成了工蜂们喂食幼虫的首选。在喂食之前，苍蝇会被工蜂切碎。在我笼子中的幼虫比较幸运，我不给它们提供其他的食物，只提供蜜汁，这是它们最喜欢的，也是最有营

昆虫记

养、最香甜的食物。

这些蜜汁让工蜂和幼虫都变得精力旺盛。要是有什么不受欢迎的客人闯入的话，它们的结局将很悲惨，工蜂会将它们置于死地。很显然，黄蜂这种动物不喜欢有客人来访。它们从来不礼尚往来，也不允许别人随意乱闯它们的家园。有一种蜂叫拖足蜂，它的外表酷似黄蜂，无论是形状还是颜色。有时候它们会假扮黄蜂，去分享它们的蜜汁。可是黄蜂灵敏得很，一眼就识破了拖足蜂的伪装，立刻群起而攻之，直至拖足蜂被活活杀死。有的拖足蜂反应迅速加上逃跑及时，才侥幸躲过黄蜂的追杀。由此看来，乱闯黄蜂的领域实在不是明智的选择。即使是与黄蜂外表极其酷似、动作举止几乎一样、工作内容大同小异，简直就可以说是黄蜂中的一份子，都是绝对不行的。任何不速之客黄蜂都不会轻易放过。因此，面对黄蜂这种动物，任何人、任何动物还是躲得远远地为好。

黄蜂的那种野蛮、残酷的待客之道，我已经不止见过一两次了。如果这位不速之客相当凶猛，很有杀伤力，那么在它被群攻致死之后，尸体会被黄蜂们一起拖到门外，扔到垃圾堆里。即使是面对如此凶猛的对手，黄蜂也不肯轻易使出自己的毒刺，还算是有点人情味。我曾经试着往黄蜂群中扔进一只锯蝇的幼虫，这个绿黑色的，像小龙一般的外来者引起了黄蜂们极大的兴趣。好奇过后，它们便发起进攻，把锯蝇的幼虫痛扁一顿。这个过程中黄蜂并没有使出毒刺，最后，锯蝇的幼虫被黄蜂们齐心合力拖出了蜂巢。但是，锯蝇的幼虫并不服输，不断地挥舞着双臂抵抗。最终，还是因为寡不敌众败下阵来。战斗结束了，锯蝇的幼虫浑身伤痕累累，沾满了血迹，被黄蜂扔到了垃圾堆上。尽管这只是一只锯蝇的幼虫，但是这场战斗很激烈、艰辛，耗时整整两个小时。

假设我想给黄蜂们出点难题，比如往蜂巢中放的不是弱小的幼虫，而是一种比较魁梧的幼虫，那会出现什么情况呢？我找了一种住在樱桃树孔里的幼虫，这种幼虫比较强壮，比前面的那只幼虫要魁梧很多。我把它扔到了蜂巢中之后，立刻有五六只黄蜂上来与它搏斗。这些黄蜂见这只幼虫比较难对付，纷纷使出毒刺。被黄蜂的毒刺一针针地插在身体上之后，没过几分钟，这只幼虫便一命呜呼了。这时，又产生了一个新问题，那就是这具笨重的尸体该如何处理。因为尸体太沉，黄蜂们无法将其移出巢穴，便会想办法减轻它的体重，直至能拖动为止。因此，它们便去吃这只幼虫，直到发现能拖动这具尸体为止。然后，将吃剩的部分拖出去，扔到垃圾堆上。

黄蜂们如此团结而又勇猛地抵御着外来入侵者，再加上我精心提供的蜜汁，外部环境和内部化境都得到了很好的保障。巢内的幼虫可以茁壮地成长，黄蜂的家族也越来越兴旺。不过，事情并非都这么一帆风顺。蜂巢内一些非常柔弱，或者运气不好的幼虫会早早夭折，它们甚至还没有见过天空，没有沐浴过阳光。

经过仔细观察，我亲眼见证了那些柔弱的幼虫是怎样一步步地走向憔悴、走向死亡。关于这些，再也没有比它们的保姆知道的更多的了。这些工蜂用触须怜爱地触摸着幼虫，最后不得不面对现实，那就是这些幼虫已经无药可医，无法挽留了。然后，它将这个可怜的宝宝慢慢地拖出，无可奈何地扔到了巢外。黄蜂的社会充满了野蛮的气息，重病患者都不过是一些没用的垃圾而已，处理要越快越好，免得传染别的成员。不然的话，后果将十分可怕。还有比这更糟糕的，那就是冬天要来临了。冬天对于黄蜂们来说，无疑就是世界末日。

到了十一月，天气将变得非常寒冷，此时，蜂巢内的情形也不同于以往。蜂巢内不再一片繁忙，黄蜂们也不再辛勤劳作，往日热火朝天的筑巢场面不见了，飞来飞去储蜜的繁忙身影也不见了。饥饿的幼虫张大了嘴，但是它们等不到食物，或者偶尔能得到一点点救济品。以往贴心、勤奋的小保姆都不见了热情，都懒得往这里跑了。这些小保姆的心被一种深深的焦虑占据。它们知道，再用不了多久一切就将不存在了。没过多久，饥饿降临了。同时，噩运也降临到幼虫头上。它们被活活地杀死，刽子手竟然是那些昔日里对它们悉心照料的小保姆。让人觉得不可思议。

这些小保姆是怎样想的呢？很简单。它们想，不久之后自己便会死去，到时候这些幼虫将无人照理，最终活活饿死。与其被饥饿活活折磨死，不如死在它们自己手中。尽管很残忍，但是长痛不如短痛。

说干就干，接下来工蜂便展开了一场大屠杀。它们凶残地咬住小幼虫的后颈，使劲将它们从小房间里拖出来，扔到巢外的垃圾堆上。整个过程非常粗暴、残忍，让人不忍心去看。

昆虫记

那些工蜂，也就是幼虫昔日的保姆，仿佛不认识了那些幼虫，对待它们像对待陌生人一样无情。它们从小房间里面往外拖幼虫时，仿佛拖的不是自己昔日的宝贝，而是一具具尸体。它们冷漠地拖着幼虫的尸体，甚至还会将它们撕碎。这些工蜂还会把一些小卵撕扯开，然后将其吃掉。

大屠杀过后，刽子手仍然苟延残喘地活在世间，但是看上去都无精打采。我想知道这些工蜂最终的结局，带着这份惊奇，我一天天地观察着它们。结局非常出人意料，它们仿佛在一瞬间全死掉了。有的工蜂钻出蜂巢之后便跌倒在了地上，仰面朝天，再也没有爬起来，如同触电了一般。每个动物都有自己的生命周期，黄蜂也不例外，它们被自己的生命周期无情地扼杀了。这又有什么办法呢？就算是一只手表，当它发条走完之后，也会停止转动。

蜂巢中的工蜂老的老、死的死，但是母蜂却不一样。母蜂的出生日期比其他蜜蜂都要晚，因此它们也是最年轻、最强壮的。所以，当严寒逼近，严冬来临的时候，别的黄蜂都顶不住了，只有母蜂能抵抗一段时间。至于它们中哪些是走向暮年，开始衰老的，从外表上一望便知。有的蜜蜂背上粘着尘土，若是在它们年轻的时候，这绝对是不可能发生的。年轻的蜜蜂一旦发现自己身上有尘土，便会不停地拂拭，一直到身上那件黑色和黄色的外衣清洁、光亮为止。然而，当它们老了，有病了，就不再去拂拭自己的衣服了，认为那已经没什么意义了。它们更多的是停留在阳光中，一动也不动，慢慢享受最后的温暖。即使是偶尔动一下，也是很迟缓的踱步。

这样不再在乎自己的外表，并不是什么好事情。过不了几天，这个蓬头垢面的家伙，就会最后一次离开自己的巢。它之所以来到外面，主要是想在临死之前再享受一下阳光。突然，它跌倒在地，再也没有爬起来。尽管蜂巢是自己的家，是自己最热爱的地方，但是它们绝对不会死在巢里。这是为什么呢？因为黄蜂都遵循着一条不成文的"法律"，那就是绝对保持蜂巢内干净整洁。因此，它们不能死在自己房间里，变成一堆垃圾。而是自己解决自己的葬礼。它们往往会把自己跌落到土穴下的垃圾堆里。这些"法律"代代相传，活着的黄蜂将来也要遵守。

尽管我的屋子里依旧暖和，我依旧还提供蜜汁，但是笼子里却一天天空了下来。到圣诞节的时候，里面只剩大约一打的雌蜂。到一月六号我再去观察的时候发现，就连这些雌蜂也全部死掉了，我的笼子彻底空了下来。

我没有让它们挨过饿，也没让它们挨过冻，更没有不让它们回家，那么它们为什么还是死了呢？这种死亡从何而来？

我想这不应该怪罪于我将它们囚禁，因为在野外的黄蜂身上，也会发生这种事情。年底的时候，我多次去野外观察黄蜂，也发现了这些问题。成群结队的黄蜂，接二连三地死去。它们的死因不是意外事故，不是疾病摧残，也不是受某种天气的影响，而是一种命运，是无法躲避的命运把它们的生命带走了。对于人类来说，这并不是一件坏事。设想一下，一只母蜂便会繁衍出一座三万人口的城市。假设它们都不死去的话，这将演变成一场人类的灾难。到时候，野外就成了黄蜂的王国，没人敢踏进半步。

到最后，蜂巢也将毁灭。一只普通的毛虫，一只赤色的甲虫，或者是其他的幼虫，都有可能是蜂巢的毁灭者。巢中的地板会被它们锋利的牙齿咬碎，其他的住房也会相继坍塌毁坏。到最后，除了几把尘土和几张棕色的纸片以外，什么也留不下。

等到来年春天，黄蜂们又活跃起来。它们充分利用废物，白手起家，建起自己的家园。在这个过程中，它们天才般的建筑天赋和高超的建筑技艺将得到充分的展示。黄蜂们的生活又回到了最初的起点，一切从零开始。它们家族庞大，约有三万居民，住在坚固的、崭新的城堡里。它们在这里繁衍生息，抚育小宝宝，抵御外来入侵者，为自己的劳动成果和家族的安全而战，在蜂巢内过着团结和睦的快乐生活。

第三十二章　赤条蜂

赤条蜂的身材从它的名字上也能看出几分。它的腰很细，身材玲珑，肚皮是黑色的，上面围着一丝红腰带。

赤条蜂喜欢把巢穴建在小路边，或者是太阳照耀着的泥滩上。它对土壤的要求是疏松，容易钻透。知道了这些，在春季四月里我们就能很容易地找到它们。

赤条蜂的巢穴像一口井一样，是一个垂直的洞。洞大约有两寸深，直径有鹅毛管那么粗。有一个独立的小房间建在洞底，是专门用来产卵的。

它建巢的时候一点儿都不兴奋，看上去慢慢的、懒懒的，仿佛是在做一件无关紧要的事情。它掘洞用的工具同其他蜂一样，都是用腿和嘴。如果它在洞里碰到什么难题，比如遇到了一颗很难搬出来的沙粒，我们就会听到洞里传出尖利、刺耳的摩擦声，那是它身体和翅膀剧烈振动发出的。每隔十几分钟，我们家就会发现嘴里衔着建筑垃圾的赤条蜂飞出洞穴，将垃圾扔到几寸以外的地方。它时刻注意保持洞口的整洁干净，所以绝对不会将垃圾随意堆在门口。

每当赤条蜂把洞穴挖好以后，它就会到小沙滩上寻找沙粒。它把选好的沙粒堆放到洞口附近，留到日后会有用途。这些沙粒并不是随便找的，还要符合一些条件。如果在小沙滩上没有找到达到自己要求的沙粒，它便飞到别的地方去找，直到找到为止。

它需要什么样的沙粒呢？这些沙粒又有什么用途呢？它需要的沙粒要符合的条件是要比洞口稍大，并且是扁平状的。因为它要用这颗沙粒来做一扇门，盖在洞口上。这个洞口被盖上沙粒后非常隐蔽，只有赤条蜂自己才能找得到。你从外面看，这颗沙粒和别的沙粒没有任何区别，你绝对不会想到在它底下还藏着一个洞，还藏着一个赤条蜂的家。

　　第二天，我见赤条蜂从外面带着自己的战利品回来。那是一条毛毛虫，它不紧不慢地打开门，把战利品放进了洞里。然后，便开始在这只毛毛虫身上产卵。它关门用的不一定就是它回来的时候盖在洞口的那颗沙粒，它在门口附近藏了不少这样的沙粒。这个奇异的石门让人不禁想起《阿里巴巴与四十大盗》中"芝麻开门"的故事。

　　被赤条蜂猎取的这只毛毛虫是一种灰蛾的幼虫。这种幼虫一生的大部分时间都是在地下度过的，那它怎么又会被赤条蜂抓住呢？让我们来看一下。有一天，我散步归来，偶遇了一只赤条蜂。当时它正在一丛百里香底下忙碌着什么，为了避免把它吓跑，我悄悄地在它附近的地方躺下来。它对我非常警觉，飞到了我的袖子上。在那待了一会之后，可能发现我没有恶意，又飞回到百里香丛中继续刚才的工作。我知道它忙得很，根本没工夫搭理我。

　　百里香根部的泥土被赤条蜂挖去，周围的小草也被拔掉，它还把头钻进刚刚弄松的土壤里。它从这里飞到那里，看上去非常忙碌。每一条地缝它都要伸进头去张望一番。它如此忙碌，并不是为了给自己找一个好巢穴，而是在寻找猎物。就像猎狗在满山的洞里找野兔一样。

　　地下的灰蛾幼虫觉察到了上面的动静，它没有选择躲在洞里，而是决定到地上去看一看到底发生了什么事情。在它做这个决定的时候，它也同时决定了自己的命运。赤条蜂做完该做的事情之后，就在地上守着灰蛾幼虫的出现。等它一露头，赤条蜂就迅速地冲上去将它抓住，然后用刺在毛虫每一节的后背上都刺一下。整个过程非常熟练，赤条蜂像一个大夫做手术那样沉着、冷静。

　　对于灰蛾幼虫身上的神经系统，赤条蜂非常熟悉。它甚至都知道扎哪些神经中枢可以让战俘失去反抗，但是不会致死。这些技巧令医学家们都惊叹不已。那么，它是怎样知道这些知识的呢？又是谁教给它的呢？我们人类所掌握的自然科学知识都是逐渐积累得来的，有的是通过看书，有的是通过学校和老师教育。可是赤条蜂没人教它，而且无须经过练习，第一

昆虫记

次捕捉灰蛾幼虫它就能非常熟练地应用这项技术。难道是有神灵在它们出生之前就赐予了它们这种本领吗？这让我们不得不感叹大自然的神奇。

我还亲眼看到了另一幕关于赤条蜂与毛毛虫之间的故事。那是五月的一天，在一条整洁的路边有一只正在忙碌的赤条蜂。它当时正在忙着清扫巢穴，清扫完之后，就可以搬进去住了。有一只已经被麻醉的毛毛虫躺在距离它几码远的地方，它清扫完通道之后，又把洞口开得能够让毛毛虫通过那么大。干完这些工作，它就去往洞里搬运毛毛虫。

当它去搬运毛毛虫的时候，它发现事情变得很糟糕。原来是一群蚂蚁发现了这只毛毛虫，此时正在打它的主意呢。赤条蜂不愿意跟别人共享这只毛毛虫，但是它权衡了一下双方的实力，觉得自己不是这群蚂蚁的对手。它觉得没有必要做无谓的牺牲，决定放弃，并再去重新觅食。

赤条蜂像一名士兵在探测地雷一样，一步步地走着，仔细地观察着脚下的泥土。在距离巢穴十尺以内的地方，它这样走了大约三个小时。当时烈日炎炎，气温很高。可见，想找一条毛毛虫是多么的困难，找不着的时候又是多么的急人。

这份工作即使对人来说，也非常困难。我忍不住想要帮它一把，一是看它平白无故被抢走战利品，有点可怜它。二是我想观察一下，它是如何用针将毛毛虫麻痹的。

这时我想起了法维，决定让他帮忙。他既是我的老朋友，同时还是我的园丁，负责帮我照顾花园。

"快过来，法威。"我冲着他说："帮个忙，帮我弄几条灰色的毛毛虫。"在我向他解释了用意之后，他马上动手帮我找。我非常相信他，这些年来，大家都认为他是一个出色的园丁。见他在一会儿去翻莴苣根部的泥土，一会儿去耙草莓里的泥，忙得不亦乐乎。

过了好久之后，他还是一无所获。

"老伙计，你找的毛毛虫呢？"

"对不起，先生，我一条也没找到。"

"怎么会这样呢？现在你把克兰亚、爱格兰，他们都喊过来！我们一起找毛毛虫。"

就这样，我们全家都投入到寻找毛毛虫的行列中。整整三个小时过去了，结果是一无所获，谁也没有找到毛毛虫。

　　这个时候再去看赤条蜂，它同样还是没有找到自己想要的东西，此时的它已经非常疲倦，但是依然坚持着在地缝中寻找。它使出了浑身解数，就连像杏仁一样大的泥块都被它搬开。不久之后，它离开了这个地方，飞往了别处。我开始琢磨，为什么赤条蜂会在这里下这么大的力气，然后如此绝望地离开？我怀疑它在这里发现了毛毛虫，可是埋得太深，它始终无法将其挖出来，便泄气地离开了。我早就该想到毛毛虫会把洞挖得很深，以此来躲避赤条蜂的迫害。赤条蜂是一位经验丰富、技术高超的狩猎者，它会像我们一样盲目寻找毛毛虫吗？当然不会，那对它来说是浪费精力。

　　赤条蜂又转移了战场，可是不久之后就出现了和刚才同样的情况，它又将这个战场放弃。我决定不放弃对它的帮助，继续完成它没有完成的任务，那就是沿着它刚才挖的方向继续挖下去。我用一把小刀挖了大半天，可是一无所获。

　　正当我要放弃的时候，那只赤条蜂又飞了回来，并沿着我挖的地方继续往下挖。我明白了，看着我给它开创了这么好的条件，它重新拾起了对这个地方的信心。

　　赤条蜂那副样子仿佛在对我说："你真是个笨家伙！让我来告诉你这里到底有没有毛毛虫！"

　　受到指点后，我坚信了这里肯定有毛毛虫。果不其然，没挖一会儿，我就挖出了一只毛毛虫。真是太好了，付出终于有了收获，赤条蜂果然没有让我失望。

　　按照这种办法，不一会儿我又找到了一只毛毛虫，第三只、第四只，每次出手都能有收获。这个时候我注意到，赤条蜂挖掘的地方都是几个月前它松过土的地方，这些地方有点光秃秃的。除此之外，我再也找不出有什么记号，标明地下藏有毛毛虫。大家都无话可说，因为它们不停地挖了好几个小时，一无所获，而我在赤条蜂的指点下，不一会儿就挖到了好多。同时，我为自己能够了解赤条蜂感到欣喜，为赤条蜂没有辜负我的信任而感到高兴。我们虽然没有语言沟通，却凭着默契的配合，获得了一堆丰盛的"战利品"。

　　我已经帮助赤条蜂挖出了四条毛毛虫，第五条我要留给它自己去挖。

昆虫记

当时我就躺在一边，它就在我的眼前工作，所以它的一举一动都没有逃过我的眼睛。下面就是当时发生的情景的记录。

赤条蜂迅速用嘴咬住了毛毛虫的颈部，毛毛虫感到了疼痛，身体剧烈地扭动，试图挣脱。赤条蜂很冷静，它把自己退到一边，躲避着对方的冲撞。毛毛虫的头和第一节相连的地方，是它身上皮肤最嫩的地方。赤条蜂的第一针便是刺向这里，这一针非常重要，一下子就制伏了对手。

取得了胜利的赤条蜂突然从毛毛虫身上跌落，在地上剧烈地扭动，腿不停地抖动，翅膀不停地拍打，像快要死去一样痛苦。我在一旁看得莫名其妙，以为它被毛毛虫攻击到了，生命眼看就要结束。想起刚才我们还是好搭档，而它现在就将死去，心里不由一股莫名惆怅。出人意料的是，我还在为它感伤的时候，它突然又恢复了正常，抖抖翅膀，理理须发，又大摇大摆地回到毛毛虫旁边。原来刚才它那不是受伤，而是在庆祝胜利。

赤条蜂跳上了毛毛虫的背部，紧紧地抓住毛毛虫，把针扎进它第二节身体里，然后是第三节、第四节，一直到最末节。毛虫的身上一共有九节，这就说明赤条蜂需要在它身上扎九针。毛毛虫的身体有的节上有脚，有的节上没有脚，不过这些都不会对吃赤条蜂构成什么威胁。因为在第一针扎下以后，毛毛虫的抵抗力就所剩无几了。

最后，赤条蜂用钳子一般的嘴巴钳住了毛毛虫的头，这需要它把嘴最大可能地张开。之后，赤条蜂慢慢地将嘴合拢，轻轻地压下，尽量不使毛毛虫的头受伤。每往下压一次，赤条蜂都会停下来观察一下毛毛虫的反应。就这样，一压一停，反复进行。做这样的动作的时候当然得小心，否则毛毛虫就一命呜呼了。那么赤条蜂为什么会担心毛毛虫死去呢？让人觉得很奇怪。

对于赤条蜂来说，把毛毛虫拖进洞里去之前的任务已经全部完成了。这条毛毛虫现在瘫痪在地，纹丝不动，不过还没有死去。此时的它已经是处于昏厥状态，任凭赤条蜂把它推进洞里去，不会做半点反抗。这个状态下的毛毛虫自然不会弄破赤条蜂在它身上产下的卵了，也不会威胁到这些卵孵化出的幼虫。这就是赤条蜂为什么要给它实施麻醉的原因，那就是老老实实给自己的幼虫当食物。如果把毛毛虫弄死的话，岂不是更安全吗？不行，如果毛毛虫是死的，还没等卵孵化出来，尸体就开始腐烂了。只有毛毛虫是活的，才能保证自己幼虫孵化出来之后能吃到新鲜的食物。所以，赤条蜂会把毛毛虫的全部神经枢纽都用针去破坏掉，让它丧失行动能力，但是不会死去。看到这里，我们不得不佩服赤条蜂的周到。这样周到的行为还有好多，比如说，赤条蜂把毛毛虫全身弄瘫痪，唯独头没有受影响。当它在被拖着走时候，还会用牙齿去咬住路边的草，给赤条蜂带来一些麻烦。所以，一不做二不休，赤条蜂用上面提到的方式，不断地压榨它的头部，直至它失去知觉，变得混沌。这一次赤条蜂为什么没有用针去刺对方的头部呢？很简单，如果用针去刺头部的话，毛毛虫会被一下子刺死。那显然是赤条蜂不愿意看到的。

我们在佩服赤条蜂的同时，也为毛毛虫感到可怜。它被赤条蜂折磨得求生不得，求死不能，非常残忍。不过，农夫可不会觉得它可怜，因为毛毛虫对于农作物和花草来说是一场噩梦。它们白天看上去很老实，总是躲在屋子里睡大觉，一到了晚上就变得精神十足，专门去咬植物的根和茎。无论是花草还是蔬菜都无一幸免，都被它们当做了美餐。有时候你会发现，昨天还好好的幼苗，到了今天就枯萎了。你把它全部拔出来便会发现，它的根部已经受了伤。很明显，昨天晚上强盗来过，这棵幼苗被为非作歹的毛毛虫咬伤了。可以看出，这百分百的是一种害虫，只要它们光顾菜园，那就不可避免地要造成破坏。赤条蜂是在为民除害，当你想到毛毛虫无恶不作的时候，就不再会对它产生同情了。

第三十三章　捕蝇蜂

黄蜂是如何建巢，赤条蜂是如何寻找和猎取毛毛虫，这些我想你都知道了。不过，并不是每一种蜂都像它们一样生活。相比别的蜂来说，捕蝇蜂最大的特点就是它每天都会捕捉新鲜食物来喂它的孩子。

这种蜂会在泥土最疏松的地方建巢，还要有明亮的阳光，能看到天空。它们有时候出没在广场上，那里光秃秃的，没有任何阴凉。我就是在那里展开对它的观察。天气实在是太热了，让人恨不得找个洞钻进去，我也不得不为自己准备了一把伞。如果谁有兴趣想看一下捕蝇蜂的有趣生活，那就请到我这把伞下面来吧！

一只捕蝇蜂飞过来停在了我的面前。看它降落的样子很果断，但是我却看不出它停留的那个地方有什么特殊。它用自己后面的四只脚支撑身体，用前面的两只脚工作。有一排排的硬毛长在它的前腿上，像是刷子，又像是扫帚。它就是利用这把扫帚把沙子归拢到一块，然后推向身后。它工作的时候非常麻利，效率非常高，身前的沙子不断地被它抛到身后七八寸以外的地方。这种尘土飞扬的忙碌大约要持续5～10分钟。

沙子中往往掺杂着一些杂物，比如木屑、烂叶等。这些杂物被捕蝇蜂在扫沙的过程中——用嘴挑选出来，这也是它最重要的一项工作。它扫沙的目的就是为了将其中的杂物过滤出来，将普通的沙子过滤成"精沙"。它这样做的目的是为了进出洞穴方便，以后当它捕猎归来的时候能很轻易地将猎物拖入洞穴中。这项工作它并不是只在筑巢之前做，日后也会经常做，不过都是在它有空闲时间的时候。譬如，它已经储备了足够多的食物，不用再忙着出去采购，那时它便会拿出时间来清扫垃圾。在这一点上，它就像一个家庭主妇。当它在劳动的时候，总是非常快活。它为什么这样高兴和满足呢？可能是看到家庭和孩子在自己的精心管理下井井有条，作为母亲而感到自豪吧！

母蜂扫沙的地方不是随便乱选的，看它那停落时的毫不犹豫，我便猜测地底下有一个巢穴。我用一把小刀从母蜂所处的位置向下挖去，果不其然，发现了一条隧道。顺着隧道我又找到了一间小屋。这条隧道对于捕蝇蜂来说不算窄，有一个手指头那样粗。长度大约是8～12寸。那间小屋也不算小，能放得下三个胡桃。我们还在这个屋里见到了主人和它的一只卵。这只白色的卵没有其他兄弟姐妹，显得孤零零的。它大约会在二十四小时之后孵化出来，变成一只小虫。捕蝇蜂母亲已经把食物都准备好了，就是死蝇。

这只死蝇只能维持捕蝇蜂的幼虫吃两三天。这两三天中，捕蝇蜂虽然没在洞里，但是并没有离开太远。它一直在家的附近守护，饿了就去花蕊中采点蜜吃，无聊的时候就躺在沙地上晒晒太阳。尽管它在外面待着，但是洞里的情况也在它掌握中。比如它能准确地算出洞里的食物还够幼虫吃多久，这可能是作为母亲的本能吧。每次它进洞的时候，都是在幼虫眼看就将食物吃完的时候。这种地下巢穴非常隐蔽，从外边看跟周围沙地没什么区别。但是母蜂总是能找到，不需要在门口做标记或者记号。它每次回来都不忘给儿女准备一份大礼，那就是一只大蝇。它将礼物放下之后，自己就掩门而出，不在房间内停留。随着幼虫的长大，它需要的食物也越来越多，往里面送食物的频率也越来越高，之间的间隔也越来越短。所以捕蝇蜂需要提高效率，要不然的话，孩子就该挨饿了。

这样的喂食一共持续了两个星期，这期间幼虫迅速成长。第一周内它的食欲越来越好，进食越来越多。等到第二周的时候，捕蝇蜂的幼虫已经变得非常肥胖，捕蝇蜂觅食的工作量也变得非常大。就这样，直到幼虫能够自己捕食为止，捕蝇蜂才停止对它的食物供应。我算过，一条幼虫从出生到长大开始自己捕食，这期间捕蝇蜂要喂它八十二只蝇。

捕蝇蜂的这些行为让我们觉得奇怪。它为什么不像其他同类那样，事先在洞内储藏好足够的食物，这样就不用自己一次次地来回奔波了。它

昆虫记

可能担心死后的蝇不能放太长时间，很容易腐烂。那它为什么不学一下赤条蜂，把猎物麻痹，而不是杀死。我觉得蝇与毛毛虫有很大的区别，蝇的身体更柔软、更薄弱，放不了多久就会变成一张死皮。所以，捕蝇蜂只能捕捉新鲜的食物来给自己孩子吃。还有一个原因就是蝇不像毛毛虫那样笨拙，赤条蜂有足够的时间去从头到尾麻醉毛毛虫，但是蝇非常敏捷。所以，捕捉它需更加敏捷。再说了，不把蝇弄死，很容易让它半路上逃跑了。所以捕蝇蜂还是选择果断地用自己的爪子、嘴巴和刺，将蝇杀死。

捕蝇蜂具体是怎样捕捉苍蝇的呢？当时我也不知道，因为它们总是飞到距离洞穴很远的地方去捕食。后来，一个偶然的机会让我目睹了这一幕，总算是破解了一个谜团。那一天天气非常炎热，我撑着一把伞坐在广场上。一些马蝇也来凑热闹，躲在伞下分享阴凉。它们停留在伞的骨架上，往下俯视着我。我闲得无聊也会抬起头来与它们对视。它们的眼睛大大的，呈金色，像宝石一样闪闪发光。它们并不是一动不动的，当太阳晒到它们身上的时候，它们就移到没有被晒到的地方去。

昏昏的太阳让我直犯困，我在伞下打起了瞌睡。只听"啪！"的一声，我被惊醒。

"什么东西？"我抬头看去。

不知道什么东西撞到了伞上，像是落到绷紧的鼓面上一样。

"啪——啪——啪"这种声音连续传来。是树上掉下的果子，还是淘气的孩子朝我扔东西？

我站起来朝四周巡视了一圈，广场上空无一人。就在这时，那种声音又出现了。我离开了我的伞荫，四处巡视了一下，什么也没发现。在这时，那种声音又响起来了。我抬头去看伞，终于明白了，原来是捕蝇蜂。是停在我伞上的马蝇引来了大量的捕蝇蜂，它们当然不可能放过这些美餐。鹬蚌相争，渔翁得利，我就在一旁不动声色，静静地观察。

这种撞击声每隔十五分钟发出一次，因为大约每隔十五分钟就会飞来一群捕蝇蜂。它们猛烈地向伞上撞去，并在伞上同马蝇展开一场大战。这场大战十分精彩，双方实力不相上下，更看不出谁占上风。不过，这场战斗很快就会分出胜负，不会持续太久。不一会儿，捕蝇蜂就带着自己的猎物飞走了。即使是大敌当前，兵临城下，那些马蝇还待在那里不动。其实它们一点都不愚蠢。外面的天气那么热，出去也得晒个半死。与其现在出去晒死，还不如在这里再待段时间，说不定捕蝇蜂不来了。

让我们转换镜头去看一下捕蝇蜂吧，现在它正带着战利品飞回自己的巢洞。在它快要到家的时候发出了一种嗡嗡的声音，仿佛为回到家感到高兴。但是这种声音非常尖锐，听上去有一种凄凉的感觉，让人弄不明白它想表达什么。直到它安全降落到地面，它才让这种声音停止。降落之前它在空中盘旋了几圈，看看地面有没有危险。它可能发现了什么可疑物，忽然放慢了飞行速度，在忽上忽下的变向飞行之后，像一只箭一样蹿了出去。它为什么不敢降落呢？这个谜底将会在后面揭晓。没过一会儿，它又飞了回来。同样，在天上盘旋几周之后，可能发现已经安全了，便慢慢地降落到地面上。

它降落的时候看似随意，我原本以为它降落之后还要寻找自己的家门呢。没想到，它正好降到了自己的巢穴上面，不偏不倚，丝毫不差。它扒开前面的沙，用头一顶，就像掀开了门帘一样，拖着猎物进了洞穴。进门后的第一件事就是把门堵上，就像人们说的随手关门一样。像这样进门的场景我见过很多次，但是我一直搞不清楚它们是如何在茫茫大地上一眼就找到自己家的，并且能直接停在隐蔽的门洞旁边。

捕蝇蜂并不是每次回巢都会在巢的上空盘旋，我们看到的那一次是碰巧它发现自己的巢穴周边有危险，发出的那种尖锐的声音也是为此感到的担忧。这种声音只在它面临危险的时候才会发出。那么这种危险到底是什么呢？原来是一种小小的蝇。说来让人不可思议，捕蝇蜂是蝇的天敌，就在此刻它的足间还抓着一只大个的马蝇。那为什么它会被一只小蝇吓成这个样子呢？以至于不敢降落、不敢回巢。

到现在我也没弄明白为什么捕蝇蜂会怕它，简直就像猫会怕老鼠一样莫名其妙。这只小蝇小到都不够捕蝇蜂的幼虫吃一顿的。大自然的规则有太多我们还不懂，可能这种小蝇身上藏着一种致命武器，捕蝇蜂知道，而我们不知道。

这种小蝇在后面还会再出现。它会钻进捕蝇蜂的巢洞，并在捕蝇蜂的猎物身上产卵。等这些卵孵化出幼虫之后，这些幼虫会抢夺捕蝇蜂幼虫的食物。甚至把捕蝇蜂的幼虫吃掉。由此看来，这确实不是一般的小蝇。这样我们就能理解为什么捕蝇蜂如此惧怕它，因为它是一个无情的杀手。它将卵放入捕蝇蜂巢内的过程也挺有意思。

它的卵最后将出现在捕蝇蜂的巢中，但是它却从不进入这个巢，那它是怎样将卵放入巢中的呢？它耐心地等在捕蝇蜂的巢穴旁边，等着主人带着战俘回来。捕蝇蜂带着一只大马蝇回来了，它先是打开洞门，然后把马蝇拖进洞内，最后关闭洞门。从捕蝇蜂打开洞门到最后把马蝇全部拖进洞里所用的时间非常短。就是在这段极短的时间，几乎是一瞬间内，小蝇完成了它的工作。让我们把慢镜头回放一下：捕蝇蜂将身体钻进洞穴，此时马蝇的尸体还在门外的一边。小蝇趁这个空当儿迅速地附在了马蝇身上，此时捕蝇蜂开始把马蝇往洞中拖。在被完全拖进去之前，小蝇就完成了在它身上的产卵，并从它身上跳了下来。整个过程几乎发生在一瞬间，小蝇是那样的敏捷，它甚至有时还不满足于只产一个卵，会产下两三个。完成任务后的小蝇并没有就此休息，而是在不远处一边晒着太阳，一边等待下一次机会的来临。

基本上每个巢穴附近都埋伏着三四个这样的小蝇。它们对于洞穴的入口和通道都非常熟悉，知彼知己方能百战百胜。它们那一身装扮，再加上拦路行凶的行为，总让我联想到绑架的罪犯。不是吗？你看看它那暗红的肤色和大大的红眼睛，怎么看都像是一袭黑衣，头蒙红布的劫匪。

这些劫匪让捕蝇蜂在空中迟迟不敢降落。它知道这群强盗不怀好意，于是没有直接回家，飞向了别处，希望能引开小蝇。果然，小蝇们看到主人回来了，却又飞走了，便急急忙忙起身前去追赶。小蝇紧紧地跟住捕蝇蜂，无论它怎么加速、转向。当捕蝇蜂累得不得不休息的时候，小蝇们也跟着休息。最后它不得不以全速飞行，以摆脱后面的追赶。最后，那些小蝇都不见了，都被甩掉了。当它高高兴兴地回到巢穴边的时候傻眼了，原来小蝇早就看透了它的心思，早早就不再去追它，而是折回到洞口等着它。此时的捕蝇蜂已经筋疲力尽，彻底放弃了，任由小蝇们迅速将卵产在它的猎物身上。

捕蝇蜂做的这一切努力可以说都是为了自己的后代，因为这些小蝇不会去伤害它本人。幼虫在孵化出来两个星期后开始做茧。不过，它身上没有足够的丝。这可怎么办呢？它只得利用手边唯一的材料，那就是沙粒。

掺入沙粒的茧会更坚硬。

幼虫做茧的步骤是这样的，第一步：先清理出场地，把食物残渣等堆到墙角，然后在两面墙之间像是挂纱帐一样挂起白丝，并用这些丝织成一张网。

第二步：它要在网中央做一个像口袋一样的东西，一头封闭，一头留着小口。捕蝇蜂的幼虫钻进这个口袋，一半身子在里面，一半身子在外面继续工作。它用嘴巴仔细地挑选细沙。它的要求很严格，需要一粒一粒地选，不合适的被丢在一边。被选中的这些细沙，最后被它铺在了口袋里面的四周，铺得很均匀。

茧上面的开口是必须要合上的，它是怎么合的呢？捕蝇蜂的幼虫会先给自己织一顶丝帽，大小正好能合上口袋的口，在这上面也要镶嵌上沙粒。现在从外表上看，这个茧就完成了。至于内部，捕蝇蜂的幼虫还会进行一番装修。它要把一种浆液涂到墙上，这样，墙就不会擦伤它那柔嫩的肌肤了。完工后的幼虫开始无忧无虑地睡大觉，直至从茧中出来变成一只捕蝇蜂。

第三十四章　寄生虫

八九月间，光秃秃的山上被太阳晒得发烫。尤其是正对着太阳的斜坡，那里眼看就要被烧焦了。我们为什么要在这么热的天气跑这里来呢？因为这里有我们想要观察的对象。黄蜂和蜜蜂以这种地方为乐土，真令人费解。它们往往躲在地下的土堆里忙碌着，忙什么呢？忙着盘点自己的食物。这些食物有象鼻虫、蝗虫、蜘蛛、蝇类和毛毛虫，它们被按类分成一堆一堆的。当然了，要说食物肯定少不了蜜，它们用皮袋、土罐、棉袋或是树叶编的瓮来将蜜储藏起来。

在蜜蜂和黄蜂中间还有一种忙碌的小动物，它们在别人的家里进进出出，走走停停，一看就是不怀好意。后来的所见所闻证实了我的猜测，它们果然是别有用心。这其实是一种寄生虫，它们的家往往安置在别人的地盘上。为了安置自己，它们往往要牺牲掉别人。

这同人类世界的斗争何其相似。许多人省吃俭用攒下一点微薄的财产，本打算用在子女身上，使他们过的更幸福一点。结果，却被一些总想不劳而获的无赖、流氓抢走。这种事情无处不在，到处充满了贪婪和暴力。黄蜂和蜜蜂是勤劳、本分的普通劳动者，它们储藏下了许多的食物，自己都舍不得吃，打算全部留给了自己子女。结果却被寄生虫这些强盗们们抢走。这种事情每天、每时、每刻都在发生，只要有生命存在的地方，就有罪恶存在。无论是人还是动物，都是如此。

蜜蜂母亲将自己的幼儿装入茧中，或者封闭的小房间中，为的是它能不受打扰地好好成长，直到独立生活。可是，敌人总是无孔不入，想办

240

法打碎你的各种梦想。这些侵略者使用的手段往往也非常下三滥，有的招数你连想都想不到。比如说有这样一种寄生虫，它把自己的卵通过一根针放到另一个卵旁边。等它自己的卵孵化出来之后，会立刻把身边的卵，原本属于这里的主人的卵吃掉；还有一种昆虫，虽然个头极小，但是心狠手辣。它悄悄潜入别的昆虫家中，把原先的主人直接吃掉，不留一丝痕迹。这群强盗把自己的卵产在原本属于别人的巢中，或者咀嚼着别人辛苦采集来的食物，丝毫没有表现出一点歉意。到了来年，原本该小主人出生的时候，巢中孵化出的却是一帮混蛋。

看看这种昆虫，它的形状像蚂蚁，但是身上长了许多毛，还有一些红白相间的条纹。如果你看见它准以为它是只蚂蚁，或者是一只蚂蚁穿上了鲜艳的外衣。其实这是黄蜂的一种。为了弥补没有翅膀的缺陷，它长了一根大刺。这种丑陋的昆虫到处考察，无论是斜坡还是角落，它都不放过。它那触须在地上探测着，就像狗在寻找猎物一样。没错，它也是在寻找猎物。不对，是在寻找作案目标。它不敢跟人明斗，只会使一些阴招。它确定目标之后，便开始挖掘。往往会被它挖到一个蜂巢，没人知道它是如何探测出地下有巢穴的，它机灵得跟盗墓贼似的。它钻入巢中，迅速把卵产在主人的茧子里，然后做贼心虚地快速跑出。用不了多久，它这种无耻的行径就有了效果。偷偷放进茧内的卵会先孵化出来，然后毫不留情地将主人的卵吃掉。

还有一种虫，它满身闪耀着五彩的光芒，有金色、绿色、蓝色和紫色。这种蜂被成为金蜂，是昆虫界的蜂雀。光看它的样子，谁也不会想到它是一名臭名昭著的盗贼，或者说是穷凶极恶的凶手。但事实上，它们确实是这样的恶人。它们最擅长的便是用其他蜂类的幼虫来做食物。

金蜂并不是那种特别聪明的强盗，它不会耍什么手段。它只会看到主人回来后，偷偷地跟在后面溜进去。我就见过一只金蜂跟在捕蝇蜂后面，溜进了捕蝇蜂的巢穴。当时捕蝇蜂还拖着新鲜的食物，它是来给孩子送东西吃的。丑陋的金蜂在捕蝇蜂面前像是一个侏儒，不过它并没有被捕蝇蜂那吓人的刺和嘴巴吓住。说来也怪，那只捕蝇蜂并没有阻止金蜂在自己家里胡作非为。不知道它是不是被金蜂那臭名昭著的名声给吓住了。第二年我们再来看这个蜂巢的时候，会在巢中发现金蜂的幼虫，这些幼虫

昆虫记

躺在赤褐色的茧中。那么，原本属于这里的捕蝇蜂的幼虫去哪儿了呢？为什么消失了？很明显，从仅剩的一些破碎的皮屑来看，它们是被金蜂的幼虫吃掉了。

金蜂的外衣、袍子和丝带分别是金青色、黄色和蓝色，非常漂亮。不过，它内心的奸恶同美丽的外表形成了鲜明的对比。它们总是在一些泥匠蜂的巢外等待机会。当泥匠蜂筑好巢，封闭入口，专心等待自己宝宝长大的时候，金蜂便会想尽一切办法，无论是一条细细的裂缝，还是很小的孔，将自己的卵塞入巢中。等到来年，蜂巢中出生的将会是一群张着血口的小金蜂，而泥匠蜂的幼虫则早已进了这张血口之中。

蝇类在动物中总是扮演一些反面角色，不是小偷就是强盗。虽然它们看上去很弱小，但是它们起的破坏作用一点也不小。有一种蝇，身体非常柔软、非常脆弱，你轻轻一碰就可能把它们压死。但是它们有一个特点，那就是飞得特别快。有时候，你只看到它在你眼前一闪而过。它的翅膀震动的频率非常高，让人看上去像是没有动，仿佛是被一根透明的线提在了半空中。另外，它还非常敏感，如果你稍微动一下，它立刻就不见了。你可能以为它飞去了别处，其实没有，它一下子就会再飞回原处。它的速度就是这样快，以至于你总是感觉它是隐形的。可惜的是，它的这项本领被它用来做坏事。它在空中寻找着机会，当看见有蜂给自己未来的子女准备好食物之后，它就会箭一般地冲过去，将卵产在这些食物上。

我还了解一种小蝇，它身上是灰色的，整日蜷缩在沙地上。看似是在晒太阳，实际上是在伺机抢劫。它的目标是那些捕食归来的蜂类，这些蜂的战利品有时候是马蝇，有时候甲虫，还有可能是蝗虫。这些小灰蜂会紧紧跟在蜂群后，不让它们把自己甩了。它们的行动是在蜂类将猎物拖进洞里的那一刻完成的。它就在那一瞬间迅速地冲到猎物身上，产下卵。它们把祸端种在了还没有被完全拖进洞中的猎物身上，整个过程一气呵成。等这些卵出生后，会把猎物当做自己的食物，而主人的幼虫则活活饿死。

不过，从另一个角度去想，这些专门掠夺别人的蝇类没必要受到过多指责。一些动物靠牺牲同类来养活自己，那是非常可耻的行为。而昆虫中的寄生虫绝不掠夺同类，它们牺牲的都是其他种类昆虫的利益。比如说，泥匠蜂从来不会去窥视邻居的蜂蜜，除非邻居死了。其他昆虫也都是如此。单从这一点来说，昆虫中的寄生虫比包括人类在内的其他动物要强多了。

　　在昆虫的世界中，我们所说的寄生不过是一种"狩猎"行为，是一种生存手段而已。对它们来说，吃掉别人为自己幼虫准备的食物，甚至是把别人的幼虫当做自己幼虫的食物，并不是一种可耻的行为。和蜂类用毛毛虫或者甲虫喂养自己的子女是一样的。如果这种行径算是盗贼的话，那每一种动物都是盗贼。其中最大的便是我们人类，人类喝掉奶牛的牛奶，吃掉蜜蜂的蜜。这和小灰蝇掠夺蜂类的幼虫有何区别？人类这样做无非是想维持生命、延续后代，难道昆虫不也是这样吗？

第三十五章　蜂螨

在本托拉斯乡下，有一座围绕着沙土地的高堤。黄蜂和蜜蜂非常喜欢到高堤附近活动。这是为什么呢？我想有两个原因：一是这一带阳光充足；二是这一带容易开凿，适合黄蜂和蜜蜂来此筑巢。

五月份的时候，阳光温暖，天气适宜。高堤一带的蜜蜂主要有两种，都是泥水匠蜂。它们在地下建造起一个个的小屋。其中的一种蜜蜂，在自家门口建造了一个防御用的土筒，并自认为固若金汤。这个筒呈弧形，长和宽都跟人的一个手指头相仿，筒里面留有空气。有时候会有许多这种筒摆在一起，隔得很近。外来的蜜蜂看到这一个个奇怪的建筑之后，都会感到奇怪。

至于另外一种蜂，我们都很熟悉，也是我们经常见的，它的名字叫掘地蜂。掘地蜂没有在门口立起手指形的筒，而是将门口直接暴露在外。它的工作范围比较广，无论是斑驳旧墙的石缝间，还是废弃的房舍、显露的沙石，它都会在上面展开工作。它们最理想工作环境是附近的一条公路。这条路的路面要高于两边的大地，一直向南延伸下去。我经常在这条公路上见到成群结对飞来的掘地蜂。

它们的蜂巢藏在墙后面。这面墙有几码宽，墙上穿着许多小孔，看上去像是一块海绵。这些小孔非常整齐，像是用锥子戳出来的。每一个孔穴都有约四五寸深，底端都连着曲折的走廊，走廊通向蜂巢。要想观察掘地蜂的工作情况，得等到五月下旬再来。不过，千万要注意远距离观察，保持相当远的距离才能保证安全。到时候我们会发现，无论是在筑巢，还是在食物方面，掘地蜂都非常的团结，并且有毅力。

我在八月和九月的时候来这里最多，因为那时正值暑假时间。假期总能给人带来快乐的心情和充裕的时间。这个季节里，掘地蜂巢寰附近非常宁静，因为它们的工作都已经收工了。我发现了一些蜘蛛拥挤在大地的缝隙里，蜜蜂的走廊变得如同废墟一般。以前到处是熙熙攘攘的掘地蜂，非常热闹，可是现在变得有些悲凉。为什么蜂巢会被会毁掉呢？这个无人知晓。在地表下面数寸深的地方，有一个土室，里面封闭着成千上万的幼虫。它们静静地待在这里，等候春天的来临。这些幼虫非常柔弱，也没有保护自己的能力。同时，它们又是那样的肥胖，那样的有吸引力。这就不可避免地引来寄生虫，或者是一些饥肠辘辘正在觅食的昆虫。这里的情况值得关注一下。

我发现了两件有意思的事情。首先是一些苍蝇，它们身上的颜色半黑半白，非常丑陋。这些苍蝇无所事事，在各个洞穴间飞来飞去。这些举止表明：苍蝇要产卵，它们正在寻找合适的地方；第二件事就是，在这个地方的一些蜘蛛网上挂着许多蜂螨的尸体。蜂螨是蜜蜂的一种寄生虫。这些被挂到蜘蛛网上的蜂螨有雌有雄，甚至有的还没死。毫无疑问，它们一定是想要深入到蜂巢里面，并且在蜂巢中产下自己的卵。

在小心地掘开堤的表面之后，有更多有意思的事情展现在我们面前。我们会看到，有一层小房间在顶部。这层小房间的样子非常奇特，同底下的蜂巢相比，完全不一样。为什么这样呢？原因是这两种房间分别是两种蜂建造的，一种就是前面提过的掘地蜂，而另一种则被称为竹蜂。

这里面最先建的是掘地蜂。它们懂得一个安定的住所的重要性，必须选择完美的、无懈可击的地方来建巢。这种完美主义的想法经常使它们放弃正在挖掘中的隧道，从头开始挖另外一个。它们丝毫不为放弃劳动成果感到惋惜。此时，竹蜂就会趁虚而入，占领那些挖到一半就被放弃的隧道。然后用泥做一面简陋的土墙，将过道分割成大小不一的房间。这些房间看上去没有半点美感，但这是竹蜂能拿出的唯一的改建方案。由此可见，竹蜂不但投机取巧，还头脑简单。

相比竹蜂，掘地蜂算得上是大艺术家了。它的巢不但非常整洁，还在装饰上面花了很大的工夫，简直就是在进行一项艺术创作。它们在利用土壤方面也非常厉害，能用土壤建造出让敌人束手无策的巢窠。不过，这个安逸的巢穴也使得掘地蜂的幼虫不会做茧。它们也不需要做茧，那些小房间被修建的光滑、温暖，一点儿都不比茧差。它们只需要赤裸裸地躺在里面就行了。

相比之下，竹蜂的幼虫则不同，需要包在厚厚的茧中。这是因为竹蜂的巢窠建的非常草率，防御的壁垒也只是一面非常薄的墙。为了幼虫不会受到伤害，只得将其包入坚固的茧中。这种伤害既有可能是来自巢内单薄的墙壁，也有可能是来自仇敌尖锐的爪牙。离开茧的话，这些幼虫很可能会早早夭折，死在褪褓中。

居住在一起的两种蜜蜂，我们会很容易地分辨出它们的蜂巢。其中一个重要的特征就是，在掘地蜂的蜂巢中发现的幼虫是"一丝不挂"的，而在竹蜂的巢中发现的幼虫都是包裹在厚厚的茧中。

这两种蜂都有寄生者，但是各不相同。竹蜂的寄生者是一种蝇，身上是黑白相间的颜色，在蜂巢隧道口上会经常发现它们。它们随便闯进竹蜂的蜂巢，并在里面产下自己的卵。掘地蜂的寄生虫叫蜂螨，是一种甲虫，它们的尸体在堤面上随处可见。

我把竹蜂的小房间拿开，这样就可以仔细地观察掘地蜂的家了。在掘地蜂巢中的小房间里面，有的住满了掘地蜂的幼虫，还有的住着一些发育中的寄生虫。这些寄生虫大都藏在一个圆形的壳中，这种壳上面有呼吸孔，还分成好几节。这些壳呈透明的琥珀色，非常薄，非常脆，一碰即碎。透过壳我们可以看到里面有一只小蜂螨在里面挣扎，看样子它迫切地希望摆脱束缚，来到世间。

那么，这些寄生虫是怎么跑到掘地蜂的蜂巢中的呢？那层很奇怪的壳是什么东西，是甲虫的外壳吗？

从地理结构上来看，掘地蜂的巢无懈可击，没有留给敌人任何的机会。即使使用放大镜去观察也看不出有什么被损毁的痕迹。最后，我花费了三年时间，经过周密、细致的观察，最终找到了问题的答案。下面我来我讲一下我的研究成果，相信它能够给昆虫的生活史上增添最奇怪、有趣的一页。

蜂螨的寿命非常短暂，等它发育完全之后，就只剩下一两天的寿命。

如此短暂的寿命，除了繁殖子孙以外，其余什么事情也没时间干。我们经常会在掘地蜂的门口见到死去的蜂螨，说明刚走出洞口，它们的生命便到期了。

像其他动物一样，蜂螨也有完整的消化器官。可是它们究竟吃不吃东西呢？我对此很怀疑。产下小宝宝，是雌性蜂螨最重要的，也是唯一的愿望。等它完成这项工作后，它的寿命便到了期限，可以无怨无悔地离开这个世界了。那么，雄性蜂螨呢？它们在土穴中待上一两天之后，也寿终正寝。这样的话，我们就明白了为什么蜂巢边的蜘蛛网上挂着如此多的尸体，原来都是来自这里。

关于蜂螨产卵，人们肯定会认为它会跑遍所有的房间，每个房间都产下自己的一颗卵。可是，我观察到的事实并不是这样的。我将蜂巢的隧道仔细搜查了一遍，结果发现，蜂螨把卵全部产在了蜂巢门口里面一两寸的地方，堆成一堆。这些粘在一起的卵呈白色，体积很小。它们的数量我估计有两千多个，这个估计不算是高估。

它们如此产卵与人们心中想的不一样。它们的卵不是产在蜂巢中，只是在蜂巢门口内侧堆成一小堆。还有，它们的母亲没有给它们准备任何保护措施。无论是抵御寒冷的外衣，还是把它们扔在危险的门口却不关门，任凭它们受到各种危险敌人的侵袭、骚扰、攻击。可以说，蜂螨在产下宝宝之后接着便抛弃了它们，让它们独自面对世间的险恶。在冬天来临之前，这条隧道随时会有蜘蛛或者其他凶猛的敌人前来入侵。到那时，这些蜂螨的卵便成了侵略者口中的美餐。

我捡出一些卵放在一个盒子里面，这样便可以看得更清楚了。到了九月，它们还没有孵化出来。我猜测，等它们孵化出来之后，会立刻跑着去找掘地蜂的小房间并钻进去。事实证明我错了。刚孵化出的蜂螨幼虫非常弱小，尽管大腿强壮有力，但是一点儿作用都不起。它们没有四散跑去，而是熙熙攘攘地混在一起，其中还掺杂着刚从身上脱下的卵壳。我把一块带有蜂巢的土块放到了它们面前，想看一下它们会有什么反应。它们像没看见一样，没有作出丝毫反应，也没有采取任何行动。我又将它们中的几个挪到另一边，它们自己立刻跑了回去，继续厮混在自己的兄弟姐妹中。

我很想知道，在野外状态下的蜂螨是不是也是同样如此。于是，在冬

昆虫记

天的时候，我来到卡本托拉斯的野外去观察掘地蜂的居室。我想知道，它们在野外是不是也是像在小盒子里一样，不分散地混杂在一块生活。最终我发现了野外状态下的蜂螨幼虫，它们确实也同样是堆积在一块生活。

到现在为止，我还没搞清楚一个问题。那就是，蜂螨究竟是如何进到掘地蜂的小房间里面来的呢？它们又如何进入到另一个壳中的呢？

但是从蜂螨幼虫的外表上看，我们就知道，它的生活习性一定很特别，也一定会很有意思。

经过观察得知，想让蜂螨的幼虫在平滑的地方移动一下是很难的。这是它居住的环境锻炼出来的一种技能。在野外，蜂螨幼虫居住的环境会让它有随时跌落的危险。怎样才能避免这种事情的发生呢？蜂螨的幼虫身上有十八般武器来帮助它解决这个问题。它们那对强大有力的大腮，弯曲而且尖利；大腿强壮，肢体灵活；身上还有许多硬毛，就像尖针一般；爪子锋利而且坚硬，抓到地上，就像犁头插进了土里。除此之外，它还会吐一种黏液。光是这种黏液就足以将它牢牢地黏在一处，不至于跌落。由此可见，它的自我保护能力是非常强的。

关于这些幼小的幼虫为什么会选择在洞口居住这个问题，我绞尽脑汁，苦思冥想，结果还是没有答案。最后，我想等天气转暖一些，可能就会有答案了。于是，我急切地盼望着冬天快点过去。

四月底的时候，被我囚禁在牢笼中的蜂螨幼虫有了变化。之前它们总是躺着不动，躲在卵壳里面睡觉。而现在，它们忽然开始活动了。它们在盒子里爬来爬去，显得特别有精神。那匆匆忙忙的动作和神情，都表明它们在找一件东西，且是一种非常重要的东西。不出意外的话，它们应该是在找食物。这也难怪，它们是去年的九月底孵化出来的，而现在是四月底，它们已经有整整七个月没吃任何东西了。此前的七个月就像是被判了七个月的徒刑，一直保持一种姿势，什么事也不做。等到七个月后，它们就被放出来了，变得非常活泼。

看到它们活蹦乱跳的，我知道一定是有一种动力在支配着它们。这种动力不是被释放后的好心情，而是饥饿。也只有饥饿才能让它如此忙碌、如此焦急。

这些匆忙的食客寻找的肯定是蜂巢中的蜜汁，为什么这么说呢？很明显，我们最后是在蜂巢的小房间中发现的它们。那时，他们同蜜蜂的幼虫一样，也是住在小房间中。这就说明，蜂巢中储藏的食物，不仅是供蜜蜂的幼虫享用，同样也供蜂螨的幼虫享用。

我把一些里面藏着蜜蜂幼虫的蜂巢提供给它们；我甚至把蜜蜂的幼虫从蜂巢中拿出来，把蜂螨的幼虫塞进去。我使出各种办法，想让它们能够成为我想象中的那样，就是钻进蜂巢享用蜂蜜。但是，我的努力没有收到任何回报，它们还是不顺从。我决定采用另一种方法，那就是用蜂蜜诱惑它。这需要一个带有蜂蜜的蜂巢，整个五月中我的大部分时间都在找蜂巢。

最后，终于找到了合适的蜂巢。我把蜂巢中的蜜蜂幼虫都拿出来，再把蜂螨的幼虫放进去。蜂巢的小房间中有许多蜂蜜，我本以为它们会痛饮一番，没想到结局让我心灰意冷。我觉得这是我做过的，最失败的一次实验。这些幼虫不但没有去吃那些蜂蜜，反而好多幼虫被蜂蜜黏住，最后活活闷死了。这和我心中预测的简直相差十万八千里。

我非常失望，我甚至想问它们一下："你们到底想要什么，我把蜂巢送到你们面前，还有幼虫，还有蜜汁，这些难道还不够吗？你们这群丑陋的小东西！"

不过，它们终究没有瞒过我，我还是知道了它们的秘密。原来它们什么都不需要做，它们并不是自己钻进蜂巢中去的，而是掘地蜂亲自把它们带进去的。

上面说过，四月的时候，原本住在洞口的蜂螨的幼虫开始活动。最初几天，它们只是蠢蠢欲动，呆头呆脑。再过几天，它们便会离开洞口那个地方。它们会去哪儿呢？它们会紧紧地攀附在蜜蜂的身上，被带上了蓝天，带到了野外，甚至带到更远的地方。

蜂螨的幼虫会抓住一切机会爬到蜜蜂身上去。不管蜜蜂是要出门，还是刚从外面回来，只要它在洞口停留，就给了蜂螨的幼虫机会。它们爬到蜜蜂的绒毛里，并紧紧抓牢。它们从不担心蜜蜂会飞多远，多高，因为它们对自己有绝对的信心，一点儿都不担心会跌落下去。它们如此疯狂冒险，只有一个目地，那就是让蜜蜂把它们带到巢里去，去享用储藏丰富的蜂蜜。

昆虫记

第一个发现蜂螨幼虫爬上蜜蜂身体的人肯定会认为，这是一种喜欢冒险的昆虫。它们可能是想在蜜蜂身上寻找吃的东西。但是，这种想法是错误的。蜂螨的幼虫在蜜蜂身上的时候，是头朝下，尾端朝上，身体与蜜蜂的身体垂直。它们喜欢待在蜜蜂的肩头一带，选择好地点之后，就不会再作出改变。如果它真的是想从蜜蜂身上找东西吃的话，它不应该待在一个地方不动，应该到处跑动才对。显然，找食物的说法是错误的。它们选择攀附的部位都是蜜蜂身上最硬的部位，有时候是靠近翅膀下面的部位，甚至是头部。只要它们选好了部位，便死死地攀住一根毛，雷打不动。由此我推测，事情的真相只有一个，那就是小甲虫爬到蜜蜂身上的目地是为了让蜜蜂把它带回蜂巢。

飞行中并非一帆风顺，这位未来的寄生虫此时要经历一番考验。蜜蜂有时候会急速前进，有时候会穿越花草，有时会用足部清理身体各部位，在往蜂巢中飞的时候还会与墙壁发生摩擦。无论如何，小甲虫必须要牢牢抓紧，这样才能达到目的。

不久之前我还在纳闷儿，是什么东西让小甲虫牢牢地攀附在了蜜蜂的身上，原来是蜜蜂身上的绒毛。而夹住绒毛的工具就是小甲虫身上的那两个大钉。至此我们才明白它们的真正用途。这两个大钉非常精密，合拢起来可以稳稳地夹住绒毛，感觉比人类的钳子还要好用。

还有，那些从口中分泌出的黏液此刻也能发挥作用。它能帮助小甲虫紧紧地黏附在蜜蜂身上；同样，幼虫身上的硬毛和尖刺此刻也派上了用场。它们深深地扎入蜜蜂的软毛中，把身体牢牢地固定在蜜蜂身上。

这么多的"利器"平时似乎一无所用，但是当它们的主人要飞上蓝天的时候，它们就变成了高端设备，来发挥自己的作用。一想到这一点，就不禁对小甲虫感到佩服。

为了观察一下蜂螨的幼虫是如何进到蜜蜂的巢中，我在五月二十一日这天来到了卡本托拉斯的野外。

这是一项非常难的工作，需要全身心地投入。我在野外发现了一群蜜蜂，它们不知道是高兴，还是受了什么刺激，在天空中群蜂乱舞。我不解地看着它们，就在这时，乱哄哄的蜂群中响起了一种喧哗的声音。只见一群掘地蜂像闪电一般飞了出去，到处寻找食物。与此同时，另外一群蜜蜂正满载而归。有的带回的是采好的蜂蜜，有的带回的是建巢用的泥土。

此时，我对这种昆虫的习性已经有了一定的了解。在我的认识中，无论是谁，无论是有意还是无意，只要你闯入了它们的蜂群或者碰到了它们的房子，那么后果一定是悲惨的。一定会被成千上万个锥子乱刺身亡。上次在观察大黄蜂的时候就是因为离得太近，而被冲出的大黄蜂恐吓了一下，那种恐惧的感觉至今难忘。

想要得到自己需要的东西，总得付出点代价。我现在想了解蜂螨，就必须要冲进这个可怕的蜂群。甚至还需要在蜂群里面站上几个小时，一整天也说不定。我必须目不转睛地盯着它们工作，不让一切逃过我的眼睛。于是，我就一动不动地拿着放大镜站在蜂巢前。为了观察得更仔细，我的眼睛和手不能受任何妨碍。这样的话，面套、手套等保护用品都不能用。为了看到自己想看的东西，为了解答关于蜂螨的谜团，即使是脸被蜇得认不出来了也值得。这就是所谓的代价。

那一天，我痛下决心解决这个长期困扰我的问题，无论付出多大代价。

我用网子捕捉了几只掘地蜂，没想到这几只蜂身上都攀附着蜂螨的幼虫。我感到很满意，因为这正是我想要的。

闯入蜂群之前我先把衣服扣紧，免得受到不必要的攻击。我先用锄头去锄了几下，并从上面取下一块泥块。在做这些的时候，我的心里忐忑不安。但是出人意料的是，并没有蜜蜂来攻击和伤害我。

第二次挖掘用的时间比第一次要长得多，但同样没有受到什么攻击。没有蜜蜂对我亮出它那吓人的尖针。担心的事情并没有发生，从那以后我便无所顾忌，开始大干特干。我揭开蜂巢前面的土块，将里面的蜂蜜拿出，并赶走了上面的蜜蜂。在整个过程中，掘地蜂心情一直很平静，没有发生什么让我担心的事情。它们对我的行为不理不顾，置若罔然。这是为什么呢？其实掘地蜂是一种很老实的动物。每当它们的蜂巢内部遇到骚乱时，它们便会乖乖地离开，转移到他处。它们的尖针不轻易使用，哪怕是在自己受伤的情况下。只有当它们被人捉住的时候，迫不得已，才使用尖针。

虽然它很缺乏勇气，但我不得不谢谢它。在没有任何保护措施的情况下，我竟然能安全地在一群蜜蜂中待上好几个小时。有时是静静地坐在一块石头上观察，有时随意地翻动它们，竟然没有被袭击过一次，甚至连一个警告也没收到。路过的乡下人看到这种情形后都问我，是不是对这些蜜蜂施了什么魔法。

我用这种方法观察了大量的蜂巢。这些蜂巢各不相同，有敞开着的，里面还有一点蜜汁；还有的用土掩盖在地下。蜂巢里面的发现的东西也是五花八门。有的里面有蜜蜂的幼虫；有的里面有一些其他动物的幼虫，这种幼虫比蜜蜂的幼虫略显肥大；还有的时候，会在蜜汁的表面上发现漂浮着的卵。这种卵的颜色是非常美丽的白色，呈圆柱状，稍显弯曲，非常短，这就是掘地蜂的卵。

这种漂浮在蜜汁上的卵，我只在少数几个小房间中见过。在其他房间中，见到更多的是蜂螨的幼虫。这些幼虫踩在蜜蜂的卵上，就像踩在木筏上一样。这时的它们和刚孵化出来的时候一模一样，无论是形状还是大小。蜂巢中已经潜伏进了敌人，它们正在享用本该属于主人幼虫的蜂蜜。但这一切主人还一无所知。

它是在什么时候潜入的呢？又是通过怎样的手段？这些小房间都密封的很严，我仔细地观察了好久也没找到一条能进去的缝隙。我推测在这些储藏着蜂蜜和盛着蜂卵的小房间还没有被封闭之前，它就已经进去了。同时，我发现那些没有封闭的小房间里面虽然有蜂蜜，但是既没有发现上面漂浮着蜂卵，也没发现有蜂螨的幼虫在里面。这更加断定了我的推测，那就是这些幼虫一定是在蜜蜂产卵或者小房间关门的时候进入的，我认为是前者。也就是说，幼虫是在蜜蜂将卵产在蜂蜜上的那一刻，从蜜蜂身上跳下，留在了小房间里。

我从蜂巢中取下几个小房间，这些小房间里面装满了蜂蜜，上面还漂浮着一个蜜蜂的卵；然后取来几只蜂螨的幼虫，我将这几个小房间和这几只幼虫放到一个玻璃罩中进行观察。结果显示，幼虫不会主动爬到蜂巢上面去，更不可能钻进小房间中把蜂卵当木筏踩在脚下。因为对于幼虫来说，蜂蜜实在是太危险了，可以让它们溺亡。即使有几只大胆的幼虫来到蜂蜜边上，当它们稍微碰到这些黏黏的液体之后，也会拼命地挣脱着跑掉。总会有一些冒失鬼，一不小心跌落到小房间的蜂蜜中，结果就被活活闷死了。由此可见，蜂螨的幼虫是十分惧怕蜂蜜的。当蜜蜂待在小房间中产卵的时候，它们会格外小心，死死地抓住蜜蜂的绒毛。哪怕是稍微接触到蜂巢中的蜂蜜，也会让幼虫窒息身亡。

有一点是非常清楚地，那就是蜂螨的幼虫是在蜂巢中被发现的，还是踩在蜂卵的身上。这个小小的卵不仅是幼虫的木筏，保证它安全地漂浮在蜂蜜上，还将成为幼虫的第一顿美味大餐。

要想顺利地登上这只木筏，并且日后享受这顿大餐，蜂螨的幼虫肯定不能接触到蜂蜜。不然的话，自己就一命呜呼了。但是，它必须要留在这个对它来说既充满诱惑，又充满危险的蜂巢中。它会采用什么方法呢？它只有一个方法可选，那就是在蜜蜂产下卵的那一刹那，它又准又稳地跳到那个卵上面去。这样一来，便大功告成。从此，幼虫和卵相依为伴，漂浮在蜂蜜中。这只卵的大小只能乘载一名乘客，如果是两个的话，那就要沉船了。因此，我们在一个小房间中只会发现一只蜂螨的幼虫。

在人们眼中，蜂螨幼虫能做出这样敏捷的动作仿佛有点不可思议。但是，你若是真正深入地研究昆虫的话，你就会发现，这样不可思议的事情还有很多。

对于蜜蜂来说，它怎么也想不到自己将敌人同自己的卵放到了同一间小房子中，还替它锁上了门。蜜蜂还以为自己的工作干得很完美，便到刚才那个小房间隔壁的房间去产卵。就这样，随着蜜蜂不停地产卵，蜂螨的幼虫相继在蜜蜂的巢中安顿下来。

让我们把视线从这个可怜的母亲头上移开吧。移到那些靠着自己的狡猾，最终达到目标的蜂螨幼虫身上。下面我就会在这些幼虫身上做一个有趣的实验，然后看看它的反应。

这个实验的内容是，将一间装有蜂螨幼虫的小房子的盖突然揭开，然后看看里面的幼虫会作出什么反应，会发生什么趣事。

当我们打开密封之后，起初蜂螨幼虫还很老实，我们看到里面的卵也保存完好。没想到的是，只过了一会儿幼虫便开始了对卵的破坏行动。它跑到白色的卵旁边，用自己的六只脚稳稳地站住。它身上那长有尖钩的大腮此时将派上用场，它用这个尖钩扯住卵身上那层薄薄的皮使劲拉扯。吃奶的劲都使出来了，直到把卵的这层皮扯破才肯住手。此时的卵，从身上流出一股东西。幼虫见了非常兴奋，立即贪婪地将其吸光。这是蜂螨幼虫生平的第一场战斗，也是它身上的尖钩第一次派上用场。

由于小房间中只有两位房客，而蜂螨幼虫又是绝对的强者，在将蜜蜂的卵吃掉之后，它便可以在这间房中毫无顾忌地为所欲为了。蜂螨为什么要杀死卵呢？因为卵在孵化的过程中也会进食蜂蜜，这些蜂蜜现在是供着两个吃客，卵多吃一口，就意味着蜂螨幼虫日后要少吃一口。面对着"僧多粥少"的局面，越快杀死卵，对于蜂螨幼虫来说就越合算。

除此之外，蜂螨幼虫杀死卵还有另外一个原因。这个原因也非常重要，那就是蜂卵身上有一种特殊的味道。这种味道能勾起蜂螨幼虫强烈的食欲，使它情不自禁地就想把蜂卵吃掉。它同时还是一个非常残忍的家伙，它不会将蜂卵一下子杀死，而是将其慢慢折磨好多天。在它刚刚撕裂卵的外层的时候，它会将留出的浆液全部吸光。在接下来的几天，它每天都会将卵身上的那个裂口撕得再大一点，再将流出来的东西吃掉。就这样，一直持续数天。

虽然蜜汁也十分甜美，但是此时的蜂螨幼虫对它熟视无睹，它正在专心地享受卵身上流出的流质。这说明了蜂卵对于它来说非常重要，有着特殊的意义。看来，这枚小小的蜂卵不仅是保证幼虫安全的小木筏，还是幼虫茁壮成长必不可少的营养品。

这个可怜的蜂卵被蜂螨幼虫折磨一周之后才死去。那时的它已经被吸干了，只剩下一个空空的干壳。随着这个生命的消失，蜂螨幼虫也结束了生命中的第一顿大餐。此时的它身体强壮，体型已经有原先的两倍大。同时它的外形也发生了变化，它的背部裂开一条缝，它从这条缝中钻出来之后变成了一只甲虫。那张空壳依然停留在"小木筏"上，而小幼虫则落到了蜂蜜中。用不了多长时间，蜜汁便将它们全部淹没。

到此为止，蜂螨幼虫的历史圆满终结。

第三十六章　条纹蜘蛛

很多人都不喜欢冬季。有人认为在冬季里很难看到虫子，因为它们大都躲在洞里冬眠。也并不完全是这样，有些虫子是可以在冬季观察的。有时候，人们在阳光照耀的沙地里，在树林里，或者在石头底下会发现一件有趣的艺术品，那就是条纹蜘蛛的巢。我就曾经在一个寒冷的冬天里发现了这样的艺术品。当时非常激动，糟糕天气导致的坏心情也被一扫而光。如果别人去搜索的话，我希望他们有所收获，也能找到这件艺术品。相信他们一定会被眼前的景象震撼。

条纹蜘蛛是我见过的最完美的一种蜘蛛，无论是从外表还是从举止来看。之所以称它为条纹蜘蛛，是因为它的身体上有黄、黑、银三种颜色的条纹。它们的身体微微发胖，四周环绕着八条腿。

条纹蜘蛛专门把网结在猎物活跃的地方。比如说有蜻蜓和蝴蝶飞过的地方，有苍蝇盘旋的地方，有蚱蜢跳过的地方等。有时候为了捕捉水面上丰盛的小虫，它还会结一张跨越小溪的网。条纹蜘蛛的结网能力非常强，只要是有落脚点，它就能结网。

这张网是它狩猎的武器，四周被固定在不同方向的树枝上。从外表上来看，这张网与其他蜘蛛的网没什么不同。都是从中央向四周放射，然后外面有一圈圈的螺线。整张网非常大，而且整齐对称，非常有美感。

结完网之后，它还会留下自己的签名。这个签名就是在网的下半部分的一条带子，这条又宽又粗的带子一曲一折地延伸到网的边缘。这是它给自己作品做的一个标记，同时还能对网起到加固作用。

昆虫记

蜘蛛的网必须要牢固，不然的话，一些身体较重或者力量大的昆虫会把网挣破。蜘蛛这种动物不会去主动猎食，而是等着猎物自己送上门来。所以它只有想办法把网织得更结实一点儿，才能捉到更多的食物。平时它都是在网上摆好架势，等待猎物自投罗网。它卧在网中央，八条腿朝各个方向伸展开，这样，每个方向的动静都能被它感受到。会有什么猎物飞来谁也不知道，蜘蛛做好了一切准备，剩下的就是耐心地等待。有时候飞来的是那种微小的小虫，有时候是那种强壮的甲虫，总之是来者不拒，大小通吃。有时候会接连几天一无所获，那这几天就要饿肚子；也有时候猎物多得好几天才能吃完。

蝗虫的腿部肌肉非常发达，它经常误撞到蜘蛛网上。这个时候就是考验蜘蛛网是否结实的时候了。如果蜘蛛网没有被撞破，蝗虫便会用它那有力的大腿使劲一蹬。单看蝗虫和蜘蛛的个头对比，你可能觉得蝗虫把蜘蛛的网蹬烂易如反掌，可事实却不是这样。如果蝗虫在蜘蛛网上蹬了一脚之后并没有逃脱的话，那它就永远逃脱不掉了，就会成为蜘蛛的一顿美餐。

条纹蜘蛛并不急于将蝗虫吃掉，而是将其裹起来。蜘蛛调动全身的丝囊同时往外吐丝，最后将这些丝用后腿捆起来，捆成一根丝带。这些丝带像是裹尸布一样，被蜘蛛用后腿缠在了蝗虫身上，最终将蝗虫全部裹住。

传说中古代的角斗士也是用这种方法同猛兽搏斗。它们搏斗的时候会在左肩上准备一张网，当猛兽扑过来的时候，就用右手将网撒开把猛兽网住。被网住的猛兽跟被网住的鱼一样，只能等死。剩下的事情就好办了，角斗士上前几剑就将其杀死。

蜘蛛的这种方法很有效。它还有一个绝技，那就是当第一副网不够用的时候，它会接着制作出第二副、第三副、第四副等，一直到丝尽为止。相比，人类只有一副网，撒出去如果没有网住猛兽的话那就危险了。即使有第二副，也没时间扔。猛兽不等你扔，就会扑上来。

等到被裹得严严实实的蝗虫不再挣扎、坐以待毙的时候，蜘蛛才上前准备进餐。从它走路的姿势可以看得出，它很得意。除了丝以外，它的另一件武器就是毒牙，这些毒牙甚至比角斗士的剑还要厉害。蜘蛛用毒牙将蝗虫一口口地吃掉，然后回到网中央，等待下一个猎物。

蜘蛛母亲非常伟大，相对于捕猎时的表现来说，它们在母性方面的一些流露更让人叹为观止。它用丝织成一个袋子当做巢，它的卵也在这个巢中。相对于鸟类的巢来说，它的巢要复杂得多。这个巢大小跟鸽子的蛋差不多，底部宽，顶部尖，像是倒置的气球。

巢的顶部是凹进去的，像是一个碗一样。除了顶端以外，整个巢都被一层白缎子包裹着。这些白缎子又厚又软，还有一些黑色和褐色的花纹点缀在上面。根据以往的经验，我可以猜到这层外表是防水用的，可以保护巢不受雨水、露水浸透。

我们取来一个这样的巢，然后用剪子将其剪开观察，发现在白色缎子地下还有一层红色的丝。这些丝非常柔软，堪比天鹅绒。它们并不是纤维状，而是蓬蓬松松一把。这是一种保暖材料，是用来避免巢内的卵受冻而准备的。未来的小蜘蛛躲在其中，就像睡在了安乐窝里，它们完全不用去顾及外面恶劣的天气。

巢中央还有一个袋子，外形看上去像锤子，顶部有一个柔软的盖。这个袋子的材料跟巢外面贴的一样，也是柔软的缎子。蜘蛛的卵便藏在这个小袋子中。蜘蛛的卵极小，呈黄色颗粒状。它们常常聚集到一块儿，形成一个圆球，大小跟豌豆差不多。这些卵被母蜘蛛看做是掌上明珠，千方百计保护它们不受寒潮影响。

下面就让我们看一下蜘蛛是如何织这个袋子的。它一边吐丝，一边慢慢地绕着圈子。这样，吐出的丝就一圈圈地叠加上去，直到形成一个袋子。这个袋子是用几根丝吊在巢中的，除此之外，跟巢之间没有任何接触。袋子在装下全部的蜘蛛的卵后，一点儿空隙都不剩。这一点蜘蛛妈妈掌握得非常精确。

蜘蛛的丝囊里看上去有吐不尽的丝，让人怀疑蜘蛛的肚子里面是不是开了一个纱厂。这个纱厂露在体外的部分只有丝囊和后腿，但是它们可以随心所欲地搓绳、纺线、织布，或者是织丝带。还会根据需要吐出不同颜色的丝。这一切它们都是怎么做到的呢？里面有什么奥妙吗？

产完卵、建完巢之后，蜘蛛便离家出走了，没有半点眷恋。它从此以后再也不会回来了。它这是狠心吗？当然不是，这个巢和里面的卵已经不需要它操心了。阳光自会将这些卵孵化。有句话叫"春蚕到死丝方尽"，蜘蛛便是如此。蜘蛛在织巢的时候，吐尽了体内所有的丝，现在它连一张网也结不出了。没有网就无法捕食，只能等死。疲惫、衰弱的它已经走到了生命的尽头，离家出走几天后，它就安详地死去了。不仅是我在实验室养的蜘蛛如此，大自然中的蜘蛛也是如此。

下面让我们关注一下被母亲留在巢中的卵。我数了一下，巢中的卵一共有五颗。这些黄色的卵到时候怎样从巢中走出去呢？此时母亲早已不在身旁，它们会采取什么措施突破巢外面的那层结实的白缎子呢？

如果把蜘蛛的巢看做是植物的果实的话，那里面的卵就是种子。这样说来，植物和动物之间是有相似之处的。相对于卵来说，种子是不会动的。但是它们一样可以散播到远处，生根发芽。植物传播种子的方法五花八门：蒲公英的种子长着羽毛，会随着风飘向很远的地方；凤仙花的果实成熟后，只要轻轻地触动，就会自动裂开将种子弹出；榆树的种子被包裹在薄薄的扇形的榆叶里，随着风飘落各地；槭树的种子搭配起来像翅膀，飞落各地；桲树的种子是船桨的形状，风一起，它们便被吹散到海角天涯。它们都随遇而安，落地发芽，展开新一轮的生命。

有的动物也是借助大自然力量传播后代，它们的方法同样千奇百怪。条纹蜘蛛便是这类动物中的一种。

蜘蛛卵大约在三月间开始孵化。到时候，一些刚孵化出的小蜘蛛会爬出那个巢中央的吊袋。还有的没有孵化出来。我悄悄地将蜘蛛的巢用剪刀剪开，观察着这些刚出生的小蜘蛛。它们腹部是棕色的，背上是淡黄色，看上去乳臭未干，不知道什么时候才能穿上它母亲的那种鲜艳的衣服。这些小蜘蛛在巢中一直要待到成年，这大约需要四个月的时间，到时候它们的身体将变得非常强壮。

到了六七月的时候，巢里的蜘蛛已经忍不住要冲出来了。但是这些巢坚固无比，任凭它们撕扯也不见变样。正在我为它们感到焦急的时候，奇迹发生了。这个巢像是在太阳底下暴晒的豆子，突然炸开了。里面的蜘蛛纷纷出巢，逃到附近的树上。它们一边走，一边吐丝。有时候风会将这些丝吹起，而蜘蛛则像一只风筝一样，被自己吐出的"风筝线"牵引到别处。

第三十七章　蟹蛛

　　我们在上面讲过条纹蜘蛛。这种蜘蛛起初的时候为了给自己的子女营造一个温暖的环境，每天都在辛勤地工作，废寝忘食。可是到了后来它们却离开了这个家，看上去有些不负责任。这是为什么呢？首先是它们的职责已经完成，小蜘蛛可以靠着阳光自己孵化出来；其次便是自然给它的生命太短暂了，第一轮寒流过后，它就会死去。它等不到自己的宝宝出生，它的卵在来年才能孵化出来。这种母子不能见面的宿命也导致了它后期对这个家热情大减。如果这些卵是在母蛛死之前就能孵化出来的话，我相信这位母亲一定会非常疼爱自己的子女，非常热爱自己的家庭。不会亚于其他任何动物。

　　这些都是我的推测。不过，我知道有一种蜘蛛，它能证明我的推测。这种蜘蛛像螃蟹一样横着走路，所以被人们称为"蟹蛛"。蟹蛛不会织网，它捕食的方式是偷袭。它常常会埋伏在花的后面，在猎物经过时突然杀出，在敌人的颈部轻轻一刺，猎物便应声而倒。据我观察，蜜蜂是蟹蛛最喜欢捕捉的猎物。

　　蟹蛛经常偷袭工作中的蜜蜂，因为蜜蜂在工作的时候专心致志，放松警惕。只见蜜蜂在花蕊中跳来跳去，不时会用舌尖尝一下花蜜。它还不知道，自己早已被一双眼睛盯住，危险即将来临。蜜蜂的背后，蟹蛛在悄悄地靠近。等到距离差不多的时候，蟹蛛便会一跃而起，在蜜蜂的背上刺一下。蜜蜂像是被点了穴一样，身体僵硬，然后倒地。

　　看似随意地一刺，其实刺中了蜜蜂的要害，那就是颈部的神经中枢。

昆虫记

神经中枢被麻痹以后，蜜蜂的腿脚便不听使唤，随之全身开始硬化。这个勤劳的小生命在一秒钟之内便从这个世界上消失了。蟹蛛毫不客气地上前吸着蜜蜂的血，显得既快乐又满足。等到它吃饱了，便拍拍手离开。

这个刚刚还十分残暴的家伙，一回到家立刻变成了一位温柔的母亲。这和大部分昆虫一样，在吃掉别人孩子的时候毫不留情，但是对自己的孩子却是疼爱有加。不仅是昆虫，就是我们人类也是如此。

蟹蛛的身材不好，又矮又胖像是一个锥体。背上还像骆驼一样，长有隆起的肉。让它感到安慰的是，它的皮肤非常漂亮。并不是所有的蟹蛛都穿一样的外衣，有乳白色的，有柠檬色的，看上去比绸缎都要美丽。它们其中的一些腿上有粉红色的环，背上有深红色的花纹，胸前有时会佩戴一条绿色的缎带。这种颜色的搭配，再加上它们的条纹本身很细，让人们看起来甚至比条纹蜘蛛还要典雅高贵。这么漂亮的外形，让一些本身对蜘蛛有所畏惧的人都对它很有好感。如果将其制作成玩偶，肯定能得到很多人的喜爱。

相对于它的捕食技艺来说，蟹蛛在建筑方面的技艺同样很高超。

有一次，我偶然碰到了它正在筑巢。它把巢筑在一丛花的中间，巢是一个形状像顶针的白色丝袋，一个扁圆的盖子盖在袋口。

蟹蛛还用绒线掺杂花瓣制成了一个圆形的平台，这个平台被放到屋顶上。有一个开口作为通道，能从平台进入到屋子里面。这个平台其实是一个守卫家园的瞭望台。

自从产完卵之后，蟹蛛便每天都站在这个瞭望台上站岗，像是一名守城的士兵。此时的它可能是因为产卵的缘故，变得消瘦，但是精神很充足。它们在瞭望台上全神贯注地监视着四面八方的动静，随时准备投入战斗。它那洒脱的姿态，加上致命的武器，让一些不速之客敬而远之。即使是一些对它没有敌意的过路者，也被它吓得绕道而行。看到那些可疑的家伙都被自己吓走，蟹蛛感到心满意足。

那么，当它结束一天的守卫工作之后，它会在自己的巢中干什么呢？它会静静地趴在自己的卵上面。对于蜘蛛的卵来说，从阳光中吸收的能量已经足够它们使用的了。那么蟹蛛为什么还要像母鸡孵蛋一样，趴在自己的卵上呢？况且此时的蟹蛛身体孱弱，也没有什么能量能传给自己的卵。

我想这可能是母亲在临终前对自己子女的一种眷恋吧。

此时的蟹蛛身体非常消瘦。它为了站好岗，不使自己的子女受到任何威胁，它已经停止了进食，甚至连睡眠也停止了。偶尔休息的时候它也不再去捕食，只是呆呆地趴在自己的卵上，仿佛忘记了蜜蜂的血曾经带给它的快感。

虽然滴水不进，但是蟹蛛依然按时出勤上岗。越来越消瘦的它并没有放松警惕。这种生活又过去了两三个星期。是什么东西在支撑着它的精神呢？是一种等待，是苦苦地等待自己的孩子降临。

后来我们见证了这一刻，终于明白了蟹蛛为什么用生命去苦苦等待。首先是想在临死前见自己的子女一面，这一点和人类相似。还有就是，小蜘蛛的出生离不开母亲的帮助，孱弱的母蛛要在临终前为子女尽最后一点力。

还记得前面讲过的条纹蛛的孩子们吗？它们的妈妈在它们出生之前便离开人世。因此，没有谁能帮助它们把巢打开，它们只能等待。直到一天巢像熟了的果实自己裂开的时候，它们才得以出来。蟹蛛的巢不会自己裂开，顶上的盖也没有机关，不会自动升起。那小蜘蛛到时候怎么出去呢？它们进出的通道是盖子边缘的一个小洞。其实在小蜘蛛孵化出来之前，这个小洞是不存在的。也就是说有人在暗中帮助小蜘蛛，给它们打开了一条生命的通道。那么，这个好心人是谁呢？

没错，就是它们的母亲。这个巢的四壁非常结实，凭刚出生的小蜘蛛的力气是绝不可能将其打通的。奄奄一息的蟹蛛在外面感受到了巢内子女的骚动，它知道自己的孩子降生了。为了帮助它们走出这个巢，它用尽最后的力气在巢的墙壁上打了一个洞。就是为了完成这个任务，羸弱的母蛛滴水不进地苦苦坚持了五六个星期。在将生平最后的力气使出来之后，它便去世了。临死时，它紧紧地将自己的巢抱住，身体慢慢变得僵硬。看得出它对这个家的依依不舍。这是多么让人感动的一位母亲啊！我们以前讲过蚂蚁母亲为子女牺牲的壮举，可是同蟹蛛母亲相比，还是后者更伟大。

七月间，在我的实验室里面也出生了一批小蟹蛛。多年的交往使我知道，它们出生后肯定要登高，我把早早准备好的树枝给它们插好。事实不出我所料，它们从巢中出来便顺着铁笼爬上了树枝，又很快爬到了树枝顶端。不像别的蜘蛛那样着急，它们会在飞向别的地方之前好好休息几天。它们在树枝间织起一张交叉相错的网，像是停留在空中的一张沙发。它们便在这张空中沙发中休息。几天过后，它们便开始用丝线搭吊桥。

就在小蛛在树枝顶端忙碌的时候，我将这支载着它们的树枝挪到了靠窗口的桌子上，并将窗户打开。这些小蛛在做丝线的时候有些三心二意，所以吊桥搭得特别慢。它们有时候还会爬上爬下，完全不把制作自己的飞行工具放在心上。

如果是照这种速度下去的话，飞行器将永远做不好。但是它们又是那样迫不及待地要飞出去，我决定帮助它们一把。十一点多的时候，窗外的阳光非常好，我将树枝拿到窗栏上。这样一来，它们便能接收到阳光的能量了。果然，在阳光照到它们身上几分钟以后它们便像发动的机器一样，动作变得迅速敏捷，纷纷在树枝顶端飞快地纺着线准备出发。

第一批飞走的蟹蛛有三只，但是它们的方向各不相同，自此就分道扬镳了。其他的蜘蛛也纷纷爬上顶端，趁着一阵风潇洒地飞去。它们的丝是那样的纤弱，不知道风会把它们带到哪里？

风把它们的丝扯成了两段，一段留在树枝上，一段被小蟹蛛当降落伞抱在怀中飘向了远处。它们越飞越远，跨越了四十尺外的柏树丛；越变越小，最后终于从我的视线中消失。它们的飞行姿势各不相同，有的飞得很高，有的飞得很低。有的朝南飞，有的朝北飞，散落到天涯海角。

先头部队开过以后，后面成群的小蟹蛛不能再三三两两地出发了，那样效率太低。它们开始呈放射线状，编队飞行。看来榜样的力量是无穷的，最早飞出去的那几只蟹蛛是它们中的英雄。后面的大部队在英雄的感染和激励下，无所顾虑地冲向了蓝天。

它们中间有的会飞到很远的地方，有的会在近处便着陆，这与风向和它们的飞行高度有关。不过没关系，它们随遇而安，很快就开始新生活。无论飞的多高、多远，怀中的降落伞都能保证它们安全着陆。

蟹蛛的故事到此就结束了。它们在新的环境中如何捕食，会受到什么威胁，会有哪些天敌，这些问题我统统都不知道。我只知道在第二年夏天的时候，长得肥肥胖胖的它们喜欢躲在花丛后面，偷袭那些全神贯注采蜜的蜜蜂。

第三十八章　迷宫蛛

蜘蛛织网就相当于人类纺织，它们是纺织方面的天才。这些网帮助它们不用自己出手就能捕获猎物。如果说它们这是"守株待兔"的话，这张网就是"株"。一些蜘蛛不善于织网，不过它们有一些其他绝技，同样可以帮助它们轻而易举地将猎物杀死。这样的蜘蛛实在是太多了，几乎所有以昆虫为主题的书都会提到它们。

有一种蜘蛛叫美洲狼蛛，浑身是黑色的，像前面讲的欧洲狼蛛一样，住在洞里。相对于欧洲狼蛛来说，美洲狼蛛的洞穴布置得要精致得多。比如说大门，欧洲狼蛛的洞口没有门，只有一堵用泥沙和废料砌成的矮墙；而美洲狼蛛的洞穴则有一道门，这扇门是由圆板、槽和栓子组成的，可以来回活动。当主人回家后，这扇门可以自己反锁，圆板会落进槽中。如果有破坏者在外面砸门的话，蜘蛛只需在里面抵住柱子，便可以将不速之客拦在外面。

还有一种蜘蛛叫水蛛。它常常乘坐充满空气的潜水袋潜入水下。炎炎夏季，它到水下既可以避暑，又不妨碍捕食，真是一举两得。谁都想在酷暑季节能够潜入水底，也有人曾经尝试过。古罗马有一位暴君名叫泰比利斯，它就曾经让人给他修建一座水下皇宫，据说原材料是坚硬的大理石。这件事情历史中没有记载，只有一个支离破碎的传说。而水蛛的宫殿确实真实可见。

可惜我没有机会观察它们，不然的话，我一定能从它身上找出一些人类还不知道的秘密。这只是一个美好的想法，永远不可能实现。因为在我

昆虫记

生活的范围内，没有水蛛生活。美洲狼蛛也少得可怜，我只见过它一次。那是在我急匆匆地赶路的时候，在路边偶然发现的。当时我并没有停下来观察它。后来我再也没有见过它，最好的机会已经被我浪费掉了。

美洲狼蛛和水蛛都是非常少见的，但并不是只有稀有的昆虫才有研究的价值。普通的昆虫，仔细观察、认真研究的话，也会得到许多有意思的收获。我就在迷宫蛛身上花了很多时间和精力，这种常见的昆虫让我很着迷。当然，我的付出取得了回报，我了解到许多关于它的趣事。

七月的时候我经常到树林中去观察迷宫蛛，孩子们也会跟着一起去。当时的天气很热，我们便带上一些橘子，路上口渴的时候便吃一个。那种高大的丝质建筑在树林里经常见。有的还挂着露珠，露珠反射着太阳的光，看上去很璀璨，像是一串珍珠。这种景象孩子们都是第一次见，每个人都张大嘴巴，看得发愣。能把孩子们迷成这样，迷宫蜘蛛真是了不起。

只有在清晨的时候才有露水挂在上面。等一会儿太阳出来之后，这些珍珠便蒸发了。到时候就可以专心研究这张大网了。那边有一张大网张在一丛蔷薇花上面，大小跟一块手帕差不多。把这张网固定在空中的丝线都系在附近的树丛中，这张网就像一层纱，又轻又柔。

这张网的形状像一个漏斗，四周都是平的，越到中间越往里凹，到了最中央变成了一根管子。这跟管子一直通到下面的花丛中，大约有八九寸长。

我们在这根管子的出口处发现了蜘蛛。它的长相很普通，灰色的身体，两条很宽的黑带长在胸部，腹部有两条白色和褐色斑点围成的细带。它身上唯一有特点的便是尾部长有一种"双尾"，普通的蜘蛛中很少见。它对我们的到访没有感到意外，也没有慌乱。

我本以为管子的底部会有一个休息室，里面将会被布置得很柔软、很舒适，迷宫蜘蛛没事的时候可以在里面睡一觉。事实上，那里什么都没有。可能是便于遇到危险的时候，往里面逃窜吧！

将整张网挂在树丛中的那些丝线有长的，有短的；有垂直的，有倾斜的；有耷拉着的，有绷紧的。杂乱无章，像是一团乱麻挂在树丛中。这张网加上这些丝线，给人的感觉就像是一艘抛锚的巨轮。船是指网，挂着铁索的锚则是指那些混乱的丝线。这张网像是一个迷宫一样，除了迷宫蛛自己，恐怕再也没有谁能走得出去。同样，碰到这张网的昆虫，一般都会被这团乱麻束缚。

迷宫蛛的网没有黏性，因此它就不能像其他蜘蛛的网那样黏住敌人。但是，它的网有自己的特点，那就是乱。往往撞到上面的昆虫没有被黏住，反而是被缠住。那些杂乱无章的丝线使得这张飘在半空中的网不稳定，昆虫撞到上面后便会因为站不稳而失足。倒在漏斗形网中的它们越挣扎陷得越深，直到最后落在网中央动弹不得。整个过程都被迷宫蛛看在眼里。等到猎物不再挣扎，它便上前享受美餐。

仿佛一切都在它意料之中一样。它得意地走上前去，不紧不慢地吮吸着敌人的血。至于那个不幸被吃掉的昆虫，它不会遭受太多的苦痛。因为迷宫蛛能释放出毒液，在它第一口咬下去之后，便能将敌人毒死。难怪迷宫蛛吃得那么从容。

有时候看到网还完好无损，迷宫蛛就在收拾着搬家，那就说明它快要产卵了。为了完成母亲的使命，它不得不舍弃自己辛辛苦苦织成的网，而且是一去不复返。可以看得出它有点儿不舍。要产卵就要先筑巢，它会把巢筑在哪里呢？迷宫蛛当然不会自己告诉我。我不得不满树林地找它的新家。最终，功夫不负有心人，我找到了它们，并发现了新的秘密。

它的巢造在离原先的网很远的地方。那个地方又脏又乱，地上到处是枯柴、杂草。就在这样的环境里，迷宫蛛织了一个丝囊。很明显，这个又细致，又精巧的丝囊便是它的巢。它的卵也一定产在里面。

千辛万苦好不容易才找到它们的巢，没想到确实如此简陋，这多少令我有些失望。我认为环境的恶劣是主要的原因。在这样一个肮脏、杂乱的环境中，怎么可能做出一个完美的巢呢？它们连最起码的材料都没有地方收集。我想证实一下我得的这种推断是否正确，便捉了六只要产卵的迷宫蛛带回实验室。我给它们布置了一个铁笼子，还有泥沙以及树枝。剩下的就是仔细观察它们，看看它们能不能创造出什么奇迹。

果然如我所料，它们在我的实验室中织出的丝囊比野外那些要白很多，而且外观也要精致。毫无疑问，这个实验非常成功。这也说明了舒适的工作环境中能做出更好的作品。下面让我们来仔细观察一下它们的巢。这些巢有鸡蛋大小，呈卵形，主要材料是白纱。卵的内部构造就跟迷宫蛛的网一样，杂乱无章。看来，杂乱是迷宫蛛所有建筑的一贯风格。这种风格已经深深地印在了它的脑子中，影响到它生活的方方面面。

巢的墙壁是乳白色半透明状的，里面还装着一个卵囊。卵囊是一个灰白色的丝袋，外形酷似骑士的勋章。大约有十根柱子立在这个丝袋周边，作用是将卵囊固定在巢的中央。这些中间细，两头粗的柱子围在一起，围起了一个围廊。母蛛在这个围廊里焦急地转来转去，像是在产房外等着孩子降生的父亲。它是多么期盼能够听到孩子的第一声啼哭啊！迷宫蛛卵囊内的卵是淡黄色的，数量大概有一百万颗。

在巢最外层的白丝墙里面还有一层墙，这是我将外层揭去之后发现的。里面的那层墙上夹杂着一些小碎石，是一层泥墙。这些小碎石和泥是如何到巢里去的？巢的外层洁白如雪，这就说明不是下雨淋进去的。最后我们知道了，这是母蛛自己搬进去的。它制作一面泥墙的目的就是为了阻止一些强悍敌人的进攻，给子女创造一个安全的生活环境。

我们回过头来考虑一个问题，那就是母蛛为何不在自己的网边建巢，而是要跑到很远的地方。这里面有什么道理呢？迷宫蛛的网非常特别，那种杂乱无章给我们留下了深刻的印象，高举在半空中也非常惹眼。这张网已经成为了迷宫蛛的一个标志，不仅在人们眼中是这样，在那些寄生虫眼中也是这样。试想一下如果不搬家的话，寄生虫便会很容易地找到这张网，然后顺着这张网找到它的巢。寄生虫什么卑鄙的事情都能干的出来，它们会毫不犹豫地将蜘蛛的卵吃掉。这些残忍的寄生虫对于卵来说，非常危险。为了照顾好自己的子女，迷宫蜂不得不迁徙。不能为了贪图网给它带来的美食，而置自己的子女的安全于不顾。它们选择新家地址的标准不是什么干净不干净、美观不美观，而是一定要安全。那些荆棘丛和迷迭香丛对它们来说非常合适，因为这些植被都很矮，几乎是贴着地面，而且它们的叶子在冬季不会脱落。选好地方之后，它们便开始筑巢、产卵。

产完卵之后，迷宫蛛会一直守在巢中。有许多蜘蛛产完卵之后便会离开巢。即使不离开的，也大多是不吃东西，渐渐消瘦。而迷宫蛛则不同，它不但会留下来，还会继续捕食。为了不引来寄生虫，它用丝织了一个小小的网。这张网继承了它以往的风格，还是那样杂乱，像是一团乱丝。这团乱丝帮助它捕食猎物、补充营养。

这时的它非常警觉，你在外面稍加骚扰，它便会跑出来看个究竟。在保护孩子方面，迷宫蛛算得上是尽职尽责。在别人都吃不下东西的时候，它的胃口还是那么好，这说明它还有很多事情要干。因为动物吃东西主要不是为了解馋，而是补充能量，满足身体需要，满足工作需要。

　　它还有什么工作要干呢？它这一生最重要的事情便是产卵，现在它已经产下卵了，那它还要干什么呢？这个问题我思考了很久，最后终于被我发现。原来它每天的进食是帮助它充实丝腺，以便产出更多的丝。这些丝被它涂在了那层半透明的墙壁上。这种工作持续了一个月的时间，那层半透明的墙壁被它涂得厚厚的，严严实实。

　　巢内的小蜘蛛会在九月中旬孵化出来，但是它们在冬天结束之前是不会出来的。巢内既温暖又舒适，比出来受冻强多了。不知道母蛛是否知道自己的子女已经出生了，它们整天还是忙着看守子女和纺丝线。大自然给每种生物的寿命都安排了一个期限，迷宫蛛的寿命快到结束的时候了。此时的它们，明显看出变老了。不但行动迟缓，而且胃口大减。对我放到它们面前的蝗虫都无动于衷。这种状态一直持续了一个月左右，它们最终结束了生命。

　　它们在死之前，绝不离开巢半步。此时，巢内传出的欢声笑语成了它们最大的慰藉。十月底的时候，生命到了尽头。它为子女做的最后一件事情是临死之前竭尽全力将巢壁咬破。作为母亲，它尽了该尽的责任。

　　来年春天，走出房间的小蜘蛛会像狼蛛那样登上高处，吐丝搭桥，最后借助着风的力量飘向各地。若是看到自己的子女都有了归宿，相信死去的迷宫蛛妈妈一定会很高兴。

第三十九章　蛛网的建筑

蜘蛛是一种很常见的昆虫，无论是路边还是花园中，都可以看到它们的身影。

傍晚的时候，很多人喜欢出来散步。这时你注意观察一下路边的灌木和草丛的话，就会发现许多蜘蛛留下的痕迹。若不是遇到紧急情况，蜘蛛的爬行速度一般很慢。我们可以找个地方坐下，慢慢地欣赏它们活动。世界上像我这样的人不多，因为观察蜘蛛确实不能为你带来什么。但是我从中体会到了乐趣，学到了知识。让我感觉到这是一件很有意思的事情。

我喜欢去观察那些小蜘蛛，因为它们是在白天工作。不像它们的母亲，都是晚上纺织。每年的某几个月份中，这些小蜘蛛都会在下午接近黄昏的时候开始工作。大约工作两个小时之后，天就完全黑下来了。

小蛛们兴奋地从洞中爬出来，它们已经在居所里待了一整天了。它们工作的时候互不打扰，都待在地盘上。这个时候，哪只小蜘蛛都可以是你观察的对象。

我选择了一只正在打"地基"的小蜘蛛作为观察对象。它非常忙碌，在迷迭香的花丛枝杈上爬来爬去。它的活动范围一般不超过十八寸，再远的地方它就无能为力了。它的丝是用后腿从身上拉出来的，不是我们想象中从口中吐出。它的后腿跟梳子似的，非常适合干这种工作。这些丝的一端被固定住，然后蜘蛛一边拉丝，一边在活动范围内无规则地乱爬。在它不停地忙碌下，一个丝架子被它制好了。这个丝架的结构很不规则，上面的丝纵横交错。不过，这种结构使得这个丝架非常牢固。这个垂直的、扁

268

平状的丝架就是我们上面说的"地基"。

最后，它将一根丝横穿过地基。这根丝非常细，它不是普通的丝，没有它"地基"就不可能牢固。

"地基"打好了，接下来它要开始做网。它从横穿地基的那根丝的中间开始往外爬，爬到丝架边缘之后再原路返回；然后再向另一个方向爬，然后再返回。就这样，它一会儿向上，一会儿向下，一会儿向左，一会儿向右。在这个过程中它的速度非常快，一根根被它拉了出来，看上去就像是车轮上的辐条。不过没有辐条那样整齐规则。

如果没有看过它的工作过程，谁都以为它是按顺序织出的这些辐条。因为完工后的网非常整齐、非常规则。其实不是这样的，它在制作这些辐条的时候很随意，从一个方向回来之后，不假思索地又奔向了另一个方向。尽管没有按次序，但它会很微妙地控制平衡，不会让人感觉某一个方向的辐条特别密集，而另一个方向的特别稀疏。它这样做是有它的道理的，如果不同时向几个方向一起织的话，这个网的重心就会转移，网就会被扭曲。它要时刻保持这个网的平衡。

它们就是这样没有章法地工作着，但是最后却能织出整齐规则的网，这不能不说是一个奇迹。乱忙一通之后，辐条之间的距离竟然会相等，而且非常均匀。这些辐条共同构成了一个规则的圆。不同种类的蜘蛛织出的网不一样，上面的辐条数也会不同。比如说角蛛，它的网上有二十一根辐条；而条纹蜘蛛有三十二根；丝光蛛的还要多，有四十二根。这个数目也不是绝对的，偶尔会多一根或者少一根，但是基本上是不变的。有时候，你光凭蜘蛛网就能辨别出它的主人是哪一类蜘蛛。

它没有使用任何仪器，也没有借助任何工具，甚至都没有经过练习，但是它能将一个圆完整等分。除了蜘蛛以外，应该没有人能做到。它甚至都没有一个安定的工作环境，它工作的时候要背着一个大背包，里面装满了它需要的丝；脚下的丝巍巍颤颤，在风中不停地摇摆。这样的工作环境根本不容它多加思考，它只能迅速、随意地从圆心出发，向各个方向奔波。它的工作方法杂乱无章，从中看不出任何几何原理。但它就是用这种不按套路的方法取得了有规则的成果。我总会感觉它是在误打误撞，但是每次出来结果之后，我都不得不心服口服。它是如何做到的呢？我至今没

昆虫记

搞明白。

辐条都织好了，下一步就是从圆心开始搭着这些辐条织出螺旋形的圆圈。这是一项非常精致的工作，要求比较高。原先辐条之间并没有连接，它现在要用一种比较细的丝把相邻的辐条都连接起来，这些丝不断地在辐条上面绕着圆圈，最终形成了一张网。越是往外沿绕去，用的丝就越粗，因为那里需要承受的重量更大。而且圈与圈之间的距离也越拉越大。等绕完最外面一圈的时候，这张网就初具规模了。

在蜘蛛的网中我们只会发现直线和折线，不会发现曲线。辐条之间的链接围成了一个圈，但它并不是一个精准的圆。

这张网到现在还没有完工，它还要从外沿向圆心绕圈。这次的工作比上一次要精致，绕的圈更密，圈数自然也就更多。

它们在绕圈的时候动作很快，根本看不清楚，只觉得眼花缭乱。我们只看到蜘蛛在那里跳跃和扭动身躯。如果想知道它们具体是如何工作的，就需要把它们的动作放慢分解。它们工作的过程是这样的：一条腿负责抽丝，然后把抽出的丝绞到另外一条腿上，另外一条腿就会把丝在辐条上轻轻一按。蜘蛛的丝是有黏性的，所以很容易就粘在了上面。就这样，它的丝一直从外沿绕到圆心。

有两种蜘蛛会在自己的网上打上标记，它们就是条纹蛛和丝光蛛。这个标记是一条锯齿形的丝带，一般会织在网的下部边缘。有时候它们还会在网的上部边缘也织一个，以表明自己对这张网有绝对的所有权。

在同一张蜘蛛网中可能会有好几种丝，做辐条用的丝与绕在辐条上围成圈的丝就不同。后者看上去像是一条丝带，拿到太阳底下看还会闪闪发光。我用放大镜仔细观察了这种丝，结果让我非常震惊。

这种丝非常细，细得让人经常将它忽略。但是我在显微镜下发现，这居然不是一根丝，而是由几根更细的丝缠在一起编成的。更令人不敢相信的是，这几根丝都是空心的。有一种黏液藏在这些空心里，这些浓厚的黏液有时候会从丝端滴下来。蜘蛛的丝之所以有黏性，靠的就是这些黏液。为了测试这些黏液的粘性，我做了一个小实验：我取来了一片叶子，轻轻地去碰这张网，结果一下子就被黏住了。蜘蛛捕食主要靠的就是网的黏性，只要是碰到了这张网，没有哪种昆虫能逃脱得了。一个新的问题出来了：蜘蛛的网能黏住植物，也能黏住昆虫，那为什么黏不住它自己呢？

蜘蛛大部分时间都是坐在网中央，我起初认为它不会被自己的网黏住是因为那里的丝没有黏性。这是一种很勉强的说法，因为它不可能总坐在网中央。如果有猎物撞到网上，无论是在中央还是边缘，蜘蛛都得过去吐丝，将其缠住。那么，这个时候蜘蛛怎样避免自己被黏住呢？难道它的脚上抹了油吗？或者是跟油差不多的粘性的东西。

为了得到答案，我不得不牺牲一只蜘蛛。我将它的一条腿切下来，并泡在二氧化碳中。一个小时之后，我用一把小刷子沾着二氧化碳，将这根蜘蛛腿仔细的地刷了一遍。之所以要用二氧化碳，是因为它能溶解掉脂肪类的东西，包括蜘蛛腿上的油，如果真的有的话。现在我们将这条清洗过的蜘蛛腿放到蜘蛛网上，结果这条腿被牢牢黏住了！这说明蜘蛛的腿上和身体上确实是有一种特别的东西，来保护它们不被自己的网黏住。但是这种特殊的物质是有限的，为了避免浪费，它们便很少活动。所以总是见它停留在黏性较小的网中央。

我们还从实验中得知了一个关于蜘蛛网的秘密，在辐条上绕成圈的那些细丝有很好的吸水性。这样一来，即使是在炎热的夏季，丝网也能保持弹性和黏度，不会变得干燥。这都多亏了那些吸收空气中水分的细丝线。如果在织网过程中遇到潮湿天气，蜘蛛立即停止在网上绕圈。这些细丝线吸收水分是会饱和的，如果让它们吸收水分太多，以后就起不到解潮的作用了。无论从技巧还是外形来看，蜘蛛的网都非常高超。尽管如此，这张网不过是用来捕捉那些没头脑的虫子罢了，真是有点屈才。

蜘蛛工作起来非常勤奋，一点儿都不比蜜蜂差。制造一个网需要的各种丝加起来得有几十码长。这些丝源源不断地从它们弱小的躯体里面扯出来。我观察过一只角蛛，它每天都要修补自己的网，一直持续了两个月。这么多的丝并没有将小蜘蛛的身体抽垮，丝的质量也一直是那么有弹性。

小小的蜘蛛太神奇了，它身上的好多疑问至今我都百思不得其解。它为什么能产出那么多的丝？它是如何将几根细丝搓成一根粗丝的？又是如何把黏液装进丝的空心处的？它为什么能根据不同的需要吐出不同的丝？

第四十章　蛛网上的电报线

　　圆蛛科是蜘蛛中的一类，条纹蜘蛛和丝光蜘蛛都属于这一科。这科中也只有它们这两种蜘蛛通常会待在网中央，即使是烈日当头也不肯到阴凉处歇一歇。至于其他的蜘蛛，白天连个影子都见不到，它们一般会选择白天休息。往往会在离网不远的地方，用丝线和树叶给自己卷一个隐蔽的场所，然后躲在其中。在那里它一动也不动，你不知道它是在睡觉，还是在思考。

　　对于蜘蛛们来说，这些网晚上被拿来当床，白天则是陷阱。阳光明媚的天气是最好的捕食时机。这样的天气中昆虫会异常活跃，总有一些没有头脑的昆虫撞到网上。这些昆虫中既有活泼好动的蝗虫，也有轻松快活的蜻蜓。无论是谁，只要触到这张网，躲在离网不远处的蜘蛛便会迅速跑过来。它们是怎么知道有昆虫撞到了网上的呢？它们明明在那里闭目养神。让我来揭开这个谜底。

　　它们并没有亲眼看到有猎物撞到网上，但是它们感觉到了网的振动。这才是它们能第一时间知道有鱼上钩的原因。这个说法是我用通过实验得出来的结论。我找来一只蝗虫的尸体，把它们轻轻地放到了网上，尽量不要引起网的震动。不用说躲在远处的蜘蛛，就连在网上趴着的蜘蛛都没有发现网上多了什么东西。我把这具蝗虫的尸体向他们身边挪了一下，结果还是没有被发现。我怀疑这些蜘蛛都有严重的近视。

　　后来，我用一根草棒戳了一下蝗虫，网也跟着晃了起来。这时，无论是网中央的，还是躲在不远处的蜘蛛都飞速地跑了过来。接下去就是一贯

272

的步骤，用丝将猎物包裹起来，然后吃掉。这就很清楚地表明，向蜘蛛传达敌人情报的是蛛网的震动，而不是其他的什么途径。

蜘蛛们又是如何感受到网的震动的呢？除了少数待在网上的蜘蛛以外，大部分蜘蛛都是待在网下的隐居地的。如果你仔细观察的话，就会发现一根连接网中心与蜘蛛隐居地的丝线。大部分蜘蛛的这根丝线有二十多寸长，具体长短要视蛛网与隐居地之间的距离而定。比如说角蛛，它们的这根丝线可以长达八九尺，这是因为它们和一般蜘蛛不一样，隐居在高树上。

首先这根丝线起着桥梁的作用，蜘蛛通过它可以直接从地上爬到网上。或者从网上返回到地上。当然，这不是这根线的唯一作用。要是单纯起到一个连接作用的话，这根丝线就没必要从网中央连到地上了，可以直接从网的边缘连到地上，这样一来，既省了丝线，也省了攀爬的时间。

这根丝线的另外一个作用就是传递信号，就像一根电报线那样。这也是为什么它非要连接在网中心的原因了。因为所有的辐条都在网中心交汇，这样，就不会忽略任何一根辐条上面发生的震动了。只要有猎物撞到蛛网上，无论是在蛛网的哪一部分，振动波首先顺着辐条传到网中心，然后再从网中心通过那根丝线传到地面上蜘蛛休息的地方。这样，即使是躲在高树上的角蛛，也能迅速得到有猎物的消息。

通过这种电报线接收情报是一项技术活，需要有足够的耐心。年轻的蜘蛛们耐不住性子，到处活动，自然接不到情报。而那些老蜘蛛们，它们看似是在闭目养神，或者是默默思考，但它们一刻也没有放松对电报线的留心。当远方传来情报时，它们一般都能接收到。

这种长时间的精神高度集中是非常费体力的。但是，如果一时疏忽，就可能错过网上传来的情报。为了节省体力，不那么辛苦，同时为了不错过对蛛网上的监视，蜘蛛们便把这根电报线搁在自己的腿上。这样的事情，我就亲眼见过。

一天，我偶然发现了一张角蛛的蛛网。这张网非常大，结在两棵相距一码的常青树间。当时太阳已经升起，丝网在阳光的照耀下闪闪发光。它的主人现在肯定藏在居所里，白天它是不会出来活动的，尤其是有太阳的时候。想要找到它很容易，只需顺着电报线寻到另一头。我就是用这种办

昆虫记

法找到它的居所的，那是一个用枯叶和丝线织成的圆筒。蜘蛛把整个身体都塞进了进去，由此可见这个居所很深。

它在居所里的时候是头冲下面，这种情况下，即使眼睛再好也不可能看到网上的情况。何况蜘蛛高度近视，连眼前的东西都看不清。难道它对蛛网上发生的事情真的就不管不问吗？让我们观察一下再说。

不一会儿角蛛将后腿伸出了屋外，腿上分明系着一根丝线，这正是我要找到的它的那根电报线。原来它一直在默默地关注着蛛网上的动静，只不过通过的不是眼睛，而是脚。我不知道它等猎物等了多长时间了，我决定送它一顿美餐。我将一只蝗虫放到了它的网上。接下来发生的事情跟我想象的一样，蝗虫引起了网的振动，这股振动又通过电报线传到了角蛛的脚上，角蛛像箭一般向蛛网上的猎物赶来。角蛛得到了食物，我则得到了知识和乐趣。我们对此都很满意。

有人会问，蛛网是挂在半空中的，微风吹来，网就会摇晃。蜘蛛是怎么区分这种风吹的摇晃和猎物造成的振动的？当风吹过蛛网的时候，蛛网随风颠簸。但是电报线另一端的蜘蛛毫无反应，该干吗干吗。该养神的还在养神，该沉思的还在沉思。对于这种假情报，对于风的这种玩笑和伎俩，它们一望便知，绝不上当。这就是蜘蛛的另一个无法解释的绝技，能用脚通过电报线辨别出昆虫和风所释放出的不同信号。

第四十一章　蛛网中的几何学

　　我的花园里生活着好几种蜘蛛，有丝光蛛，也有条纹蛛。我在观察它们的网时发现了一个很有趣的现象：尽管不同蜘蛛的网辐条数各不相同，但是它们有一个共同的特点。这个特点也适用于任何一个蜘蛛网。那就是辐条排列均匀，相邻辐条所成的角大小一致。这就导致每个网都被分成了若干等份儿。同一种蜘蛛织的网辐条数相同，被分成的份数也相同。

　　蜘蛛织网的方式我们上面已经讲过了。它杂乱无章地朝各个方向跳跃，却制造出了一个非常规则的网。挂在半空中，就像是教堂墙上的彩绘玻璃一样美丽。这样规则的网，即使是让设计家用圆规、尺子在纸上画，也画不出来。

　　蛛网上有很多同心圆，它们被伸向各个方向的辐条切割成了一个个并挨着的扇形。每个扇形中从顶角到外沿都有许多弦，也就是连接两条辐条的细线。这些弦互相平行，越靠近圆心，弦之间的距离越小。每条弦与扇形的两条边相交会成四个角，弦上面两个，弦下面两个。上面的两个角都是钝角，下面的两个都是锐角。同一个扇形里面，不同的弦与两条边相交得到的所有的钝角度数相同，锐角也是一样，因为这些弦都是平行线。

　　不仅如此，这些钝角和锐角的度数，与其他扇形中钝角和锐角的度数也是一样的。这就说明，每条丝线与相邻两根辐条相交所得的钝角和锐角，与其他丝线与相邻辐条相交所得的钝角和锐角是相同的。

　　数学界有一种非常有名的曲线叫"对数螺线"。这种螺线永无止尽，看似越绕越小，但是永远不会绕到尽头。就像圆周率一样，小数点后面位

昆虫记

数越多越精确，但是永远得不到一个准确的数字。这种没有尽头的概念，比如圆周率、对数螺线，一般只会出现在科学家们的脑子里，现实中用不到。但是小蜘蛛竟然也懂得这些东西，让人不得不佩服。它们的蛛网便是依照对数螺线来绕的，并且非常精确。

很多数学家、科学家都对对数螺线着迷，还有的人一生致力于研究这些东西。有一位数学教授发现了对数螺线的某个定理，人们在他死后将这条定理刻在他的墓碑上。可见这是一件多么让人感到光荣的事情。

人们实在是不明白这些概念、定理之类的东西对日常生活有什么用。难道它们就只是一个客观存在吗？难道它们对人们的生活就没有一点儿影响吗？

事实是恰恰相反，对数螺线在我们的生活中无处不见。除了蜘蛛以外，还有很多动物的巢穴都是遵循对数螺线建的，蜗牛便是其中最早的一个。大家观察一下蜗牛壳上的纹路，难道不正是一个对数螺线吗？它们早在亿万年前便懂得了这个定律。

在其他壳类动物的化石中，也经常发现对数螺线。现在，南海中还生活着一种鹦鹉螺，它的祖先能追溯到太古时代。亿万年过去了，它们的外貌没有发生一点儿变化。它们的壳依然是依照对数螺线设计的，还是祖先那副模样。不用说遥远的南海，就是我们家附近水池中很普通的螺，它的壳都符合对数螺线。它们真的是非常普遍，无处不在。

这些高深莫测的数学定律被它们随意地运用，是谁传授给它们这些知识的呢？有一种说法挺有趣。说蜗牛的祖先是一种蠕虫，无意中发现揪住自己的尾巴把自己绞成螺旋形是一件很舒服的事情。于是它便经常一边做着这个动作，一边晒太阳。时间长了它便变成了这副模样，身体变成了螺旋形。

那蜘蛛呢？它的祖先可不是蠕虫，也没人教授它们，它们为何能将这种螺线娴熟地应用于自己网中呢？蜘蛛的网只需要一个小时就能造好，但是看上去比需要几年时间才能造好的蜗牛的壳还要精致。是谁赐予它这种天赋呢？我们只能说是神圣的大自然。这种天赋就像一些植物的花瓣会很规则地排列一样，是不需要人去教，也没有为什么的。有的时候，在我们眼中高明的东西是它们唯一的技巧。除此之外，它们不会运用其他方法。

好比蜘蛛，我们觉得它会运用深奥的对数螺线来织网很了不起。事实上，你要是让它们织个简单的三角形或者四方形，它们反而会举手无措。这就是本能，这就是神奇的大自然。

几何学无处不在，我们在蜘蛛织的网中发现了它；我们在蜗牛的壳上发现了它；我们在铁杉果的鳞片中发现了它；当我们仰望星空，我们还会在行星运行的轨道上发现它。小到原子大到宇宙，这门无处不在、无时不在的学科，仿佛统治了世间的一切。

大自然告诉我们，宇宙中有一位万能神。它同时还是一位几何学家，宇宙间的一切东西都已经被它测量过，并制定出了相关的规则。这样一来，许多搞不清楚的问题便会解决。那种说蠕虫变成蜗牛，然后有了螺旋贝壳的说法，听起来有些差强人意。倒不如说是万能的神赐予它的本能，让人听起来更恰当。

第四十二章　克罗多蜘蛛

克罗多蜘蛛是很漂亮的一种蜘蛛，它那奇怪的名字是来自古希腊的一位女神。这位女神主管纺线，是古希腊三位命运女神中最年幼的一位。这种蜘蛛就是因为精通纺线，所以才被人们以这位女神的名字命名。它织出的线精美、舒适，是一位地地道道的纺织大师。

下面我们就去认识一下克罗多蜘蛛。它们的家一般会安在有岩石的斜坡上。山坡上到处都是大小不一的石块，还有牧童堆起的石碓。他们用这些石堆来代替凳子，坐在上面，无论山脚下的牛羊跑到哪里都能看到。我们要翻的是那种不大不小的石块，还有牧童的小石堆。因为克罗多蜘蛛就喜欢在这些地方安家。也不是每次都能找到克罗多蜘蛛，毕竟它们在世界上比较稀缺，而且只生活在少数几个地方。

如果你的运气好的话，你会在石块底下发现克罗多蜘蛛的宫殿。这个宫殿的大小跟半个梅子差不多，形状像是把穹形屋顶翻转了过来，一些小贝壳、泥土和干掉的虫子挂在外面。十二个扇蛤固定在穹形顶的边缘，尖尖地伸向各个方向。

刚开始我们找不到这个宫殿的门口在哪儿，虽然周围有许多拱，但是它们都不通向房子里面。那么主人是如何进出的呢？难道有暗道吗？

我找了一根稻草做工具，戳了一下拱形的开口处，发现这扇门是反锁的。但是，你试着轻轻地用力，就会将稻草插进去。两扇门中间会露出一条小缝，像是微微张开的两片嘴唇。原来克罗多蜘蛛的门是有弹性的，可以自己关闭。

这两扇门在克罗多蜘蛛的生活中起到很重要的作用，可以帮它躲避敌人的追杀。试想一下，当它被敌人穷追不舍的时候，它就冲向这扇门。只需它轻轻一碰，这扇门自己就会开。等它进去后，这扇门就会自己闭上。如果它觉得不放心，还可以用几根丝把门里面缠住，就像上了一把反锁的门一样。这扇门十分隐蔽，从外面看基本看不出来。敌人很纳闷儿，怎么一转眼就不见了呢？一会儿之后，便带着疑惑飞走了。克罗多蜘蛛便逃过一劫。

既然把门打开了，那就让我们到里面去看一下。克罗多蜘蛛的宫殿内部非常豪华奢侈。有这样一个神话故事，讲的是一位公主非常难伺候，哪怕是身下的床单有一点褶皱，她都会睡不好觉。克罗多蜘蛛和这位公主有些类似。无论是它的床，还是床上的毯子、被子，都非常整洁、柔软。克罗多蜘蛛便生活在这种奢侈的环境中。

迄今为止，我们还没有好好打量一下克罗多蜘蛛。它身着一袭黑衣，后背上有五个明显的黄色斑点，像是徽章一样，腿很短。

这座宫殿身处半山坡，必须要建的坚固，这样才能在里面安稳地生活。尤其是在大风大雨的恶劣天气中。那么，克罗多蜘蛛是如何将房子建的如此坚固的呢？仔细观察便会发现，整个屋子是有许多拱门支撑着的，而这些拱门都被固定在了石头上。是用什么固定的呢？是克罗多蜘蛛吐出的丝。这些丝就像是一根根的绳子，将屋子与石头紧紧地连在了一起。所以，屋子会非常牢固。

与室内的整洁、舒适相比，室外的情形完全相反，到处堆满了垃圾，一片狼藉。这些垃圾有腐烂了的木屑、脏乱的泥沙等，有时候还会有一些动物尸体。这些尸体大都被太阳晒得发干发白了，一般有甲虫、千足虫、还有破碎的蜗牛壳，等等。

这种蜘蛛很朴实，它没有什么高超的猎食技巧，完全是靠自己的真本领吃饭。当看到有小虫在石块间蹦来蹦去的时候，或者是有的昆虫比较冒失，跳到了它的洞口前，它便会将对方逮住，美餐一顿。有时候，太阳会把它没吃完的昆虫晒干，成了标本。即使如此，克罗多蜘蛛也不舍得把它们扔掉，而是挂在室外的墙上。是用来炫耀自己，还是恐吓不速之客？无人知晓。

昆虫记

被扔到外面的和挂在墙上的蜗牛壳，大部分是一些碎片。偶尔也有完整的蜗牛壳，里面藏着活着的蜗牛。由于蜗牛藏在壳的深处，蜘蛛接触不到。再说它也没有力气将蜗牛壳打破，便只能扔到外面，或者挂到墙上。那它为什么收集这么多蜗牛呢？

经过我对动物的观察，我觉得克罗多蜘蛛是在利用蜗牛使得自己的房子更坚固。将蜗牛壳挂在墙上就能令房子坚固吗？对，就是这样。一些蜘蛛在结网的时候，为了使网更坚固、更平衡，它们会在其中掺入小石子、沙粒等重物。克罗多蜘蛛将蜗牛挂在墙上也是这个道理。这些挂在外壁四周的重物使得房子更平衡、更坚固；还使得房子的重心降低，更稳定。克罗多蜘蛛懒得出去找材料，便随手将身边现成的昆虫尸体、空壳挂到了墙上。既清理了垃圾，又固定了房屋，一举两得。

现在还剩下一个问题，那就是它在屋子里都干些什么呢？还从事什么其他劳动吗？我观察了一段时间之后发现，它什么都不做。它已经在洞外填饱了肚子，回到洞内后它舒展着腿脚，躺在舒适的毯子上。它并没有睡觉，只是在那里静静地躺着。你不知道它在想什么，仿佛它又什么都没想。就像我们劳累了一天，舒服地躺在床上，在入睡前的那一刻感受到的那种幸福一样。克罗多蜘蛛在巢中每时每刻都在感受这种幸福。

第四十三章　胭脂虫

　　五月的时候，阳光明媚，天气已经转暖。圣栎树也长出了一簇簇的枝叶。还有胭脂栎，这是一种长满小尖叶的灌木，它们丛生在一起，组成了杂乱无章的灌木丛。虽然矮小，但是这种栎树什么都不缺。不信你看，我们从圣栎树上能采到坚果，在它身上照样能采到。其他的栎树我们就不去看了，尤其是英格兰栎树，实在是太普通。我们想要的东西，只有在圣栎树和胭脂栎树上面才能找到。

　　我们会在这些栎树上发现一些小球，它们有豌豆大小，个个乌黑油亮，三三两两地聚集在一起。这其实是一种昆虫，叫做胭脂虫。这种昆虫非常奇特，光从外表看，不知道的人还以为是树上结的果实呢！有人将它放进嘴里用牙去咬，它们便会崩裂，让人感到微微的苦中带着一点儿甜的滋味，更让人以为这是一种果实。

　　这种非常可口的果实，就是胭脂虫，是一种货真价实的昆虫。让我们仔细观察一下它，看看它是如何迷惑大家的。结果是我用放大镜仔细地找了半天，居然没有发现它的头部、腹部和肢体；这个黑色的小球就像是一颗珠子。树上的所有小球都一模一样，就像是同一个机器中生产出来的。珠子的表面非常光滑，看不出任何体节。那它有没有微微颤动呢？它呼吸的时候肯定要动。结果是它像是一块石头一样，纹丝不动，一点儿生命的迹象也没有。

　　小球的下部是与树枝、树叶接触的地方，在那个部位可能会发现一些动物的特征。从树上将这些珠子摘下来很容易，就像摘一颗小小的果实一样。摘下的小球完好无损，在根部有一个小坑，里面有一个小孔，一些黏液从空中流出形成了一层蜡质。我把小球放入酒精中浸泡，那层蜡质在浸泡了一天之后终于融化了，我想要观察的那个部位也露了出来。

将小球固定在树上的应该是它的爪子，但是放大镜一丝不苟地工作，也没有将其发现。它们生活在树上，应该依靠树的养分生存。应该有一根类似吸管的东西可以插入树皮，汲取养分。但是，这根吸管也没被发现。尽管底部不如其他地方光滑，还有一个带孔的小坑，但是在这里什么都没发现。这就怪了，难道胭脂虫与树枝、树叶的关系就仅仅是一个依附关系吗？

事情肯定不会是这样的。黑黑的圆珠子不停地从树上汲取养分，身体也在不断地生长。同时，一种有甜味的黏液不断地从它的体内流出，就像是打翻了一桶甜酒一样。持续不断地流出如此多的体液，它必须保持不断的摄入才行。它一定有一个喙来帮助它在树皮上打孔，以获得树皮内丰盛的汁液。我们之所以没发现，可能是因为这个喙太小了，小到肉眼无法识别。至于它的吸管，可能在我将它从树上摘下的那一刻，迅速地缩回了体内。而这一切，肉眼根本无法观察。

我们上面已经介绍过胭脂虫底部的那个小坑了，那个部位负责着胭脂虫与外界全部的联系。谁也不知道这里一共有多少功能，第一个功能便是往外排泄黏液。

我们折回几枝带有胭脂虫的栎树树枝，将其插入一个水瓶中。瓶中的水可以保证树叶不会立即枯萎，这样，上面的胭脂虫可以继续在上面生活。不一会儿，我们那就看到一股无色透明的液体从小球底端的孔中流出。这些液体不间断地流了两天，在树枝上集结成一个大水珠。当树枝挂不动它们之后，便滴落下来。一个水珠滴落，下一个水珠又在集结。就像泉眼源源不断地往外输送泉水一样，这个小孔也不间歇。如果这是眼泪的话，谁知道胭脂虫到底该有多忧伤。

我用手指沾了一下这些液体，送到嘴里尝了尝。嗯！味道好极了！非常清爽、非常甘甜，比起蜂蜜来毫不逊色。如果可以像饲养蜜蜂那样饲养胭脂虫的话，就有更多人可以享用这种饮品了。它也会成既蜜蜂之后的第二大甜品制造商。

最后，我们不得不采取最为极端的一种方式来观察它，那就是将它打开。它的外壳非常脆，轻轻一捏就开了，里面有一团虫卵，结构十分简单。我们没有从中找到什么酿酒设备，也没找到喙和吸管，只看到堆积在一起的卵粒。苦苦地观察了三个星期，得到的结果竟然是这样：所谓的胭脂虫，不过是一个容器而已，里面盛满了某种虫子的卵。

第四十四章　萤火虫

在各种昆虫中，能够发光的很少。但是有这么一种，它就是以发光而出名的。这是一种稀奇的小动物，为了表达它对快乐生活的美好祝愿，它把一盏灯挂在了自己的尾巴上。即便是我们未曾与它相识，也不曾与它谋面，单从它的名字上我们就可以多少知道它是什么样子。古代的时候，希腊人曾经给它起了很形象的一个名字：亮尾巴。到了现代，科学家们则给它起了一个新的名字，叫做萤火虫。

萤火虫的六条腿都很短，但是它知道如何去发挥这些短足的长处。有的时候，我们不得不承认它是一位真正的闲游家。随着雄性的萤火虫发育越来越完全，它会生长出像甲虫一样的翅盖。其实，它本身就是一只甲虫。相对于雄性的萤火虫来说，雌性的萤火虫对于飞行的快乐一无所知。可怜的它们终身都处于幼虫的状态，似乎永远长不大，也永远不会懂得世上有自由飞行这种快乐可以享受。

虽然人们喜欢叫它发光的蠕虫，但无论从哪一方面来看，萤火虫都不是蠕虫，尤其是外表。对于没有一点儿保护和遮掩的动物，我们法国人经常会用"像蠕虫一样"来形容。萤火虫不一样，它是有衣服的。它的外皮就是它的衣服，可以起到保护作用。它的衣服颜色非常丰富，它全身黑棕色，胸部有一些微红，还有一些粉红色的斑点装饰在它身体每一节的边沿部位。蠕虫是不会穿衣服的，更不用说这么色彩斑斓的衣服。

萤火虫有两个特点最有意思：第一，就是它如何获取食物；第二，就是身体会发光。

有一位著名的法国科学家，他主要研究食物。他跟我说过："只要让我知道你吃的是什么东西，我就会告诉你，你究竟是什么东西。"

同样，这个道理用在任何昆虫身上都合适。要想研究昆虫们的生活习性，就必须研究它的饮食。因为"民以食为天"，饮食是动物生活中最主要的问题，也就不可避免地成为了我们应该重点研究的问题。

单从外表来看，萤火虫这种昆虫似乎是既善良又可爱。但事实上，它却是一种食肉动物，并且凶猛无比。它猎取山珍野味的捕猎方法非常凶恶，就像一个狡猾的猎人。看来，它那副清纯善良的外表不过是用来迷惑众人的一个假象。被它俘虏最多的要数蜗牛了，这一点很多人都知道。鲜为人知的是它的那些稀奇古怪的捕食方法，至少这些方法我在其他的地方还没有看到过。

下面就具体介绍一下萤火虫的这种捕食方法。人类在动手术之前都会先接受麻醉，等慢慢失去知觉就不会觉得痛。同样的道理，萤火虫在捕食它的俘虏之前，也要先给对方打上一剂麻醉药。让对方失去知觉的同时也失去抵抗能力。通常情况下，蜗牛是萤火虫所猎取的主要食物。这些蜗牛都很小，比樱桃大的都很少见。当气候炎热的时候，大群的蜗牛就会聚集在路边乘凉。路旁边的枯草上、麦根上到处都有它们的身影。可能是因为天气太热，它们一动也不动，仿佛一动就会招来热气。整个炎热的夏天，它们都是如此。我经常会在这些地方看到萤火虫，大多时候它们都是在咀嚼着被自己麻醉的俘虏。

萤火虫可以捕获食物的地方有很多，除了上面说的路边的枯草、麦根以外，一些沟渠中的杂草丛它们也经常光顾。因为这些地方又阴凉又潮湿，有大量的蜗牛出没。萤火虫怎么会放过这样丰盛的美餐呢？它们通常都是将俘虏就地杀死、就地吃掉，整场战斗干净利落。我可以在自家的屋子里制造出这种环境，把萤火虫吸引到这里来。也就是说，我能制造出一片战场，让萤火虫在上面战斗。同时，我也可以借此机会仔细观察一下萤火虫。

这是一种奇怪的情形，下面我就来叙述一下。我首先准备一个大玻璃瓶，然后往里面放一些小草，再往里面放一些大小适中的蜗牛和几只萤火虫。一切就绪之后需要我们做的就是等待，必须要有耐心。除了要有耐心以外，还要细心。要时刻留心观察瓶中发生的一切动静，哪怕是一些微小的动作也不能轻易放过。因为你不知道萤火虫会在什么时候开始进攻，而且战斗只会持续一小会儿。因此，必须目不转睛地盯住瓶内的一举一动。

没过多久，瓶中就开始上演好戏。萤火虫已经开始打蜗牛的主意了，看来蜗牛对于萤火虫的吸引力是难以抗拒的。一般来说，蜗牛习惯把躯体全部都隐藏在背上的壳中，除去外套膜边缘的地方会微微露出一点儿以外。猎人已经摩拳擦掌，准备向猎物发起总攻了。首先我给大家介绍一下蜗牛的兵器。这件兵器十分细小，如果不是借助放大镜的话是看不到的。萤火虫的身上有一把钩子，是由两片颚弯曲起来合拢到一起形成的。这把钩子尖利、细小，像一根毛发一样。在显微镜下面可以发现，这把钩子上面有一条沟槽。这件兵器看上去好像没有什么特别的地方。然而，萤火虫正是用它置无数对手于死地。

萤火虫用这件小小的武器反复地攻击蜗牛露在壳外面的身体，不停地刺进又拔出。此时，萤火虫表现出来的表情却不是凶狠、恶毒，而是神情温和。乍一看，这哪里是猎人在捕杀俘虏，简直就像是两方在互相暧昧、亲昵。

小孩子在一起玩耍的时候，他们有时会用两根手指头捏住对方的皮肤轻轻地揉搓。实际上，这种动作并不是真正生气之后的打斗，而是近乎相互搔痒。萤火虫在与蜗牛战斗的时候，也是给人这样一种感觉。

萤火虫在进攻蜗牛时，很有自己的一套。它从来都是不慌不忙，一点儿也不着急，很有章法。它每用武器刺对方一下，便停下来一小会儿。仿佛是要测试一下自己这一次进攻的效果一样。这样的进攻不会太多，最多也就五六次，不过已经足矣。几次进攻之后蜗牛便失去知觉不省人事，动弹不得。不过让我感到奇怪的是，在后来萤火虫开始吃掉蜗牛的时候还会再刺它几下。看样子这几下是很关键的，但是此时的蜗牛已经动弹不得，成了俎上鱼肉，为何还要再刺几下呢？这个问题的答案对我来说，至今还是一个谜。萤火虫在做这一切的时候非常迅速、敏捷，把毒汁从沟槽中传送到蜗牛的身上只是一瞬间的事情，需要非常仔细地观察才能看到。

萤火虫对蜗牛进行刺击的时侯，蜗牛是不会感觉到痛苦的。这一点毋庸置疑。为了得到验证，我曾经做过一个小小的实验。当时一只萤火虫正在进攻一只蜗牛，在被萤火虫刺了四五次之后，我迅速地把这只蜗牛拿开。我用一根细针去刺进这只蜗牛的皮肤，蜗牛竟然一点儿收缩的反应也没有，这说明这只可怜的蜗牛在受了萤火虫毒汁迫害以后已经失去了知觉。它已经感受不到痛苦了，仿佛已经不再活在这个世界上。

还有一次，一只蜗牛遭受到萤火虫的攻击，被我非常偶然地看到。当时这只蜗牛正在慢慢地向前爬行着，步伐虽然很慢，但是看得出它很快活，而且触角也伸得很长。就在这时，它忽然受到了萤火虫的攻击。萤火虫把毒液刺到了蜗牛的体内之后，只见这只蜗牛乱动了几下便没有了精神，脚步停滞不前，触角也软软地耷拉下来。刚刚透过它的身体体现出来的那种温文尔雅也不见了。种种迹象表明，这只蜗牛已经死了，已经到了另一个世界里去了。

可是他真的死了吗？答案是不。我完全有办法让它起死回生，给它第二次生命。在这只可怜的蜗牛受到攻击之后的两三天内，我坚持给它清洁伤口。几天之后，奇迹出现了。这只被无情蹂躏、几乎一命呜呼的可怜虫又恢复了知觉，可以自由地爬动。它的知觉也已经完全恢复了，我这时再用细针去刺它，它很敏感地把躯体缩进壳内藏起来。它的触角也重新伸了出来，显得精神倍增。同前几天陷入深醉状态什么都不知道相比，现在可以说是重新开始了第二次生命。

随着人类科学的发展，人们已经掌握了在手术中不会让病人疼痛的方法，而且这种方法已经是非常成熟了。在人类之前，这种方法已经在动物界被用了好多个世纪。有所不同的是，外科医生在手术前使用的是麻醉剂；而那些昆虫们所使用的方法是用天生的毒牙、毒刺把毒液注射到其他小动物身上，让对方失去知觉。

蜗牛是那样的温柔、平和，从来不伤害的动物，可是萤火虫却残忍的向它注射毒汁，并等它失去知觉后把它吃掉。当我们偶然想到这些，心里总有一种怪怪的感觉。萤火虫为什么选择用这样的方法猎取蜗牛呢？我想这不是没有道理的。

对于萤火虫来说，蜗牛无论是在地上爬行还是把自己缩进壳子里，总能很容易地攻击到它。原因是蜗牛背上的壳并没有完全封盖起来，蜗牛身体的前部毫无遮挡，几乎是完全暴露在外面的。但是蜗牛并不傻，它不会这么容易就让对方攻击到自己。因此，它经常爬到那种比较高而且不稳定的地方。比如草杆的顶上，或者是光滑的石面上。这些地方对它来说是天然的保护所。为什么这么说呢？因为当蜗牛把自己的身体紧紧地贴在这些附属物上面的时候，自己的壳就被封闭了，就像盖上了一个盖子一样，因此身体就可以安心地藏到壳里了。但是一定要紧紧地贴住附属物，不能留下一点儿空隙。如若不然，稍微的不加留神便让萤火虫有机可乘。它的钩子可是不讲情面，会抓住一切钻空子的机会。萤火虫会想方设法地把钩子触及到蜗牛的身体，然后释放毒液。等蜗牛失去知觉，萤火虫便开始享用美餐。

萤火虫在捕食蜗牛的时候，必须做到迅速、敏捷，不能让蜗牛有所察觉。因为在高处的蜗牛一旦感受到了进攻，就会收缩躯体，导致从草杆上或者墙壁上掉下去。一旦蜗牛掉到了地面上，萤火虫就白忙了。因为萤火虫没有兴致到地面上去搜索猎物，只得去寻找下一个目标。所以，萤火虫在捕食蜗牛的时候必须要敏捷。一定要轻微地接触蜗牛，不要惊动它，免得从高处落下。那样的话，就前功尽弃了。萤火虫的武器细小、敏捷，正适合对付蜗牛。萤火虫也因此成了蜗牛的天敌。

萤火虫不仅是就地解决战斗，还就地解决俘虏，也就是就地把它吃掉。比如，萤火虫会在草木的枝干上把蜗牛麻醉，然后在草木的枝干上就地把它全部吃掉。由此可见，捕食对于萤火虫的要求是非常高的。

那么，萤火虫是怎样吃掉蜗牛的呢？它是把蜗牛先分割成小碎块，然后再慢慢咀嚼吗？我猜想，它的进食方式和我们不一样，并不是那种咀嚼下咽。因为我曾经解剖了几只萤火虫，但是并没有在它们的腹中发现颗粒状的食物。这说明萤火虫的进食方式不是传统意义上的吃，而是用另一种方式。事实是这样的，萤火虫会先把蜗牛变成像是汁一样的液体，也就是肉粥，然后再饮用。这一点和蛆一样，蛆在吃东西之前也会先把食物弄成流质，然后再痛快地享用。

等萤火虫麻醉蜗牛，让它失去知觉之后，一些其他的萤火虫也不请自来。主人毫不在意别人跟它一起分享这顿美餐。如果在两三天之后把这只蜗牛反过来，让它的脸孔朝下，就会有一股像是浓汤一样的东西从壳内流出来。此时萤火虫的进食早已结束，一只蜗牛就这样被分食了。

我们可以知道，在经过萤火虫几次轻轻地刺插之后，蜗牛的肉就已经变成了一摊肉汤。然后，又有其他的萤火虫被吸引过来，同它一起分享这只蜗牛。每位客人都有把肉变成肉汤的本领，那就是分泌一种消化素到蜗牛体内。这样，在大家齐心协力下，蜗牛很快便变成了美味的肉羹，被分食掉。看来，萤火虫的嘴是适合流质的、液态的食物，这说明它们的嘴非常柔软。

再来看看那些被我关在玻璃瓶中的蜗牛，它们有时候会停留在那种不是特别稳固的地方，不过它们都非常小心谨慎。我用一片玻璃盖住瓶口，有的时候蜗牛会爬到了瓶子顶部的这张玻璃片上。它利用随身携带的黏性液体把自己黏在瓶子上，而想要稳固的黏在玻璃瓶盖上则需要分泌更多的液体。这个时候来不得半点儿偷工减料，否则会造成大麻烦，那就是在移动的时候会脱离顶口的玻璃片，掉到瓶子底部去。

我们前面说过萤火虫的腿非常短，腿短也就导致足部力量不足。因此它在攻击玻璃瓶口的蜗牛前会先观察地形，给自己选择一条上下的路。然后再仔细寻找一下蜗牛的破绽，做出迅速的一击，也就是轻轻地一咬，就是这轻轻地一咬让蜗牛失去了知觉。战斗在瞬间结束，绝不拖泥带水。接下来萤火虫便麻利地开始制作肉粥的工作，准备好接下来几日的饕餮大餐。

一阵风卷残云之后，蜗牛便被萤火虫吃得只剩一个空壳了。不过，这个空壳并没有脱落下来，依旧黏在玻璃片上的，就连壳的位置一点儿都没变，这都是蜗牛的黏液起的作用。这个隐居者至死都没有来得及反抗，就这样在不知不觉中被人俘虏、宰割，最终变成了一顿大餐，进入了别人的肚子里。它甚至连死都没有挪一下窝，肉体就在受到攻击的地方化成了水，最后只剩下一个空空如也的壳儿。这一切都向我们表明，萤火虫的这种这种麻醉式的咬伤是非常有效的。单看它处理蜗牛的方法就知道了，那是何等的巧妙。

萤火虫要想顺利攻击到蜗牛的话，就必须具备爬高的本领。因为它需要爬到悬在半空中的玻璃片上去，或者是爬行到草杆上去才能接触到自己的目标。如没有这种本领，在还未触及到猎物时自己就先从高空跌落下来了，白忙一场。但是萤火虫的六只脚看上去是那么笨拙，幸好它有一种辅助工具。

昆虫记

　　这是一种什么样的辅助工具呢？我们需要把萤火虫放到放大镜下细细观察一番。大自然在创造万物的时候是公平的，它总是给你一件武器来弥补你的不足。在放大镜下我们可以清楚地看到，萤火虫身体末端靠近尾巴的地方有一块白点。这些白点是一些类似于细管或者指头形状的东西组成的。这些东西看上去非常精细，它们有时候合拢成一团，有时又全部张开，张开时候的形状就像蔷薇花一样。就是这种器官，帮助萤火虫在攀登光滑物体的表面时牢牢吸附在上面，同时还能帮它前行。这个器官是如何帮助萤火虫工作的呢？如果萤火虫想牢牢地吸附在玻璃片或者是草杆上，便张开这些细管，让它就像一张大手一样支撑在物体表面上。这些手指能分泌出黏液，来帮助萤火虫牢固地停留在那些它想停留的物体上。当萤火虫想在它所吸附的物体上爬行的时候，便让那些手指一张一缩，交错前行。这样，萤火虫就可以借助这股力量大胆放心地在危险的地方爬行了。

　　这些长在萤火虫身体末端的手指样的东西虽然不长，但是非常灵活，可以向任何一个方向随意转动。对于这种东西来说，比喻成手指不如比喻成细细的管子贴切。因为一说到手指我们就会误认为它能像手一样拿起东西，其实它并不能。除了能帮助萤火虫黏附在物体上和帮助萤火虫在危险的地方爬行以外，这些细细的管子还有第三种功能，那就是清洁用的刷子。每当萤火虫饱餐过后，在它休息的时候，它便会给自己打扫卫生。它通常的做法是，用这种小刷子把自己从头到尾，从身体的这一端到另外一端，一点一点彻底清扫和洗刷一遍。整个过程非常仔细认真，不会遗漏掉任何一个部位。这种刷子十分柔软，所以萤火虫用起来非常得心应手，相当便利。动物中如此爱清洁，注意文明修身的小动物可真是不多见。每次用刷子清洁身体的时候，萤火虫都显得非常高兴、非常舒服。由此可见，它对于自己的个人卫生和个人形象是非常在意的，也非常乐意去做这件事。起初我们都会有一个疑问，那就是这种小昆虫为何会如此热衷于清洁自己的身体，还是如此专心致志？等到我们后来对它有所了解之后便知道了答案。它们猎取一只蜗牛并把它做成肉粥吃掉会花费好几天的时间，费很多精力，这个过程中身体自然也被弄得脏兮兮的。于是，饱餐之后认认真真地清洗一番自己的身体，让自己焕然一新，以一个崭新的面貌开始接下来的生活是很有必要的。

假设萤火虫仅仅是会麻醉对手，除此之外再也没有别的特长的话，它不会有今天这样高的知名度。因此它一定还有更奇特的本领，是一种别的动物都不具备的本领，类似一些特异功能什么的。那么它们到底还有什么样的奇特本领呢？

大家都知道，萤火虫身上还带着一盏灯。到了黑夜，它会点燃这盏灯，照亮自己前行的道路。这盏灯就是它最奇特的本领，也是它成名的原因。

雌性萤火虫的发光器官生长在身体最后面三节的地方。这三节中前两节能发出宽宽的带状的光，这些光是从身体下面发出来的。相对于前两节来说，第三节的发光部位要小得多，只有小小的两个光点，这两个光点发出的光能够透射出背面。因而，无论是从上面看还是从下面看，都能看到萤火虫发出的光。这些光颜色微微带蓝、很明亮。

与雌性萤火虫相比，雄性萤火虫的灯就暗淡多了。雄性萤火虫只是在身体最末端的一节处有两个小的发光点。而这两个小点，在萤火虫家族中是人人具备的。当萤火虫还处于幼小的幼虫阶段的时候，这两个发光的小点就已经开始伴随它了。在萤火虫的一生中，这两个发光的小点随着身体的成长而不断地变大。无论是从萤火虫身体的上面，还是下面，都能看到这两个小点发出的光。雌性萤火虫特有的那两条宽宽的带状的光则不同，只能在身体下面才能看得见。这也是辨别雌雄的主要方法之一。

我把这两条发光的带子放到显微镜下仔细观察，在上面发现了一种白颜色的涂料。这些涂料是一些很细很细的粒形物质，萤火虫的光也和它们有关。在这些物质的附近，我还发下了一种奇特的器官。这种器官外形就像短的枝干，枝干上面还生长着许多细枝。这种器官在发光物质的上面和里面都有分布。

有一点我很清楚，那就是萤火虫的光亮是产生于它的呼吸器官。世界上有一些物质，被人们称为"可燃物"，当这种物质接触到空气之后就会立即发出亮光，有的甚至还会发生燃烧产生火焰。这种与空气混合放出光亮和产生火焰的现象被称为"氧化作用"。萤火虫能够发光就是一种氧化作用，萤火虫的那盏灯也是氧化作用的结果。上面提到的白色涂料状的东西，便是氧化作用后剩余的物质。氧化作用的前提是要有空气，提供这些空气的则是萤火虫身上一根细细的小管，这根管连接着它的呼吸器官。关于那种发光的物质，我们知之甚少，至今还没有人能搞清楚它的性质。

萤火虫完全有能力调节它身上的亮光，这一点我还是比较清楚的。也就是说，它可以随便把自己身上的这盏灯调得更亮一些或者更暗一些，有时还干脆熄灭。

很多人会好奇，这种聪明的小动物是怎样做到调节自身光亮的呢？经过我的观察了解，如果萤火虫想把灯光调亮，只需要增加身上的细管里面流入的空气量；要是哪天萤火虫兴致不高，便会停止气管里面的空气的输送，这样灯光就变得微弱，甚至熄灭。

萤火虫的气管很容易受到外界刺激的影响。哪怕是只受到一点点的刺激，它身体末端那两个发光的小点也会立刻熄灭，非常敏感。这种情况我经常遇到，每次当我想要捕捉它们的时候，这些顽皮、可爱的小动物便会和我玩捉迷藏的游戏。刚刚还在草丛中飞旋着发光，但是只要听到我的脚步发出的声响，或者不经意地碰到一些枝条发出的声响，哪怕这些声响再微弱，它们都会立刻熄掉那两个小点发出的光亮，变得无影无踪，让我无处寻找。我只好再去寻找新的目标。

相对于身体末端那两个发光的小点来说，前两节上面的光带的敏感度就差多了。哪怕是故意去惊吓和扰动它，都不会对它产生多么大的影响。举例来说，我们先把一只萤火虫放进一个笼子里，这个笼子里的空气与外界完全流通，我们在这个笼子边上放上一枪，结果里面的萤火虫丝毫不受影响，光亮也依然如故。如此爆烈的声音，它竟然置之不理，似乎没有听到一样。我又换了一种方法来试探它，我把它所在的树枝用手拿了起来，而且还往它身上洒冷水，结果这两种方法无一有效。它们顶多是把灯光稍微调暗了一些，但是没有一盏熄灭过。随后我点着了一个烟斗，并把一阵烟吹进笼子里去。没想到这一招会管用，当被吹进笼子里之后，里面的灯光有的变得暗淡，甚至还有的熄灭掉了。不过，即刻之间便又重新点着了。等烟雾散去之后，这些灯又恢复到像刚才那样明亮。如果你把萤火虫拿在手中，轻轻地捏它一下，如果你捏的不是太重，它们的光亮也基本不会减少。至少到目前为止，我还没有想出能让它们将光亮全部熄灭的办法。

我们知道，萤火虫能够控制并且调节它自己的发光器官，随意地使它更明亮或更微弱，或熄灭。这一点无论从哪个方面来看，都是毫无疑问的。但是，有时它也会失去这种自我调节的能力，这需要在一个特定的环境下。如果我们把一片皮从它发光的地方割下，放进玻璃瓶或管子里面观察。我们可以清楚地发现，这块皮依然能发出光亮。尽管没有在萤火虫身上时那么明亮，但还是非常从容。这是因为发光的物质之所以发光，原因并不是有生命在支持，而是与空气直接接触。直接与空气接触之后，没有气管中流通的氧气也无关紧要，它照样会发光。即使是把它放入水中，只要这些水中含有空气，这层外皮也照样会发出光亮，丝毫不差于在空气中发光的亮度。如果是把外皮放入那种已经煮沸过的水中，外皮发出的光亮就会渐渐熄灭，因为这种水中的空气已经被煮没了。这些实验都有效地证明了萤火虫的光亮就是氧化作用的结果，再也没有比这更有说服力的了。

　　萤火虫发出的光很柔和，那种白而平静的光一点儿都不刺眼。让人不禁联想到，它们简直就是从月亮上撒下的一朵朵小白花，是那样的纯洁可爱，让人感到温馨。这种光亮可以说是灿烂的，也可以说是微弱的。如果你在黑暗中捉住了一只萤火虫，并试着把它的光亮向一行油印的字照去，你会发现辨别上面的字母很容易，甚至一些不是很长的词也能辨认。这时你就会觉得它很灿烂。不过，这份光亮所涉及的范围非常狭小，这个范围以外的东西你就看不清楚了。看不了一会儿书你就会抱怨，它是这样吝啬它的光。

　　这些能发出光亮的小动物是那样的可爱，尤其是尾部的那盏灯。如果你认为它们的心里也是光明的话，那你就大错特错了。事实上这群家伙心理非常黑暗，它们对于自己的家族完全不存在感情。它们丝毫不会在乎家庭，家庭对于它们来说可有可无。它们无论何时，无论何地都会产卵，随意散播自己的后代。真可谓走遍天涯，四海为家，洒脱极了。而且，它们在产卵以后从不去照顾自己的孩子，任其自生自灭。

　　萤火虫的一生都伴随着光亮，从生到死。就连它的卵也会发光，还有它的幼虫。当寒冷的气候马上就要到来的时候，幼虫会钻到地下去。但是钻得它并不很深，如果我们把它轻轻地从地面下掘起来，会发现它的那盏小灯依然是亮着的。哪怕是在地下，萤火虫也不让自己的灯熄灭。

第四十五章　菜青虫

卷心菜的历史非常悠久，在遥远的古代我们的祖先就把它们当做食物。在吃它们之前，它们就已经存在在这个地球上了。这样，我们只知道它们比人类的历史还要久远，具体是什么时候出现的谁也不知道。植物学家认为，卷心菜最初是生长在滨海悬崖的一种野生植物。当时它们的茎很长，叶也很小。历史上，没人愿意浪费笔墨去描述这些生活中琐碎的东西，人们更愿意去记叙残酷的战争和国王的嗜好。真希望历史学家改变这种片面的作风，粮食是如何起源的同样重要。

我们对于卷心菜的认识少得可怜，这是不应该的，因为它在我们的生活中是那么不重要。它不仅深深地影响了人们的生活，还与一些昆虫有着密切的关系。有一种白蝴蝶的毛虫便是主要靠卷心菜生存。它们的主要食物就是卷心菜，还有一些和卷心菜相似的其他蔬菜，比如花椰菜、大头菜、白菜芽、瑞典萝卜，等等。这种毛虫跟卷心菜仿佛有前世的缘分一般。

一些跟卷心菜同类的植物，它也非常喜欢吃。植物学家称这类植物为十字花科，这是因为它们的四瓣花排成一个十字。白蝴蝶一般只选择这类植物产卵。它们当然不懂得什么是十字花科，那它是怎么辨别这类植物的呢？没有人知道答案。如果现在有人找我判断一种植物是不是十字花科，除了我认识的，我都得需要查书才能给出准确答复，尽管我已经研究植物将近五十年。但是白蝴蝶却不用，我只需根据白蝴蝶的卵，便可以判断某种植物是不是属于十字花科，并且从来没有出现过错误。

每年的四五月间和十月间，白蝴蝶都会成熟一次。这时正值卷心菜收获的季节。白蝴蝶每次来的都是这么巧，总是在当我们有卷心菜吃的时候光临。

　　白蝴蝶有时候将卵产在菜叶的正面，有时候是背面，这些卵呈淡黄色，堆积在一块。它们在大约一周后就变成了毛虫。这些毛虫来到世间的第一件事便是把自己的卵壳吃掉，没人知道这是为什么。我推测，这是因为卵壳被吃下去之后能化成丝。然后毛虫再将这些丝吐出来，缠在脚上，这样就不用担心卷心菜表面那层光滑的蜡了。此外，这些卵壳的构成和丝差不多，很容易消化，就算是刚出生的毛虫。

　　不久之后，小虫就要开始进食，它们的主要食物便是卷心菜。它们的胃口大得惊人，我把一大把卷心菜叶子扔到了我喂养的一群幼虫中，两个小时之后再去看的时候，发现叶子只剩下了粗大的叶脉。如果按照这个速度算，一片卷心菜田会在很短时间内被吃光。

　　这些贪吃的小家伙在进食的时候非常专心，它们除了偶尔会伸伸胳膊、挪挪腿以外，什么都不干。几只幼虫并排着一起进食的时候，你会发现它们的头抬起和低下的频率都是一样的，非常整齐。它们通过这种动作想表达什么？是说它们很有战斗力，还是说它们吃的很快乐，没人知道它们想什么。

　　整整一个月后，它们总算是吃饱了，便向四处散去。它们在爬行的过程中把上半身仰起，在空中摇摆着，不知道它是在探索还是在运动，也可能是帮助消化这一个月内吃掉的东西吧！我把毛虫从实验室转移到了花房中，因为现在天气开始转冷。但是，有一天我却找不到它们了。

　　最后，我在距离花房三十码以外的墙角发现了它们。它们大概是想把那里的屋檐当做过冬的居所。这些毛虫看上去并不怕冷，可能与它们长得非常壮实有关。在这些居所中，毛虫给自己织茧，并变成蛹。等到来年春天，蛹就会变成蛾子。

　　卷心菜毛虫虽然有它可爱的一面，但是如果任凭其发展下去，人们就吃不到卷心菜了，全让它们吃了。不用担心，有一种昆虫专门猎杀卷心菜毛虫。敌人的敌人就是我们的朋友，如果我们把卷心菜毛虫看做敌人的话，这种昆虫就是我们的朋友。它们的体格非常小，工作起来也是从不张扬，非常低调。不用说我们了，就是很多园丁也不认识它们，甚至闻所未闻。人们忽略了它对人类做出的贡献，这实在是不应该。

对这些小个子英雄，我决定奖赏它们一次。它们长得实在是太小了，"小个子"便是它的外号。

这些无名英雄是怎样制伏卷心菜毛虫的呢？让我们实地考察一下。在春天的菜园里，一堆堆的黄色小茧随处可见，有时候是在墙上，有时候是在枯草中。在每一堆茧的旁边，总有一只死去的卷心菜毛虫。有时候是全尸，有时候被吃得只剩下半条。我们可以看出"小个子"的厉害了。那些尸体便是它们的所作所为。

"小个子"要比卷心菜幼虫小得多。当卷心菜毛虫在菜叶上产下卵之后，便飞开了。这给了"小个子"们以可乘之机。它们迅速跑到这些卵旁边，借用自己坚硬的刚毛，将卵产在卷心菜毛虫的卵膜表面上。每一只毛虫卵中，都能藏得下五六只"小东西"的卵。这些卵非常小，大约只有毛虫卵的1/60。

尽管有敌人的卵附在身上，但是这并不影响这只毛虫继续长大。无论是游玩、觅食，还是去寻找合适的织茧场所，它并没有体现出哪里不同。不过有一点，那就是它时常会表现得无精打采，非常委靡，身体也渐渐消瘦下去。很明显，这是因为一群寄生虫在吸它的血。毛虫们拿这些寄生虫没有任何办法，只能寄希望于它们快点出来。这些寄生虫从毛虫身体出来后的第一件事情便是织茧，然后变蛹，最后破茧而出化作一只美丽的飞蛾。

我们知道卷心菜毛虫是一种农业害虫，危害非常大。于是，如何对付它们变成了一个问题。

卷心菜的菜叶对于幼虫来说非常辽阔，再加上悠悠的绿色，简直就是一片牧场。这种昆虫喜欢暴饮暴食；用不了多久，卷心菜就被它们糟蹋得面目全非。

它们的胃口是如此之大，就像是永远填不满的无底洞，吞咽下去的卷心菜立刻被消化成了其他物质。它们两个小时内就能将一片卷心菜菜叶吞噬的只剩菜梗，若不是及时投放新的菜叶，那根菜梗也会被它们啃掉。照这样下去，谁知道要多少菜叶才能满足它们。

若是放纵它们，那将会是一种灾难，谁知道它们会将菜园糟蹋成什么样子。古罗马时期人们就开始预防卷心菜毛虫，他们的做法是在菜地中央立一根木杆，并在木杆顶端挂上一个马头骨，据说可以将卷心菜毛虫吸引过去，然后人们将它杀死。

　　这种做法真的有效吗？我不这样认为，用来吓吓麻雀还可以，卷心菜毛虫可不吃这一套。可是这种荒诞的驱虫却流传下来，只不过在形式上有了很大改变。以前是在菜地中立一根木桩，现在则是立一根小木棍；以前是在顶端挂一个马头骨，而现在更加简约，只需要在小木棍顶端放置一个蛋壳即可。结果怎么样呢？很明显，无济于事。

　　我觉得这些做法毫无理智可言，同样惊诧这样一个恶作剧似的谎言竟然流传了上千年之久。

　　我试着去探寻这群菜农，听听他们的说法。它们居然能说出这些蛋壳可以用来驱虫的原因所在：看到白花花的蛋壳，白蝴蝶就忍不住到上面产卵；这些产下的卵即使孵化出来，不是被太阳晒死也会被饿死，最后终归是去死。

　　我想把问题彻底弄明白，便刨根问底地问他们，有没有人看到白蝴蝶在蛋壳上产卵，那些卵是什么样的。

　　我得到最多的答案是"没有见过"或者是"不清楚"。那么，既然没见过为什么都这么说呢？为什么都这么做呢？他们说自己的做法是祖辈流传下来的，既然大家都这么做，他也只好这么做。

　　原来"荒诞"也是可以流传千古的，不过你得需要给它编一套说法。就像马头骨的传说一样，到了后期已经成为了一种传统。现在不用再去为它解释什么，人们便会主动地继承，以后还会流传下去。

　　在我看来，要想消灭卷心菜毛虫，保护菜田，只有一种方法：那就是不断地观察、监视着菜田，一旦发现白蝴蝶产卵，立刻将这些卵破坏掉。无论是用手掐死，还是用脚踩死，怎样都行。这种方法虽然会花掉大量的时间和精力，不过这是最有效的方法。一棵卷心菜不知道倾注了多少菜农的心血，我们怎么允许它被这些贪婪无度的害虫吃掉呢？消灭它们。是我们的责任。

第四十六章　金步甲

　　金步甲被公认是毛虫的天敌，它是一个勇敢的守护者，尽职尽责地守卫着菜园、花园、苗圃等。金甲虫得到的赞誉已经够多的了，我再说也只是锦上添花而已，没多大意义。今天我们将从另一个角度来观察它，了解一下它身上的那些我们还不知道的秘密。

　　金步甲平时作风彪悍，只要是被它擒住的敌人，都会被它吞噬掉。它们无所不吃，就连同类它们也吃，自己最后也是被同类吃掉。

　　为了观察，我在笼子中养了二十五只金步甲。这天早上，我又在梧桐树下发现了一只，只见它走的匆匆忙忙，像是急着去参加一个会议。我想给在笼子中的那群家伙增加一个伙伴，便将它捡了起来。这才发现，原来它受了伤，鞘翅末端有磨损。这是谁干的呢？是敌人还是同类，不得而知。幸好只是小伤，对身体并无大碍。检查一番之后，我便把它送到了笼子中，笼子外面还罩有一层玻璃罩。

　　第二天的时候，我去看望这位新客人。没想到的是，它已经死了。是同伴们在夜里袭击了它，现场非常惨。它的肚子被掏空了，可能是因为被磨损的鞘翅没有将腹部完全覆盖住。除了腹腔被掏空以外，其余部位一概完好无损；它们的技术非常高超，全部内脏都是从腹部上的一个开口中被摘除的，腹腔内被清理得一干二净，被连被掏空的牡蛎壳都不如它干净。

　　这是怎么回事呢？我从来不曾缺了它们的食物，无论是蜗牛、腮角金龟、螳螂，还是蝗蚓和毛虫，我换着花样地给它们调节饮食，并且是不限量的供应。因此，它们攻击同类的原因不可能是因为饥饿。

我觉得这个金步甲之所以被吃掉，是因为它的鞘翅受损，不能很好地起到保护作用，所以招致了同类的攻击。难道这是它们的一种传统吗？它们对弱者从来不讲仁慈吗？看着有同伴受伤，它们所做的并不是伸出援手，而是落井下石。这种事情在昆虫界也不算是什么奇闻，有时候你见到一群昆虫朝着一位身体残疾的同类走去，它们是要去帮助它吗？根本不是，它们只是知道自己的晚餐有了着落而已。

　　我们把这只金步甲的死因归结于它的鞘翅受损，没有保住腹部；那么，如果这位金步甲没有受伤的话，那又会如何呢？它们会不会和平相处呢？以我对它们的了解来看，这完全是有可能的。它们平时十分和睦，进餐的时候从不打斗，顶多是有个别的抢着多吃一点儿而已。饭后它们躲在长条板下进行长时间的午休，互不打扰。它们在土中挖一个小窝，小得只能容纳半截身体。由于笼子中用地紧张，所以这些土窝离得很近。这二十五位金步甲，都拥有各自的土窝，它们喜欢把一半身子埋在土中，有的在打盹儿，有的在消食。它们的反应很快，当我把笼子周边的遮板猛然拿去的时候，它们拔腿就跑，谁也顾不得谁。

　　可以看得出，它们的和平共处并不是一时的，是持久的。可就在六月初的时候，我又发现一只金步甲死了。它的死同前面那只一样，外表完好无损，只有腹腔被掏空。我推测它的死因同前面那位死者一样，我将死者的遗骸反复观察，发现除了腹部的开口以外，身上其他地方并没有损伤或者残疾。

　　仅仅在几天之后，又有一只金步甲被杀，死去的情形同前面那只一模一样，都是看上去干净整洁，毫发无损。若是将它摆正，放在那里，谁也看不出它已经死了，已经成为了一个腹中空空的空壳。此后，一只只金步甲都这样死去，我只能眼睁睁地看着。如果这种情况继续下去的话，我这个金步甲乐园恐怕要关门了。

　　为什么会发生这种大屠杀呢？是金甲虫在陆续老去变成弱者所以才被吃掉的吗？还是它们有意选择要减少人口呢？我决定要调查清楚。因为这种事情一般都是在夜里发生，所以，我日夜不离地监视着它们。终于，一次它们在解剖同伴的时候被我碰了个正着。

　　那是在六月的一天，行刑者是一只雌虫，被解剖的是一只雄虫。金步

昆虫记

甲的雌雄还是很好辨认的，雌虫体型要略大一点儿。残酷的手术开始了，雌虫从雄虫背后下口，它撩起雄虫的鞘翅，咬住它肚子的末端，轻轻地拉扯着，嘴里一刻不住地咀嚼。最让人你不解的是，尽管雄虫的体能充足，但是它既不防卫，也不反抗，任凭雌虫撕扯着自己的身体。它仅有的一点儿反抗也非常柔弱，只是向前挣脱自己的身子。有时候它把雌虫拖着向前移动一点儿，有时候，又被雌虫把自己拖着向后移动，与其说是在挣脱、反抗，更像是在帮助对方将自己的身体扯开。这场战斗持续了大约有一分钟，中途还有几只路过的金步甲停下来围观了一会儿。不知道是雌虫松了口，还是雄虫使足了劲，最后被它终于逃脱。如果没逃脱的话会是什么结局呢？毫无疑问，雄虫的肚子肯定会被雌虫掏空。

这种战斗，几天之后我又见到了一次。只不过，这次善始善终，没有演员中途逃脱。这次的主角还是一雄一雌，也还是雌虫攻击雄虫。这次雄虫非常老实，雌虫也非常卖力。雌虫先是咬破了雄虫的表皮，接着打开了一道口子，并将里面的内脏一一摘除，填充进了自己的口中。它将头伸进了同伴的腹腔，非常细心地清理着，保证一点残渣也不留。再来看雄虫，浑身上下只有爪子还在动，伴随着一阵抽搐，他走完了自己的生命。此时雌虫的头还在对方的腹腔中，它正在向上端拓展，把能够到的胸腔中的器官也都吃掉。最后，这具遗体被就地抛弃，只剩下一副空壳和一对翅膀。

死亡事件还在陆续发生，那些被我发现的遗骸全部都是雄性金步甲，它们的丧命过程应该就是上面描述的那样；可以推断，现在还活着的雄性金步甲，也摆脱不了这种悲惨的命运。能提前预知自己的命运，不知道是一件好事，还是一件坏事。截止到八月一日，在一个半月的时间内，笼子里的金步甲由最初的二十五只，锐减到五只，并且都是雌性的。其余的二十只，命运都是相同的，被掏空了身子，静静地死去，凶手就是剩下的这五位雌性金步甲。

我有幸前后两次目睹了金步甲之间的互相残杀，最终弄清楚了事情的真相。其中第一次行动未遂，第二次才真真切切地杀死并吃掉了对方。尽管我目击到的战斗只有这些，但是它们都非常有价值，这些资料非常宝贵。在不久前，我听说也有人目击到了这样的战斗，进攻一方拼命撕扯，另一方并不还击，只是往前挣脱。这些都和我见到的一模一样。

这种打斗显然是不合乎常理的，正常的打斗应该是你来我往，互相攻击。被欺负的雄性金步甲完全可以做到这一点，它只需掉过头来，便完全可以阻止进攻者的侵犯。虽然它的个头没有对方大，但是对打起来也不会吃什么大亏，说不定还能获胜；但是，现实中的它是如此的愚蠢，任凭对方咬破自己的肚子。它们为什么会如此宽容呢？最后宽容又变成了放纵。这让我想起了朗格多克蝎，这种蝎子中的雄性会在婚后放纵自己的妻子将自己吃掉，尽管它有能让对方顷刻间毙命的蜇针，但它从来不用。还有螳螂夫妇，雄性螳螂顾家的精神令人佩服，哪怕身子只剩下一段，他也要将最后的精力用在家庭上。即使是它在被雌性螳螂一口口吞噬的时候，也不会抱怨一句。看来，昆虫中的雄性在新婚之后，不仅仅成为了一位丈夫，还要随时向妻子奉献出自己的生命。这是大自然定下的法则，谁也无法更改。

　　我的金步甲乐园中的雄性成员纷纷倒毙，无一幸免。它们的遭遇仿佛在演戏一般，向我证明这是它们的习俗。杀死它们的并不是别人，而是自己的伴侣，它们刚刚交尾结束，雌性便迫不及待地将刚刚成为自己丈夫的雄性杀死。金步甲配对的时间会从四月持续到八月，这期间它们都心急如焚地寻找着配偶，每天都会有金步甲配对成功，结为夫妻。

　　对它们来说，爱情并不需要太多的准备工作。有时候，在大庭广众之下，雄虫便会朝第一次见面的雌虫扑去。被扑倒在地的雌虫并没有反抗，而是抬起头看了雄虫一眼，这就说明它对这位丈夫很满意；接下来双方便耳鬓厮磨地发生关系。之后，双方迅速分开，像是互不相识一样，分别去进食。进食结束后，它们会寻找新的对象，再次成婚，用的方法同刚才的一样。就这样，雄性金步甲不断地寻找着新欢，中间的间隔时间它会进食。对它来说，生命确实很美好。

　　笼子中金步甲的性别，从一开始就不成比例，雄性金步甲有二十只，而雌性只有五只。幸好它们不懂得争风吃醋，雄性们与路过的雌性发生关系，然后再等下一个，这种行为不受时间早晚的限制，有的雌雄之间可能要成好几次婚，发生好几次关系，这一切直到雄性的欲火平静下来为止。

　　按照我原先的计划，我想让金甲虫乐园中的雄性成员和雌性成员的数量大致相当。但是，当初在捉的时候，就是捉到了二十只雄性、五只雌

昆虫记

性，也算是一个偶然事件。这些金步甲是我在初春的时候捉来的，它们原本住在我家附近的石头底下，只要是被我碰上的，我便将它们捉来，也没去考虑是雌性还是雄性。如果没有对比的话，单纯从外表上看是很难辨别雌雄的。至于从个头上去识别，是我在后来才发现的一个方法。所以说，我饲养的金步甲性别比例失调，完全是由偶然因素造成的。自然环境中雌性和雄性的数量当然不会有这么大的差距；还有，野外的它们不会像在笼子中这样聚集在一起。现实中的它们过着孤独的生活，一个巢穴中基本上只能发现一只金步甲，两只或者三只的情况非常少见。像这种聚众的情形，恐怕只有在我的笼子中才可能出现；笼子中的场地还算开阔，金步甲可以在里面随意漫步，也能满足他们嬉戏打闹，幸亏它们不喜欢惹是生非，要不然这么多金步甲聚集在一起肯定会出现骚乱。在这里它们可以选择自己独自生活，如果喜欢热闹的话，也可以选择跟其他金步甲一块儿生活。只要它们愿意，总能够找到伙伴。

在将它们整体搬迁到笼子内生活之后，它们的情绪很稳定，并没有表现出不适应，这一点，从它们的食量上就可以看得出。它们在大自然中的精力可能还不如在笼子里，野外它们不会得到如此丰盛的食物，还是不费吹灰之力就能得到。不过我也没有过度放纵它们，以免它们丧失掉一些习性。

我还给它们提供了一个便利，那就是在这里异性之间的接触机会比在野外多多了。这等于给它们创造了婚配的机会，也给它们创造了吃掉同类的机会；它们会在一转眼之后便忘记对方是自己的丈夫，狠狠地咬住它的腹部，掏空它的身体。可能是因为这种异性接触太容易了，所以导致吃掉同类的事情不断发生；笼子里的雌性不会因为雄性太多而口下留情，因为吃掉对方是它们的一种习惯、一种习俗，并不是临时培养出来的一种爱好。

如果是在野外，雌性同雄性结束关系之后，雌性也会将对方吃掉吗？这种场面我一直渴望能在野外碰到一次，但是未能如愿。我也就只好根据笼子里面发生的事情来推断了，我对自己的推断深信不疑。金步甲的世界到底遵循的是什么法则呀！雌性受孕之后，便不对雄性有任何需求，就将其残忍地杀死。雄性金步甲的地位，真是低得不能再低了。

爱情一旦消退，双方便成为了敌人；这种现象在昆虫界并不是只发生在金步甲身上，目前为止，光是我知道的就有三种，除了金步甲之外，还有螳螂和朗格多克蝎。在飞蝗类昆虫中，这种吞食对方的行为相对要温和一些，因为它们在咀嚼情侣身体的时候，对方早已死去，不会再感觉到疼痛。不像金步甲这样，活生生地将对方吃掉。无论是白面螽斯还是绿螽斯，都喜欢抱着已故情侣的大腿啃来啃去。

　　这可能与食性也有关系，无论是白面螽斯还是绿螽斯，它们都是食肉的。它们会不会去吃一只死去的同类，要取决于对方是不是它的情侣，这一点儿很奇怪。可能情侣的肉会更好吃一些吧，这个问题不得而知。

　　那些不吃肉食的昆虫又会如何呢？在产卵期快要到来的时候，平时只吃素食的雌性无翅螽斯会像自己的丈夫发起进攻，用锋利的牙齿在对方的肚皮上咬出一个窟窿，然后将它吃掉；雌性蟋蟀一向性情温厚，它们也会变得残忍，将曾向自己大献殷勤的伴侣一脚踢翻在地，扑上去折断它的翅膀，撕碎它的身体。因此可见，交尾过后，雌性同雄性之间的感情一落千丈并不是个例，尤其是在食肉的昆虫中。它们为什么会有如此残酷的陋习呢？要想把这个问题搞清楚，那得需要相当完备的实验条件，如果有机会，我一定不会错过。

第四十七章　回忆童年

　　每个人都有自己的性格和爱好。那么，它们是如何形成的呢？有时候，这些性格、爱好看起来像是从祖先那里遗传下来的，然而如果你想再深一步探究它们来源于何处，就会变得非常困难。

　　比如说，有个牧童没事的时候把数石子当做一种消遣，多年后他可能会成为数学家或者教授。还有一个孩子，当他的同龄人都在玩闹的时候，他却整日沉浸在幻想的一种乐器声中，久而久之，居然能听到一首合奏的曲子。可见，这个孩子是十分有音乐天赋的，可能是一位音乐天才。第三个孩子年龄很小，以至于吃饭的时候，还会把果酱涂到脸上。小小年龄的他却喜欢雕塑黏土，他会把这些黏土制作成各种各样的模型，这些形式各异的模型非常精致。有可能的话，这个孩子将来会成为一名雕刻大师。

　　我讲这些的目地只是想让大家给我一个机会，允许我介绍一下我自己和我从事的研究。

　　在我很小很小的时候，我就喜欢观察植物和昆虫，我觉得自己有一种天生的与自然界事物亲近的感觉。如果你认为这些都是遗传自我的祖先，那就大错特错了。因为他们都是只关心自己的牛和羊的乡下人，他们都没有接受过教育，除了自己的牲畜以外更是一无所知。祖父辈中倒是出过一个读书的，可惜连字母的拼法都让人不敢恭维。我也没接受过什么专业的训练，没有指导、没有老师，就连能看的书都少得可怜。可是，尽管如此，我还是执著地进行着我的研究，我的目标就是有朝一日在昆虫研究的历史上，能够留下自己的一页。

当我还是一个不懂事的孩子的时候，那时很小，还记得当时刚刚开始学习字母拼写，我就开始尝试探索大自然。对于自己当时的勇气和决心，我至今还感到十分骄傲。

　　第一次去寻找鸟巢和采集野菌是一次非常难忘的经历。当时的情景至今我还很清楚地记得，当时那种高兴的心情自然也没有忘记。

　　我家附近有一座山，山顶上有一片树林，这片树林一直吸引着我，我一直希望有机会到那里去看个究竟。有一天，我决定去攀登这座山。在此之前，我经常透过家里的小窗户去看这片树林，平时这些树木会直立着刺向天空，风起时便会左右摇摆，如果是下雪天，便会被积雪压弯了腰。

　　我的腿很短，加上山上的草坡像屋顶一样陡，这让我的速度十分缓慢。忽然，我发现脚下有一只小鸟，十分可爱。这只鸟平时可能藏在大石头后面，我边这样猜想着，边去大石头后面寻找鸟巢。果然，不一会儿我就在一个大石头后面发现了一个鸟巢。更让我惊喜的是，在羽毛和干草做成的鸟巢里面竟然还有六个蛋。这六个蛋并排在鸟巢中，每一个都十分光亮，纯蓝色的外壳是那样的美丽。在以后的岁月里，小鸟还多次给我带来快乐。这一次找到鸟巢、发现鸟蛋是其中第一次。我伏在地上认真地观察着它们，简直高兴极了。

　　这时候，母鸟在旁边石头上飞来飞去，一边扑棱着翅膀，一边发出"塔克！塔克！"的叫声，显得十分焦急、不安。以我当时的年龄还不能明白它为什么这么痛苦。怎样处理这些鸟蛋呢？我决定先拿回去一只当纪念品，至于剩下的那些，等过两周它们孵出了小鸟，趁着小鸟还不会飞的时候再来将它们取走。我两手小心翼翼地托着这个鸟蛋往家走，在路上碰到了一位牧师。

　　"呵！这是萨克锡柯拉的蛋！你是从哪里捡到的？"他问我。

　　我把这个鸟蛋的来历告诉了他，还告诉他："其余的那些鸟蛋我也会拿走，不过得等到那些蛋孵化出小鸟的时候。"

　　"孩子，不许那样做！那样太残忍了。"牧师大声叫道"你抢走了它的孩子，母鸟会多么伤心。你向我保证，以后不再去碰那个鸟巢了，你要做一个好孩子。"

　　牧师的话让我明白，偷鸟蛋是残忍的事情。还有，就是动物同人一

昆虫记

样，也有自己的名字。"那么，这些在森林里、草原上的动物朋友都叫什么名字呢？萨克锡柯拉又是什么意思呢？"我在心里问自己。直到几年后，我才知道萨克锡柯拉是"岩石中的居住者"的意思。那种下蓝色蛋的鸟被称做石鸟。

在我们村子西面的斜坡上，有一片小果园，里面种的大多是苹果和李子，眼下快要收获了。一座座的果园之间都是用矮墙隔着，墙上长满了地衣和苔藓。一条小溪流过坡下，小溪非常窄，当时的我从任何一个地方都能跨过去，即使是稍微宽点儿的地方，也可以踩着露在外面的大石头过去。母亲们都会担心自己的孩子去河里玩，因为那里太危险。但是这里不会，最深的地方也不过到膝盖而已。尽管我日后见过不少大江大河，还有无边的大海，但是我的记忆深处只有这条小溪不能忘怀，它是那样的清澈、那样的安详。

有一位磨坊主觉得这条小溪白白流掉了非常可惜，打起了它的主意。它挖了一条渠道，借着地势，将小溪中的一部分水导向事先挖好的水池。水池中的水积攒多了以后，便可以推动磨轮，帮助磨坊工作。水池由于是修在坡上，所以一边高，一边低，四周都修有拦水墙。

我一直想看看这个水池的内部，无奈拦水墙太高，根本看不到。有一天，我和一个小伙伴合作，骑在他的肩上，跟跟跄跄地看到了墙里。里面是一潭死水，漂浮着各种杂物，还有一种表皮黑黄相间的怪物，当时我还以为它是龙和蛇的孩子呢，后来我才知道它的名字叫蝾螈。这种动物当时让我想起了大人口中吓唬小孩的妖怪，于是赶紧从墙上下来，不再对那个水池抱有好奇心。匆匆忙忙中还蹭了一脸的苔藓。

从蓄水池中流出的水又汇成一条小溪，朝坡下流去。这条小溪在途中还会分出三四条支流，在分岔口的地方，总是长着一些桤木和桦木。这些树的树干都有所倾斜，枝叶交织在一起，搭起了一个个天然的凉篷。这些树的树根大都暴露在外，七扭八歪地像是围起了一处门厅。走进这个门厅里面是幽暗的曲径，曲曲折折地不知通向哪里。若是这些树根盘在水面上，便会形成一处水上隐蔽所。阳光投到这座隐蔽所门前的水面上，形成一个个的圆点，这些圆点被水波轻轻地晃动着。

在门厅内的水中停着一群鱼。为了不惊扰它们，我们放慢脚步，趴在地上仔细观察它们。它们的脖子都是鲜红色的。脖子前面的鱼鳃大口地张合着，就像是在吐掉漱口的水。这群鱼紧紧地挨在一起，头冲着水流过来的方向，原地不动，只有鱼鳍和尾巴在轻轻地抖动着。一片树叶晃晃悠悠地飘落在水面上，水中的鱼一下子全部散去了，拨开树叶，已经不见了踪影。

有一小片山毛榉矗立在不远处，它们的树干光溜溜的非常挺拔，看上去干净利落。树冠上停留着几只乌鸦，吱吱哇哇地一刻也不住声，像是在争论着什么，偶尔清理一下羽毛，将那些老去的羽毛拔下来，扔到地面上，给过几天要长出来了的新羽毛腾出地方。

树下铺满了苔藓，软软的就像地毯。刚走上去我就发现了一个蘑菇，它上面伞状的冠还没有打开，这个看上去就像是一个鸡蛋。这是我人生中采到的第一个蘑菇，把它拿在手中翻来覆去地看。当时的我既兴奋又好奇。正是这种好奇心，使我有了观察动植物的欲望。

当时青苔上还有许多别的种类的野菌。它们形状不一，颜色各异，有小铃铛形状的，有灯泡形状的，还有茶杯形状的。有的破了会流出牛奶一样的液体，像是在流泪一样，有的如果被踩到就会变成蓝色。这里面有一种最稀奇，它的外形像梨，顶端有一个圆孔，就像一个烟筒一样，每当我用手指头去戳它下面，就会有一簇烟从顶端的圆孔中喷出，这种野菌我收集了一大袋子，有心情的时候就把它们拿出来挨个放烟，直到它们缩成像火绒一样的东西为止。

这片小树林此后不断给我带来快乐，我自打第一次在里面发现蘑菇之后，便经常光顾，并乐在其中。我甚至同停留在树冠上的乌鸦结成了朋友，它们见证了我学习识别各种蘑菇。我经常采很多蘑菇回家，可是我的家人并不理解我的做法。他们总是指责我把这些有毒的东西带回家，尤其是一种被称为"布道雷耳"的蘑菇，我总是不能理解，这么漂亮的蘑菇怎么会有毒呢？母亲甚至还用她的亲身经历来告诉我毒蘑菇的危害有多大。但是，这些都没有改变我对这些蘑菇的感情。

我不断地光顾这片树林，不断地观察各种蘑菇，最终根据自己的观察将它们分成三类。第一类蘑菇的菌盖底下生长着排列紧密、匀称的叶瓣，呈放射状，这是最常见的一类。第二类的菌盖底下长有一层厚垫，上面没有叶瓣，而是有一些肉眼勉强可以看到的细孔。第三类蘑菇的菌盖上面长着一些小突起，像是猫舌头上的那些突起一样。我起初并没有想过要给蘑菇分类，只是想找一种能够记住各种蘑菇的方法，结果通过不断地归纳，它们的分类自己就显现了出来。

后来无意中在一本书中见到了蘑菇的分类，上面居然也是分为三种，分类依据与我总结的也基本相同；它们还在书中提到了这些蘑菇的拉丁文名字，我当时不识拉丁文，这正好给我提供了一个学习的机会，我借此训练着拉丁文和法语的互译。拉丁文这种古老的语言，只有神甫在教堂中诵说弥撒的时候才会用到，这使得蘑菇在我心目中的地位大增，我最先学会的拉丁文就是各种蘑菇的名字。

这本书中还提到了那种特殊的蘑菇，就是会喷烟的那种。它在书中的名字居然叫做"狼放屁"。我觉得实在是太低俗了。几天之后我在书中又发现了一种蘑菇，它的拉丁文名字叫做"丽考贝东"，我觉得这个名字非常体面、非常气派，讽刺的是，后来我才知道"丽考贝东"的意思就是狼放屁。在动物学和植物学上，有许多命名是古人留下来的，还有很多是外文中译过来的。我觉得有些词是不能直译的，因为古人命名的时候不会像今天一样，非常严谨，它们可能只是随口一说，要是把这种词直译过来的话，很多都会让人啼笑皆非，甚至非常粗俗。

儿童的好奇心大人并不能完全理解，我当年沉迷于蘑菇的时候就是那样；我当时觉得非常快乐，可是美好的时光总是短暂。日复一日，年复一年，光阴似箭，时光荏苒；到了如今的年龄，更是感觉如此，觉得生命之花已经过了盛开期，开始枯萎了。生命就像小溪中的溪水，一点点儿地流尽，一生的经历，就是沿岸的风光；如今，这条溪水已经快流到了终点，眼看就要枯竭。让我们像珍惜每一滴水那样，珍惜生命最后的时光吧！

樵夫在太阳落山之前，会把砍好的柴整理一下，捆扎起来；渔夫在返航之前，会整理一下渔网和收获的鱼；同样，我在生命的大幕即将拉上之前，也想将自己一生得到的知识归拢，整理一下。我对昆虫所进行的研究在哪一方面还有遗漏？细细梳理一遍，好像没有。我身边的昆虫，几乎找不出没有被我研究过的。

森林中的那些蘑菇让我第一次感受到植物学带来的快乐。时至今日，我仍旧经常去看望它们。这些年来，这种拜访一直不曾中断。到了秋季，天高气爽，只要天气允许，我就会拖着僵硬的身躯、迈着沉重的步子到那片小森林中去。我也不知道为了什么，或许是找回当初的那份快乐，也可能只是想同它们叙说一下这些年来的感情。最简单的理由就是，我总是被那里秋天的景色迷住，红花绿草铺成的地毯上，一个个蘑菇露出脑袋，身材俏丽，那种顽皮的样子，总能让我想起我的童年。

　　我生命最后的一站是塞里尼昂，那里的蘑菇非常迷人。这些蘑菇都生长在附近的小山上，那里还生长着成片的圣栎树、迷迭香、野草莓树。人老了，就容易有一些不切实际的想法，并且变得固执己见。我就是这样，我突发奇想，想把那些本不可能放到一起的各种蘑菇画到一起。于是，我又成了一位业余画家。我开始注意身边的蘑菇，各种各样的，只要被我见到，我就要将它按照现实中的尺寸画在纸上。此前我没有拿过画笔，也不曾想过有朝一日要与艺术打交道。不过没什么，在经过初期的不顺之后，我的技术越来越高，画的越来越好。另一方面，每日的写作和长时间实验观察之后，提起画笔画几幅蘑菇图，倒也是一种放松。

　　到现在为止，我创作的蘑菇图已经有几百幅之多了。我将周围能找到的蘑菇全都搬到了纸上，无论是大小还是颜色，都严格按照实际情况临摹。如果你说我这本蘑菇图集的艺术水准不够高，我虚心接受，但是你不能说它不够严谨。有人将我画蘑菇的事情传出去以后，每到周末便有人到我这里来参观。他们都是朴实的乡下人，看到我画的蘑菇之后都大加赞赏，在他们眼中，不借助任何工具却能画得如此逼真，简直就是一个奇迹，它们都很惊讶。画中的蘑菇他们都认识，并能说出名字来。看来，我还是很有绘画天赋的。

　　这百十幅蘑菇图可是费了我很大的心血，每一幅我都非常爱惜，可是它们将来会在哪儿呢？我按照事情发展的常理推测，最初我的家人肯定会非常重视它们；随着时间的流逝，它们逐渐变成了累赘，总是从一个地方搬到另一个地方，从橱里扔进柜子了，总之放哪里都觉得碍事。在老鼠和蛀虫的光顾下，这本画册肯定会变得纸张发黄，书页残缺，最后的下场可能是被我某个孙子折成纸飞机，扔进风里。现实就是这样残酷，那些我们曾经心爱的东西，将来都会消失在风里。

第四十八章　找枯露菌的甲虫

　　枯露菌是一种蘑菇，它们生长在地底下。在讲找枯露菌的甲虫之前，我想先给大家介绍一下，其实狗也会找枯露菌。

　　我家的狗原先并不精于此道，是在跟着一位在这方面很精通的专家狗出去过几次之后，学会了这种本领。那只专家狗我也见过，外貌很普通，样子看上去有些呆，身上也不干净。总之，不是那种你会忍不住将它抱在怀里，或者摸它的头的那种狗。可是，老天爷总是将天赋和贫穷捆绑在一块，这条狗也是如此。尽管它没有惹人喜爱的外表，可它是名副其实的找蘑菇专家。

　　这只狗的主人是专门贩卖枯露菌的商人。我为了采集枯露菌标本，便到他那里去借这条狗一用。他起初不肯，因为他将我误认为是来搞间谍的同行。后来有人跟他解释说我是一位研究昆虫的昆虫学家，只是想借他的狗来采集标本，这他才相信，并答应带我去采集。

　　我们事先说好不能干涉狗的自由，它喜欢去哪里就去哪里，不能因为它找的是那种没人买的蘑菇，或者是不能吃的蘑菇就带它去别的地方。因为对于我来说，它找的蘑菇有没有价值不是我关心的。还有，无论它找的蘑菇有没有价值，我都会给它一片面包作为奖赏。

　　这次出征我们获得了巨大的成功。我们跟在这条狗身后，它慢慢地踱着步子，用鼻子这边嗅一下，那边嗅一下，不出几步便能发现一个目标。锁定目标之后，它便呜呜地叫几声，抬起头看着主人。商人按照它指定的方向挖下去，弹无虚发，每次都有收获。如果哪次商人挖偏了，它还会在

310

一边呜呜地及时指正，生怕挖不出蘑菇毁了自己的声誉。就这样，我们一边见证着这条狗的神奇，一边收获着各种蘑菇。到最后，我们的口袋中几乎囊括了这一带地下所有的蘑菇品种。

到底是什么在帮助狗寻找蘑菇呢？是嗅觉吗？我并不这么认为，单纯靠嗅觉的话，它不可能找出这么多品种的蘑菇。它一定有一种感觉是我们人类未知的，我们总习惯用常人的思维去推测，然而我们对大自然未知的事情还太多。这条被狗拥有的技能看似很奇怪，其实有的昆虫也拥有。

讲完了狗，下面讲讲一种寻找蘑菇的小甲虫吧！

这种甲虫长的很奇特，又小又黑，形状是圆形的，肚皮上长满了白绒，头上还长着一个角，看上去非常美丽。它会发出一种"唧唧"的叫声，那是它用翅膀的边缘在摩擦腹部。

我是在一个美丽的松树林里发现这种甲虫的，那个树林长满了蘑菇。如果是天气好的话，我们都喜欢去那个林子里走一走，尤其是秋高气爽的日子里。

对于孩子们来说，这里简直就是一片乐园。树上有鸟筑的巢；树后有顽皮的兔子；河边有可以供孩子玩耍的泥沙。阳光洒在草坪上，微风吹过树枝间，我们经常在这里举行野餐。不仅是孩子，成人也喜欢来这里转一转。我来这里主要的目的是寻找那些会找蘑菇的甲虫。这种甲虫的洞随地可见，它们一般被筑在比较疏松的泥土中，深有几寸。一堆疏松的泥土堆在洞口。

每次当我用小刀去挖这些洞的时候，总是一无所获。甲虫早就趁着夜色从洞中迁移到了别处。它是一个标准的流浪者，并且喜欢夜行。它们会很潇洒地抛弃掉一个家，再去重新筑一个。有时候甲虫来不及跑被我发现了，但是每次出现这种情况的时候总是只能发现一只甲虫，要么是雄的，要么是雌的，从来没有发现过它们在一起。看来这种洞并不是甲虫的家，只是一个临时住所而已，而且只供单身者居住。

我在一个洞中发现了一只正在啃蘑菇的甲虫，蘑菇已经被它吃掉了一半。它紧紧地抱住蘑菇，像是怕谁抢走了一样。看得出，这个蘑菇在它心目中的地位。甲虫的周边落满了蘑菇的碎屑，看来它已经吃饱了。

我把这半个蘑菇从甲虫怀抱里抢过来，发现它跟枯露菌很相像，是一种很小的地下菌。这样我们就可以推测一下这种甲虫的生活习性。比如说，它为什么会临时生活在洞里；为什么会经常搬家。让我们发挥一下想象力，在一个阳光明媚的天气里，一只小甲虫在大地上踱着步。它们边走边嗅着地下的气味，它们灵敏的嗅觉会帮助它们确定哪个地方地下有菌。这些菌都埋在地下几寸深的地方，它们会一直往下挖，绝不会出现失误。等挖到菌的时候，同时挖出了一个几寸深的洞，这个洞就成了它们的临时住所。洞里的地下菌吃完之前，它们是不会离开的。这只不过是一个临时住所而已，怪不得它们连门都懒得关。

它们会在洞里的食物吃完之后离开这个洞，再去寻找新的居所。找到新的目标后，它们会重复一遍上一次的过程：先是掘洞，然后在里面住一阵子，等食物吃完再潇洒地离开。这种生活它们会从秋季开始，一直过到来年春天。期间就像打游击一样，在不同的洞之间辗转着。

据我所知，这些菌并没有什么特殊气味，况且还是埋在地下，那么这些甲虫是如何找到它们的呢？这个问题我百思不得其解。我只能说这些甲虫有一种特殊本领，一种人类想不到的本领。

后　记

　　1879年，56岁的法布尔总算买下了一块属于自己的土地。那是一块不毛之地，无法耕种，只能长满杂草。但这是法布尔梦寐以求的天堂，因为它可以成为昆虫的家园。直至去世，法布尔都住在这里，继续整理前半生研究昆虫的笔记，完成了《昆虫记》的后九卷。

　　法布尔是个奇特的人。

　　一个人耗尽一生观察"虫子"，不能不说是个奇迹；而且专为"虫子"写出两百万字的大书，更不能不说是个奇迹。尤其令人惊奇的是，他笔下的"虫子"，像人一样多彩多姿，活得有滋有味，令人不得不感叹大自然的神秘。

　　奇迹般的作品，出自奇迹般的人。法布尔拥有"哲学家一般的思，美术家一般的看，文学家一般的感受与抒写"。这个性格腼腆的法国人，一生坚持自学，先后取得了神学、数学、自然科学的学士学位和自然科学博士学位，精通希腊语和拉丁语；在绘画方面无师自通，留下的许多菌类图鉴堪比专业水彩画家的作品；作为博物学家，他留下了许多动植物学术专著；作为教师，他编写过多册化学、物理课本；作为诗人，他留下了许多诗歌，被人亲切地称为"牛虻诗人"。《昆虫记》的成功为他赢得了"昆虫界的荷马"以及"科学界诗人"的美名。没有哪位昆虫学家具备如此高明的文学才华，没有哪位作家具备如此博大精深的昆虫学造诣。

　　可以说，《昆虫记》在人类历史上是空前绝后的。

　　这部作品中，令人赞叹之处比比皆是。比如对蜣螂（俗称"屎壳郎”）的描写：

当一个蜣螂做成了一个球，便会离开在场的其他同类，独自把劳动成果向后推去。这个时候，一个还没开始工作的邻居跑过来帮着球的主人一起用力推。对于这种帮助，球的主人肯定是欢迎的。但是，它真的是热心的伙伴吗？不，他是一个强盗。要知道不下苦工夫和没有忍耐力是做不成圆球的，而去偷一个或者抢一个那就容易多了。所以有的盗贼就会用很狡猾的手段，甚至是暴力，去侵占别人的劳动成果。

有时候，从天而降的盗贼会将球主人击倒在地，然后蹲在球上。前腿放在靠近胸口的位置，摆出一副准备打斗的姿势。要是球的主人不甘心自己的劳动成果被霸占，上前来理论的话，这个强盗就会给它一拳。球的主人爬起来后就去推自己的球，想赶快摆脱纠缠。这时候，两只蜣螂之间不可避免要有一场角斗。它们会腿与腿相绞，关节与关节相缠，互相撕扯，它们互相冲撞，摩擦的甲壳会发出金属摩擦的声音。激烈的打斗结束后，胜利的一方会爬到球顶上，而失败的一方则默默离开。

几千年来，在世界各地，见过屎壳郎的人不计其数。可是谁会像法布尔一样，这么细心地观察、精心地描绘呢？像这种观察和描绘，法布尔在上千种昆虫身上进行过，观察的结果都记录在了《昆虫记》中。

昆虫的世界，是真实、生动的，折射出人类社会的方方面面。无论是昆虫还是人，都要面对本能、习性、劳动、婚姻、繁衍和死亡等问题。《昆虫记》中充满了对生命的关爱，以及对万物的赞美之情。活泼、诙谐的语句中，充满了盎然的情趣。

自从1923年周作人将《昆虫记》介绍到中国，近百年来，译本繁多。原法文版《昆虫记》共十册，约二百万字。由于篇幅过长，且部分内容比较学术化，不利于读者阅读，所以我们进行了选择。所选篇幅，都是最妙趣横生的，体现了法布尔的最高水平。

图书在版编目（CIP）数据

昆虫记/（法）法布尔著；富强译. — 北京：北京联合出版公司，2014.12
（2018.9重印）
（中小学生必读丛书）
ISBN 978-7-5502-4008-7

Ⅰ．①昆… Ⅱ．①法… ②富… Ⅲ．①昆虫学－青少年读物
Ⅳ．①Q96-49

中国版本图书馆CIP数据核字(2014)第258873号

昆虫记

出版统筹：新华先锋
责任编辑：崔保华
封面设计：王　鑫
版式设计：先锋设计

北京联合出版公司出版
（北京市西城区德外大街83号楼9层　100088）
天津旭丰源印刷有限公司印刷　新华书店经销
字数180千字　787毫米×1092毫米　1/16　20印张
2018年9月第2版　2018年9月第2次印刷
ISBN 978-7-5502-4008-7
定价：36.00元